D0863826

# CONCEPTIONS, CROYANCES et REPRÉSENTATIONS en MATHS, SCIENCES ET TECHNOS

COLLECTION
ducation
RECHERCHE *Sous la direction de* Louise Lafortune

**Collaborer pour apprendre et faire apprendre** – La place des outils technologiques
*Sous la direction de Colette Deaudelin et Thérèse Nault*
2003, ISBN 2-7605-1228-2, 296 pages

**Vaincre l'exclusion scolaire et sociale des jeunes** – Vers des modalités d'intervention actuelles et novatrices
*Sous la direction de Nadia Rousseau et Lyse Langlois*
2003, ISBN 2-7605-1226-6, 218 pages

**Pédagogies.net**
L'essor des communautés virtuelles d'apprentissage
*Sous la direction de Alain Taurisson et Alain Senteni*
2003, ISBN 2-7605-1227-4, 334 pages

**Concertation éducation travail**
Politiques et expériences
*Sous la direction de Marcelle Hardy*
2003, ISBN 2-7605-1130-8, 252 pages

**La formation en alternance**
État des pratiques et des recherches
*Sous la direction de Carol Landry*
2002, ISBN 2-7605-1169-3, 378 pages

**L'affectivité dans l'apprentissage**
*Sous la direction de Louise Lafortune et Pierre Mongeau*
2002, ISBN 2-7605-1166-9, 256 pages

**Les didactiques des disciplines**
Un débat contemporain
*Sous la direction de Philippe Jonnaert et Suzanne Laurin*
2001, ISBN 2-7605-1153-7, 266 pages

**La formation continue**
De la réflexion à l'action
*Sous la direction de Louise Lafortune, Colette Deaudelin, Pierre-André Doudin et Daniel Martin*
2001, ISBN 2-7605-1147-2, 254 pages

**Le temps en éducation**
Regards multiples
*Sous la direction de Carole St-Jarre et Louise Dupuy-Walker*
2001, ISBN 2-7605-1073-5, 474 pages

**Pour une pensée réflexive en éducation**
*Sous la direction de Richard Pallascio et Louise Lafortune*
2000, ISBN 2-7605-1070-0, 372 pages

PRESSES DE L'UNIVERSITÉ DU QUÉBEC
Le Delta I, 2875, boulevard Laurier, bureau 450
Sainte-Foy (Québec) G1V 2M2
Téléphone : (418) 657-4399 • Télécopieur : (418) 657-2096
Courriel : puq@puq.uquebec.ca • Internet : www.puq.uquebec.ca

Distribution :

**CANADA et autres pays**

DISTRIBUTION DE LIVRES UNIVERS S.E.N.C.
845, rue Marie-Victorin, Saint-Nicolas (Québec) G7A 3S8
Téléphone : (418) 831-7474 / 1-800-859-7474 • Télécopieur : (418) 831-4021

**FRANCE**

DISTRIBUTION DU NOUVEAU MONDE
30, rue Gay-Lussac, 75005 Paris, France
Téléphone : 33 1 43 54 49 02
Télécopieur : 33 1 43 54 39 15

**SUISSE**

SERVIDIS SA
5, rue des Chaudronniers, CH-1211 Genève 3, Suisse
Téléphone : 022 960 95 25
Télécopieur : 022 776 35 27

# CONCEPTIONS, CROYANCES et REPRÉSENTATIONS en MATHS, SCIENCES ET TECHNOS

*Sous la direction de*
**LOUISE LAFORTUNE**
**COLETTE DEAUDELIN**
**PIERRE-ANDRÉ DOUDIN**
**DANIEL MARTIN**

2003

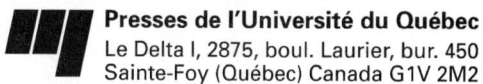

**Presses de l'Université du Québec**
Le Delta I, 2875, boul. Laurier, bur. 450
Sainte-Foy (Québec) Canada G1V 2M2

*Catalogage avant publication de la Bibliothèque nationale du Canada*

Vedette principale au titre :

Conceptions, croyances et représentations en maths, sciences et technos

(Collection Éducation-Recherche ; 11)
Comprend des réf. bibliogr.

ISBN 2-7605-1250-9

1. Sciences – Aspect psychologique. 2. Professeurs de sciences – Attitudes.
3. Élèves du primaire – Attitudes. 4. Sciences – Étude et enseignement – Aspect
psychologique. 5. Nouvelles technologies de l'information et de la communication –
Aspect psychologique. 6. Mathématiques – Aspect psychologique.
I. Lafortune, Louise, 1951-    . II. Deaudelin, Colette, 1956-    . III. Collection.

Q175.M39 2003            501'.9            C2003-941184-2

Nous reconnaissons l'aide financière du gouvernement du Canada
par l'entremise du Programme d'aide au développement
de l'industrie de l'édition (PADIÉ) pour nos activités d'édition.

La publication de cet ouvrage a été rendue possible grâce à la contribution
du Programme d'aide à la relève en science et technologie (ARST)
du ministère du Développement économique et régional (MDER)

Révision linguistique : GISLAINE BARRETTE

Mise en pages : INFO 1000 MOTS INC.

Couverture  – Conception : RICHARD HODGSON

1 2 3 4 5 6 7 8 9  PUQ 2003  9 8 7 6 5 4 3 2 1

Dépôt légal – 4ᵉ trimestre 2003
Bibliothèque nationale du Québec / Bibliothèque nationale du Canada
Imprimé au Canada

COLLECTIONS
*Éducation*

Les développements récents de la recherche en éducation ont permis de susciter diverses réflexions pédagogiques et didactiques et de proposer plusieurs approches novatrices reconnues. Les nouveaux courants de recherche donnent lieu à un dynamisme et à une créativité dans le monde de l'éducation qui font en sorte que les préoccupations ne sont pas seulement orientées vers la recherche appliquée et fondamentale, mais aussi vers l'élaboration de moyens d'intervention pour le milieu scolaire.

Les Presses de l'Université du Québec, dans leur désir de tenir compte de ces intérêts diversifiés autant du milieu universitaire que du milieu scolaire, proposent deux nouvelles collections qui visent à rejoindre autant les personnes qui s'intéressent à la recherche (ÉDUCATION-RECHERCHE) que celles qui développent des moyens d'intervention (ÉDUCATION-INTERVENTION).

Ces collections sont dirigées par madame Louise Lafortune, professeure au Département des sciences de l'éducation de l'Université du Québec à Trois-Rivières, qui, forte d'une grande expérience de publication et très active au sein des groupes de recherche et dans les milieux scolaires, leur apporte dynamisme et rigueur scientifique.

ÉDUCATION-RECHERCHE et ÉDUCATION-INTERVENTION s'adressent aux personnes désireuses de mieux connaître les innovations en éducation qui leur permettront de faire des choix éclairés associés à la recherche et à la pédagogie.

# TABLE DES MATIÈRES

## Partie 2
## Croyances et représentations
## à l'égard des sciences

### Chapitre 6 Descriptions estudiantines de la nature
### et de la fabrication des savoirs scientifiques

*Marie Larochelle et Jacques Désautels*

### Chapitre 7 Controverse scientifique et expression
### rhétorique de croyances sur les sciences :
### une proposition didactique au secondaire

*Barbara Bader*

# Mathématiques, sciences et technologies

## Des réflexions sur les croyances, représentations et conceptions

*Louise Lafortune*
*Université du Québec à Trois-Rivières*
*louise_lafortune@uqtr.ca*

*Colette Deaudelin*
*Université de Sherbrooke*
*colette.deaudelin@usherbrooke.ca*

*Pierre-André Doudin*
*Universités de Lausanne et de Genève et Haute École pédagogique, Lausanne*
*pierre-andre.doudin@pse.unige.ch*

*Daniel Martin*
*Haute École pédagogique, Lausanne*
*daniel.martin@edu-vd.ch*

1. Nous tenons à remercier le ministère du Développement économique et régional pour l'aide apportée par l'entremise du programme Aide à la relève en science et technologie. Nous remercions également Pauline Provencher pour son précieux travail de professionnelle de recherche relatif au processus d'arbitrage des chapitres de ce livre.

Aujourd'hui, l'enseignement des mathématiques, des sciences et des technologies pose un certain nombre de problèmes qui font l'objet de nombreux débats, voire de polémiques qui ne sont pas cantonnés au monde de la recherche en éducation, mais qui gagnent la place publique.

Tout d'abord, de nombreux travaux (dont cet ouvrage fournit des exemples) montrent qu'une proportion importante d'élèves développent au cours de leur scolarité des croyances négatives par rapport à ces disciplines ou manifestent de l'anxiété à leur égard. Dans le même ordre d'idées, on constate des différences entre filles et garçons par rapport à ces disciplines, les filles risquant davantage de développer des croyances négatives susceptibles d'entraver leur carrière scolaire et par la suite leur carrière professionnelle. De telles croyances ont au moins un double effet : d'une part, elles mènent souvent au décrochage scolaire et, d'autre part, elles engendrent un rejet des professions qui demandent une formation très poussée en mathématiques, en sciences ou en technologies. Or, ce sont justement ces professions qui sont fortement valorisées sur le plan social, ouvrant l'accès à des carrières professionnelles prestigieuses et à des revenus élevés.

Une telle situation est intolérable, car elle est contraire à l'équité des chances (notamment entre filles et garçons). Des solutions doivent donc être trouvées. Et c'est bien l'objectif principal de ce livre, non pas de « donner » des solutions à des problèmes complexes, mais d'ouvrir des pistes permettant à l'enseignant ou à l'enseignante, aux personnes accompagnatrices et à toute personne intervenant dans le champ scolaire de construire leurs solutions. Une première piste est d'analyser les croyances des élèves, des étudiants et étudiantes ainsi que des enseignants et enseignantes par rapport à ces disciplines ; une deuxième piste consiste à tenter de modifier les croyances et à favoriser des attitudes plus positives à l'égard des mathématiques, des sciences et des technologies tant chez les élèves que chez les personnes intervenantes. Une troisième piste consiste à susciter un plus grand intérêt pour les professions qui demandent une formation solide dans ces disciplines. Ces pistes sont complémentaires.

Cet ouvrage se compose de trois parties qui sont précédées par un chapitre introductif dans lequel Doudin, Pons, Martin et Lafortune proposent une réflexion générale sur le concept de croyance par opposition au concept de connaissance.

La première partie de l'ouvrage, qui comprend quatre chapitres, est consacrée aux mathématiques. Dans le premier chapitre, en comparant des filles et des garçons, Lafortune et Fennema étudient les liens entre l'anxiété exprimée à l'égard des mathématiques et les stratégies utilisées pour résoudre des problèmes. Les deux chapitres suivants, de Lafortune et

Mongeau, analysent les croyances à l'égard des mathématiques et des sciences à l'aide de dessins d'élèves. Enfin, le dernier chapitre de cette partie présente, d'une part, les perceptions des élèves à propos des représentations de leurs parents concernant les mathématiques et, d'autre part, la validation d'activités interactives-réflexives favorisant le suivi scolaire en mathématiques à la maison.

La deuxième partie de l'ouvrage, qui comprend trois chapitres, est consacrée aux sciences. Le chapitre de Larochelle et Désautels ainsi que celui de Bader traitent des croyances et des représentations d'étudiants et d'étudiantes à l'égard de l'épistémologie de la science ainsi que des conditions de production du savoir scientifique. Dans le chapitre qui clôt cette partie, Guilbert et Mujawamariya analysent les représentations de futurs enseignants et enseignantes de sciences à propos des caractéristiques du ou de la scientifique et de son travail.

La dernière partie de l'ouvrage, qui comprend deux chapitres, est consacrée aux TIC (technologies de l'information et de la communication). La contribution de Lefebvre, Deaudelin, Lafortune et Loiselle analyse les conceptions d'enseignants et d'enseignantes au sujet des TIC. Quant à celle de Deaudelin, Lafortune et Gagnon, elle porte sur les usages d'Internet chez des élèves du primaire ainsi que sur leurs croyances à cet égard.

Un premier constat s'impose : le lecteur ou la lectrice trouvera dans ce livre une analyse des croyances dans un très large spectre. En effet, les différentes études rassemblées dans cet ouvrage traitent des croyances des principaux acteurs de l'école, soit les élèves, les étudiants et étudiantes en formation à l'enseignement, les enseignants et enseignantes, mais aussi les parents à travers la perception qu'ont leurs enfants de leurs croyances.

Un deuxième constat que l'on peut faire est la richesse des différentes méthodes de recherche. Ainsi, dans la plupart des travaux présentés ici, les chercheurs et chercheures ont eu recours à plusieurs techniques de travail : questionnaire, entretien individuel, entretien de groupe ou encore production de dessins. Sur le plan opérationnel, ces études ont fait appel au codage interjuges ou à la vérification du codage par audit. Cela ne peut que renforcer la validité et la fidélité des analyses et des interprétations effectuées.

Certaines études, que l'on peut qualifier d'exploratoires, ouvrent des pistes très intéressantes qui sans nul doute enrichiront la réflexion pour des recherches futures dans le domaine des croyances. Par exemple, il serait intéressant de mettre en place des recherches considérant simultanément plusieurs des dimensions analysées dans les différents chapitres de cet ouvrage. On pourrait ainsi analyser les relations entre les représentations et les croyances des enseignants et enseignantes, des élèves ou des parents et les pratiques de formation des enseignants et enseignantes, les pratiques d'enseignement ou encore l'utilisation par les élèves des technologies.

Un troisième constat qui apparaît à la lecture de cet ouvrage est le fait que la plupart des auteurs et auteures proposent des pistes d'intervention visant à modifier les croyances aussi bien des enseignants et enseignantes que des élèves à l'égard des mathématiques, des sciences et des TIC. De plus, plusieurs de ces pistes suggèrent des interventions multidimensionnelles. En effet, elles peuvent prendre en compte non seulement les croyances et les préjugés à l'égard des mathématiques, des sciences ou des TIC, les pratiques d'enseignement de ces disciplines, mais également les dimensions affective, émotionnelle, cognitive ou encore métacognitive auxquelles il est nécessairement fait appel lorsque l'on pratique ces disciplines. Cela s'applique aussi bien chez les élèves que chez les personnes qui accompagnent ceux-ci. Des propositions sur la formation à l'enseignement et son impact sur l'efficacité des interventions pour modifier les croyances, les représentations et les conceptions sont bien au cœur de cet ouvrage. Agir pour former implique une transformation des croyances afin que celles-ci ne soient plus des obstacles aux apprentissages, à l'insertion scolaire et professionnelle, mais des leviers pour une plus grande équité des chances. C'est le pari de ce livre que d'y contribuer !

# CHAPITRE 1

# Croyances et connaissances
## Analyse de deux types de rapports au savoir

*Pierre-André Doudin*
*Universités de Lausanne et de Genève et Haute École*
*pédagogique, Lausanne*
*pierre-andre.doudin@pse.unige.ch*

*Francisco Pons[1]*
*Université de Harvard*
*ponsfr@gse.harvard.edu*

*Daniel Martin*
*Haute École pédagogique, Lausanne*
*daniel.martin@edu-vd.ch*

*Louise Lafortune*
*Université du Québec à Trois-Rivières*
*louise_lafortune@uqtr.ca*

1. La participation de Francisco Pons à la rédaction de ce texte a été rendue possible grâce à un subside du Fonds national suisse de la recherche scientifique (subside n° 8210-056618-2).

*RÉSUMÉ*

*Dans ce chapitre, les auteurs proposent une réflexion générale sur le concept de croyance tout en établissant un lien avec la formation des enseignants. Après avoir rappelé la polysémie du concept à la suite d'une recension des écrits portant sur les croyances, ils définissent la nature des croyances par opposition à la nature des connaissances. Ils soutiennent le point de vue que les croyances et les connaissances sont les produits de deux rapports au savoir différents, l'un de type dogmatique, l'autre de type relatif. Ces deux types de rapports au savoir peuvent être distingués au moyen de sept critères au moins, présentés ici de façon dichotomique. Chacun de ces critères est illustré par un dialogue fictif associant à des questions posées des réponses exprimées en termes de croyance ou de connaissance. Enfin, ils proposent un module de formation initiale destiné à des étudiants à l'enseignement dont le but est de développer une réflexion sur leur rapport au savoir et discutent des principes pouvant guider la construction des pratiques professionnelles des enseignants.*

Fenstermacher (1979) affirmait que l'étude des croyances des enseignants deviendrait l'objet central des recherches portant sur l'évaluation de l'efficacité de l'enseignement. Cette prédiction est-elle confirmée après plus de vingt ans de travaux ? Force est de constater que le concept de croyance en tant que tel (*belief*) a obtenu relativement peu d'attention de la part des chercheurs surtout francophones. De plus, les études ont approfondi principalement les croyances des apprenants, plutôt que celles des enseignants, et leur rôle d'entrave par rapport aux processus d'apprentissage (Lafortune, Mongeau et Pallascio, 2000, en ce qui concerne le rapport entre croyances et apprentissage des mathématiques). Cependant, au cours de cette période, de nombreuses recherches ont porté par exemple sur les attitudes, opinions, jugements, conceptions, représentations, idéologies, artefacts, théories implicites ou personnelles des enseignants en lien notamment avec l'évaluation de l'efficacité de leur enseignement. Comme le relève Richardson (1996), ces différents concepts peuvent être considérés comme très proches de celui de croyance, voire comme des « croyances déguisées » (Pajares, 1992).

## 1.  À PROPOS DES CROYANCES

À propos des croyances, nous montrerons la difficulté de définir ce concept, tout en précisant ce qui distingue le concept de « croyance » de celui de « connaissance ». Nous expliquerons ensuite l'incidence des croyances sur les connaissances. Enfin, nous apporterons quelques réflexions sur la possibilité de modifier les croyances.

### 1.1.  DE LA DIFFICULTÉ DE DÉFINIR LES CROYANCES

Pour Richardson (1996), la difficulté d'opérationnaliser le concept de croyance expliquerait en partie le peu de recherches empiriques auxquelles ce concept a donné lieu. La polysémie du concept pourrait être un autre obstacle. On constate en effet qu'après plus de vingt ans de travaux la définition du concept de croyance dans le champ des sciences de l'éducation n'est toujours pas stabilisée. Comme nous allons le voir, les définitions (pour autant qu'elles soient explicites) du concept de croyance sont soit difficilement comparables, soit contradictoires.

Dans la langue française, le mot lui-même est polysémique et comporte une ambiguïté de sens ou, en tout cas, un double sens : dans certaines propositions, il implique une certitude, une vérité, voire un aspect dogmatique (par exemple : « Je crois en Dieu »), alors que dans d'autres propositions il pourrait comporter, bien au contraire, un doute ou un aspect relatif (par exemple : « Je crois qu'il arrivera en fin d'après-midi »). En sciences de l'éducation, Rokeach (1968) a proposé une définition très large du concept de croyance : ce serait toute proposition commençant par « Je crois que... ». La définition de Goodenough (1963) est plus restrictive, étant limitée à toute proposition tenue pour vraie (alors qu'elle ne l'est pas forcément). Les définitions de Rokeach (1968) et de Goodenough (1963) ne permettent pas, lorsqu'elles sont considérées isolément, de distinguer les deux sens possibles du concept de croyance (le doute ou la certitude).

Toutefois, ces deux auteurs introduisent plus ou moins explicitement dans leur définition l'idée de rapport au savoir pour définir les croyances de l'enseignant (ou de tout autre individu), idée qui sera reprise et développée notamment par Green (1971). Ce dernier propose ainsi de distinguer « croyance » et « connaissance » : la croyance est définie également comme une proposition tenue pour vraie (Goodenough, 1963), elle est de nature essentiellement individuelle, idiosyncrasique, car issue de l'expérience personnelle, et elle comporte une dimension affective ou de jugement. Par contre, la connaissance implique une « garantie épistémique », notamment le fait qu'elle soit partagée par une large communauté de personnes (voir également Lehrer, 1990). Nespor (1987) distingue également les croyances des connaissances : les croyances sont stables, voire rigides, au contraire des connaissances qui font l'objet d'évaluations et d'examens critiques. Les croyances sont de nature personnelle, alors que les connaissances requièrent un consensus général sur leur validité. Jonnaert et Vander Borght (1999) et Jonnaert (2002) opposent également la dimension sociale à la dimension individuelle, la première étant associée aux savoirs, tandis que la deuxième est associée aux connaissances. Ainsi, les savoirs ont une nature sociale et culturelle, alors que « les connaissances font partie du patrimoine cognitif du sujet » (Jonnaert, 2002, p. 69). Les différentes croyances partagées par un individu peuvent être contradictoires, ces contradictions restant difficilement accessibles à la conscience de l'individu en raison de la composante affective des croyances ; au contraire, l'articulation des différentes connaissances repose sur une activité logique (Richardson, 1996). Roehler, Duffy, Hermann, Conley et Johnson (1988) rejoignent le point de vue de Nespor (1987) lorsqu'ils affirment que les croyances sont des « vérités éternelles » à forte valeur émotionnelle, contrairement aux connaissances qui se définissent par leur fluidité et leur neutralité émotionnelle.

Ces distinctions relativement tranchées entre croyance et connaissance (mais aussi entre savoir et connaissance) ne font cependant pas consensus. Pour certains (par exemple Lewis, 1990), l'origine de toute connaissance se trouverait dans les croyances, c'est-à-dire dans un système de valeurs et de prédicats à la base de toute connaissance théorique. Pour d'autres (par exemple Alexander, Schallert et Hare, 1991), croyances et connaissances sont des concepts équivalents, les connaissances englobant tout ce qu'un individu sait, même si ces connaissances ne sont pas vérifiées et n'ont pas un statut d'objectivité. Dans les travaux sur les processus supérieurs de la pensée, connaissance et croyance sont intimement associées, mais pas confondues dans la mesure où le sujet est conscient de ses croyances. Ainsi, la pensée postformelle est définie par un ensemble de croyances épistémiques complexes (voir Baffrey-Dumont, 2000, pour une synthèse). Mentionnons, par exemple, la croyance qu'il faut intégrer différents cadres de référence pour construire des connaissances, le choix des cadres reposant sur un système de croyances qui laisse une part importante à la subjectivité (Perry, 1970), ou la croyance que la connaissance est provisoire et évolutive (King et Kitchener, 1994). Le statut relatif de toute connaissance avait déjà été relevé par Dewey (1933) : ce que nous acceptons comme vrai aujourd'hui et auquel nous accordons un statut de connaissance peut être « ré-interrogé » demain et prendre éventuellement un statut de croyance.

## 1.2. DE L'INCIDENCE DES CROYANCES

De nombreux auteurs s'accordent généralement à reconnaître l'importance du rôle joué par les croyances, au détriment des connaissances, chez les enseignants (Brown et Cooney, 1982 ; Ernest, 1989 ; Harvey, 1986 ; Pajares, 1992 ; Sigel, 1985). Par exemple, pour Clark (1988), les actions pédagogiques ne seraient pas guidées principalement par des connaissances, mais par des préconceptions ou des théories implicites, ce que l'auteur assimile à des croyances. Ce point de vue est partagé par Kagan (1990), pour qui croyances et connaissances seraient confondues chez les enseignants. Les connaissances de ces derniers seraient en effet de nature subjective, reposant essentiellement sur des connaissances pratiques issues de leurs actions et, par conséquent, très proches du statut de croyance. Les croyances sont vues, bien plus que les connaissances, comme le déterminant majeur des prises de décision, pensées, comportements et actions pédagogiques des enseignants auprès de leurs élèves. La dimension affective des croyances, leur lien avec un système de valeurs personnelles, leur formation qui interviendrait très tôt dans le développement et qui serait issue d'expériences de vie intense notamment en tant qu'écolier, leur fonction essentiellement adaptative permettant de donner un sens à des événements de nature complexe sont les principales raisons qui rendraient les croyances solides et durables au point qu'il serait très difficile, voire impossible, selon certains auteurs de les modifier (McDiarmid, 1990 ; Pajares, 1992).

Différentes études (par exemple Goodman, 1988 ; Holt-Raynolds, 1992 ; Resnick, 1989) montrent que les étudiants en formation à l'enseignement abordent leur formation avec un ensemble de croyances, sur le métier d'enseignant, sur les élèves et sur l'apprentissage, qui vont constituer une sorte d'écran filtrant les nouvelles informations. Ainsi, une croyance largement répandue chez ces étudiants consiste à penser que l'on ne peut apprendre à enseigner que par l'expérience et que les cours théoriques sont inutiles (Book, Byers et Freeman, 1983 ; Richardson-Koehler, 1988). La capacité de réception des étudiants aux idées dispensées durant les cours en est ainsi singulièrement réduite et il y aurait même, durant la formation, renforcement des croyances initiales (Zeichner, Tabachnick et Densmore, 1987). Les pratiques innovantes introduites durant la formation des futurs enseignants (Doudin, Pfulg, Martin et Moreau, 2001 ; Richardson, 1996) ne seraient pas appliquées une fois qu'ils enseignent, ceux-ci préférant reproduire ce qu'ils ont vécu lorsqu'ils étaient écoliers. Les milliers d'heures que les étudiants ont passées en classe lorsqu'ils étaient écoliers et qui seraient en partie à l'origine de certaines de leurs croyances relatives à l'enseignement et à l'apprentissage auraient ainsi plus d'influence que les programmes de formation des enseignants (Lortie, 1975 ; Pajares, 1992).

## 1.3. DE LA POSSIBILITÉ DE MODIFIER LES CROYANCES

Ce fatalisme n'est cependant pas partagé par tous les auteurs. Ainsi, l'un des buts de la formation initiale serait de rendre explicite cet ensemble de croyances afin de permettre de les examiner et de les confronter avec des connaissances issues par exemple de recherches empiriques (Fenstermacher, 1979). Il y aurait ainsi possibilité de substituer les connaissances aux croyances. L'un des instruments privilégiés à cette fin serait l'explicitation des métaphores (Russell, 1988 ; Tobin, 1990). Les étudiants en formation à l'enseignement ainsi que les enseignants recourraient souvent à l'utilisation de métaphores plutôt qu'à des concepts théoriques pour formuler, expliquer et justifier leur point de vue (Hameline et Charbonnel, 1982-1983). Or, ces métaphores seraient l'expression même de leurs croyances, d'où la nécessité de les examiner dès l'entrée en formation afin de neutraliser leur rôle de filtre freinant, voire empêchant les connaissances de se construire.

## 2. SAVOIRS ET RAPPORTS AU SAVOIR

La revue de la littérature à laquelle nous venons de procéder montre qu'il n'existe pas, aujourd'hui, de consensus sur le sens qu'il faut donner aux concepts de croyance, de connaissance et de savoir. Toutefois, une relecture critique de cette littérature permet d'esquisser une solution à ce problème.

À l'instar, par exemple, de Green (1971), de Nespor (1987) et de Roehler, Duffy, Hermann, Conley et Johnson (1988), mais à la différence d'auteurs comme Alexander, Schallert et Hare (1991), nous faisons la distinction entre « croyances » et « connaissances », deux catégories de « savoirs ». Cette distinction part donc du principe que la réalité est appréhendée par l'intermédiaire des savoirs[2] et que les croyances et les connaissances sont le produit de deux rapports au savoir sur la réalité : un rapport qualifié de dogmatique (croyance) et un rapport qualifié de relatif (connaissance).

Ces rapports consistent en des représentations individuelles ou sociales de la valeur de vérité de savoirs individuels ou sociaux (voir figure 1). Par valeur de vérité, il faut comprendre la représentation X de la vérité ou de la fausseté d'un savoir Y, indépendamment de la vérité ou de la fausseté de ce savoir Y. De ce fait, les rapports peuvent être qualifiés d'épistémiques. Le propos de la suite de ce texte est de discuter de ces deux types de rapports au savoir. Précisons que d'autres rapports au savoir sur la réalité peuvent être envisagés, comme les rapports éthiques (le bien et le mal), affectifs (l'agréable et le désagréable) ou esthétiques (le beau et le laid). Toutefois, dans le cadre de ce texte, seuls les rapports au savoir de nature épistémique (le vrai et le faux) sont analysés. À cette fin, nous les examinerons par une analyse de leur nature, de leurs conséquences et de leurs possibilités de modification.

FIGURE 1
**Réalité, savoir et rapport au savoir**

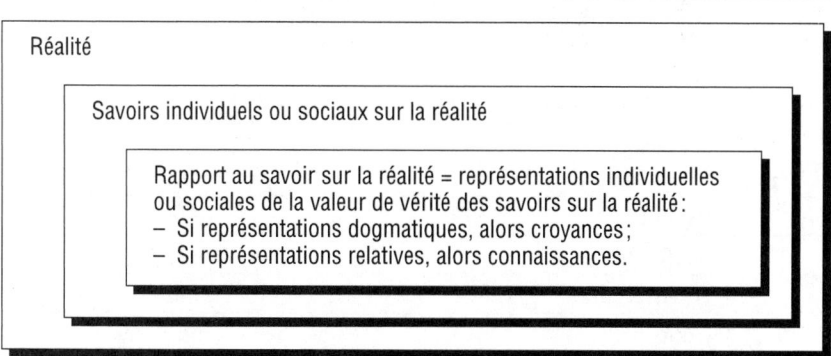

2. Cette affirmation ne préjuge ni de l'origine phylogénétique, psychogénétique et sociogénétique des savoirs, ni de leur nature plus ou moins idéaliste (la réalité n'existe pas en dehors des idées que l'on s'en fait) ou réaliste (la réalité existe en dehors de l'idée que l'on s'en fait).

La valeur de vérité des savoirs propres aux croyances et aux connaissances peut être discutée au moyen de sept critères de comparaison (voir tableau 1) : *a*) la certitude *vs* l'incertitude ; *b*) l'irréfutabilité *vs* la réfutabilité ; *c*) l'a-temporalité *vs* la temporalité ; *d*) la conservation *vs* le changement ; *e*) l'a-logique *vs* la logique ; *f*) la généralité *vs* la spécificité ; *g*) l'universalité *vs* l'individualité. Pour des questions de clarté, ces critères sont discutés dans ce texte de façon dichotomique (par exemple, certitude *vs* incertitude) ; ils doivent être cependant compris comme s'inscrivant dans un continuum. En guise d'illustration, nous présentons un dialogue fictif entre un interlocuteur et deux enseignants qui se distinguent par leur rapport au savoir. Le premier aurait un rapport au savoir de type plutôt dogmatique (croyance) et le deuxième, de type plutôt relatif (connaissance).

Précisons qu'un critère apparaît de façon sinon explicite, du moins de façon systématique chez la plupart des auteurs qui s'intéressent aux croyances et aux connaissances, à savoir que les croyances seraient de nature individuelle et les connaissances de nature sociale. Cette distinction ne nous semble pas pertinente pour différencier ces deux types de rapports au savoir. En effet, pourquoi qualifier le savoir d'un individu ou d'une minorité d'individus de croyance et celui de la majorité de connaissance ? Même si une connaissance ne devient « scientifique » qu'à partir du moment où la communauté des chercheurs la reconnaît comme valable (et cela après parfois plusieurs siècles !), il n'en demeure pas moins que toute nouvelle connaissance est le produit d'un individu ou de quelques individus et non pas d'une majorité d'individus qui, de toute manière, ne partagent pas encore cette connaissance.

TABLEAU 1
**Nature des croyances et des connaissances**

| *Croyances*<br>*Rapport dogmatique au savoir* | *Connaissances*<br>*Rapport relatif au savoir* |
|---|---|
| Certitude | Incertitude |
| Irréfutabilité | Réfutabilité |
| A-temporalité | Temporalité |
| Conservation | Changement |
| A-logique | Logique |
| Généralité | Spécificité |
| Universalité | Individualité |

## 2.1. CERTITUDE VS INCERTITUDE

Dans les croyances, la valeur de vérité d'un savoir a tendance à être considérée comme certaine, tandis que dans les connaissances la valeur de vérité d'un savoir a tendance à être considérée comme incertaine. Dans les croyances, la vérité ou la fausseté d'un savoir est considérée plutôt soit comme toujours vraie, soit comme toujours fausse, alors que dans les connaissances cette vérité ou cette fausseté est considérée plutôt comme pouvant être vraie dans certaines conditions et fausse dans d'autres. La valeur de vérité d'un savoir est considérée de façon plutôt clivée dans le cas d'une croyance (le savoir est soit vrai, soit faux) et de façon plutôt conflictuelle dans le cas d'une connaissance (le savoir peut être vrai et/ou faux). Nous pouvons illustrer ce point de vue par l'exemple suivant.

> Deux enseignants expriment le même point de vue : *Quand un élève échoue à l'école, c'est parce qu'il n'est pas intelligent.* Un interlocuteur demande alors à chacun : *Êtes-vous certain de cela ?* Le premier enseignant répond : *Absolument, je le vois bien dans ma classe.* Alors que le deuxième enseignant répond : *Oui, mais peut-être que l'échec scolaire dépend d'autres choses.*

## 2.2. IRRÉFUTABILITÉ VS RÉFUTABILITÉ

Dans les croyances, la valeur de vérité d'un savoir a tendance à être considérée comme irréfutable, tandis que dans les connaissances la valeur de vérité d'un savoir tend à être considérée comme réfutable. Dans les croyances, la vérité ou la fausseté d'un savoir est considérée plutôt comme ne pouvant jamais être remise en question, alors que dans les connaissances cette vérité ou cette fausseté est considérée plutôt comme pouvant toujours être remise en question. En guise d'illustration, nous poursuivons le même exemple.

> Après que les deux enseignants ont émis le point de vue : *Quand un élève échoue à l'école, c'est parce qu'il n'est pas intelligent,* l'interlocuteur leur demande : *Pensez-vous que tous les élèves qui échouent à l'école ont un déficit au niveau de leur intelligence ?* Le premier enseignant répond : *Oui.* Alors que le deuxième répond : *Non, on pourrait imaginer qu'un élève qui échoue à l'école soit intelligent, mais qu'à l'origine de son échec scolaire se trouvent des problèmes familiaux.*

## 2.3. A-TEMPORALITÉ VS TEMPORALITÉ

Dans les croyances, la valeur de vérité d'un savoir a tendance à être considérée comme a-temporelle, tandis que dans les connaissances la valeur de vérité d'un savoir tend à être considérée comme toujours située dans le temps, autrement dit temporelle. Dans les croyances, la vérité ou la fausseté d'un savoir est considérée plutôt comme ayant été toujours et pour toujours vraie ou fausse, alors que dans les connaissances cette vérité ou cette fausseté est considérée plutôt comme pouvant être vraie à un moment donné et fausse à un autre.

> Après que les deux enseignants ont émis le point de vue : *Quand un élève échoue à l'école, c'est parce qu'il n'est pas intelligent,* l'interlocuteur leur demande : *Pensez-vous que ce sera toujours le cas ?* Le premier enseignant affirme : *Il n'y a pas de raison que cela change,* alors que le deuxième dit : *Non, on peut imaginer que l'école mette en place un dispositif qui permette de compenser en partie un déficit de l'intelligence.*

## 2.4. CONSERVATION VS CHANGEMENT

Dans les croyances, la représentation de la valeur de vérité des savoirs a tendance à avoir pour fonction la conservation de la valeur de vérité des savoirs par leur confirmation, tandis que dans les connaissances la représentation de la valeur de vérité des savoirs a pour fonction la recherche de la valeur de vérité des savoirs par leur confirmation ou leur infirmation, condition pour qu'il y ait changement et évolution.

> Après que les deux enseignants ont émis le point de vue : *Quand un élève échoue à l'école, c'est parce qu'il n'est pas intelligent,* l'interlocuteur leur demande : *Est-ce que vous avez déjà lu quelque chose qui irait à l'encontre de cette affirmation ?* Le premier enseignant répond : *Oui, mais ils se trompent tous, ces prétendus spécialistes,* alors que le deuxième dit : *Non, mais il faudrait que je lise plus sur ce sujet.*

## 2.5. A-LOGIQUE VS LOGIQUE

Dans les croyances, la valeur de vérité d'un savoir a tendance soit à ne pas être justifiée, soit à être justifiée de façon illogique, tautologique ou absolue, alors que dans les connaissances la valeur de vérité d'un savoir a tendance à être non seulement justifiée, mais également justifiée de façon logique.

> Après que les deux enseignants ont émis le point de vue : *Quand un élève échoue à l'école, c'est parce qu'il n'est pas intelligent,* l'interlocuteur leur demande : *Selon vous, est-ce que cela implique que les élèves intelligents réussissent à l'école ?* Le premier enseignant dit : *Bien oui,* alors que le deuxième répond : *Non. Même si l'intelligence est une condition nécessaire à la réussite scolaire, elle n'est pas à elle seule une condition suffisante.*

## 2.6. GÉNÉRALITÉ VS SPÉCIFICITÉ

Dans les croyances, la valeur de vérité d'un savoir a tendance à être considérée comme générale, tandis que dans les connaissances la valeur de vérité d'un savoir a tendance à être considérée comme propre à un contexte donné. Dans les croyances, la vérité ou la fausseté d'un savoir est considérée comme ne se limitant pas à la réalité sur laquelle ce savoir porte, mais comme étant plutôt généralisable à l'ensemble de la réalité. À l'opposé, dans les connaissances, cette vérité ou cette fausseté est considérée plutôt comme propre à la réalité sur laquelle ce savoir porte.

> Après que les deux enseignants ont émis le point de vue : *Quand un élève échoue à l'école, c'est parce qu'il n'est pas intelligent,* l'interlocuteur leur demande : *Est-ce que votre affirmation est valable dans d'autres domaines que le scolaire ?* Le premier enseignant dit : *Oui, c'est bien connu que dans notre société les individus intelligents réussissent.* Le deuxième enseignant avance le point de vue suivant : *Non, il faut faire attention. L'école, c'est une chose, mais on voit bien qu'on peut réussir dans sa vie tout en n'étant pas très intelligent.*

## 2.7. UNIVERSALITÉ VS INDIVIDUALITÉ

Dans les croyances, la valeur de vérité d'un savoir a tendance à être considérée comme universelle, alors que dans les connaissances la valeur de vérité d'un savoir tend à être vue comme individuelle. Dans les croyances, la vérité ou la fausseté d'un savoir est considérée plutôt comme identique pour tous les individus, alors que dans les connaissances la vérité ou la fausseté d'un savoir est considérée comme propre à chaque individu.

> Après que les deux enseignants ont émis le point de vue : *Quand un élève échoue à l'école, c'est parce qu'il n'est pas intelligent,* l'interlocuteur leur demande : *Est-ce que tous les enseignants pensent comme vous ?* Le premier enseignant répond : *Oui, les enseignants sensés pensent tous comme moi. Certains semblent avoir un autre avis, mais, en réalité, s'ils étaient un peu honnêtes ils diraient comme moi,* alors que le deuxième répond : *Non, car chaque enseignant a fait ses propres expériences et cela peut déboucher sur des points de vue très différents.*

Les sept critères de comparaison qui viennent d'être présentés ne sont pas exhaustifs. D'autres critères pourraient être envisagés, comme celui qui est lié à la nature affective des croyances par opposition à la nature neutre des connaissances (Green, 1971 ; Nespor, 1987 ; Pons et Doudin, 2000 ; Roehler, Duffy, Hermann, Conley et Johnson, 1988) ou celui relatif à la nature plus ou moins inconsciente ou implicite des croyances opposée à la nature consciente ou explicite des connaissances (Nespor, 1987 ; Pons et Doudin, 2001 ; Pons et Harris, 2001). De notre point de vue, la question des relations entre l'affect et la conscience et entre les croyances et les connaissances demeure de nos jours encore largement ouverte, tout comme celle de la relation entre croyances et connaissances, d'une part, et objectivité des savoirs, d'autre part. Nous pouvons cependant avancer l'hypothèse d'un lien étroit entre le rapport au savoir en tant que processus et la valeur de vérité du savoir en tant que produit. Un rapport au savoir de type dogmatique déboucherait sur des savoirs plus subjectifs, c'est-à-dire des croyances, alors qu'un rapport au savoir de type relatif déboucherait sur des savoirs plus objectifs, c'est-à-dire des connaissances. Comme le relève Charlot (1997), il n'y a pas de savoir sans un rapport du sujet au savoir et ce rapport au savoir comporte une dimension identitaire importante, voire fondamentale.

## 3. RÔLE ET FORMATION DES ENSEIGNANTS

Comme nous l'avons relevé précédemment, pour différents auteurs (Fenstermacher, 1979 ; Russel, 1988 ; Tobin, 1990), un des buts de la formation initiale des enseignants serait de leur permettre de substituer les connaissances aux croyances afin de les rendre plus perméables aux nouvelles idées diffusées lors de la formation, puis de leur permettre, au cours de leur pratique professionnelle, de prendre des décisions basées sur des connaissances plutôt que sur des croyances.

Selon nous, ce point de vue qui consisterait à remplacer un produit (croyance) par un autre (connaissance) est naïf et partiel. Il est naïf, car il se centre uniquement sur l'effet en négligeant la cause ; il conviendrait plutôt d'agir en profondeur en se centrant sur les processus déterminant la construction de croyances ou de connaissances, c'est-à-dire d'accompagner les enseignants en formation dans une réflexion personnelle sur leur rapport au savoir. Il est partiel aussi, car il ne prend pas en considération le rôle de l'enseignant dans l'éducation intellectuelle de ses élèves, rôle que de nombreux travaux issus, notamment, de la métacognition ont permis de mettre en avant et de renforcer (pour une synthèse, voir Daniel, 1997 ; Doudin et Martin, 1999 ; Pallascio et Lafortune, 2000 ; Doudin, Martin et Albanese, 2001). Nous pouvons faire l'hypothèse que le rapport au savoir de l'enseignant va déterminer, du moins en partie, le rapport au savoir de ses élèves. Un rapport au savoir de type relatif chez l'enseignant serait une condition pour que celui-ci puisse favoriser chez ses élèves la mise en place d'un tel rapport au savoir permettant la construction de connaissances plutôt que celle d'un rapport au savoir de type dogmatique débouchant sur des croyances. C'est un truisme que de rappeler que le rôle fondamental et traditionnel de l'enseignant est de permettre à ses élèves de construire un répertoire élargi et structuré de connaissances et non pas de croyances !

Un rapport au savoir de type relatif semble également favorable au développement d'une pensée réflexive chez les élèves (Boisvert, 1999 ; Daniel, 1997 ; Guilbert, Boisvert et Ferguson, 1999 ; Lafortune, Mongeau et Pallascio, 1998 ; Pallascio et Lafortune, 2000). Cela implique que l'on puisse penser sa pensée et celle des autres de façon :

> ➤ *critique* : l'élève peut prendre comme objet de réflexion des raisonnements, des stratégies, des affirmations, des idées et des savoirs dans le but de les évaluer et, le cas échéant, de les critiquer et de les remettre en question ;

> ➤ *argumentée* : l'élève est capable de justifier, d'étayer par différents arguments et contre-arguments des raisonnements, des affirmations, des idées et des savoirs ;

> ➤ *créative* : l'élève peut produire un nouvel argument ou contre-argument, produire une nouvelle explication afin de justifier son raisonnement ou encore modifier son raisonnement. Il s'agit d'exemples de création de nouveautés pour l'élève ;

> ➤ *sociale* : l'élève peut exprimer et communiquer son point de vue d'une manière intelligible à des pairs et à des experts (enseignants), il peut écouter le point de vue des autres et s'engager dans un dialogue intellectuel respectueux des règles sociales à la base du dialogue et de la coopération.

Nous proposons un dispositif de formation d'étudiants en formation à l'enseignement (voir tableau 2) qui vise à développer la réflexion de l'étudiant sur son rapport au savoir (dogmatique *vs* relatif) et sur ses savoirs (croyances *vs* connaissances). Ce dispositif comporte quatre phases et s'insère dans le cadre d'un programme plus vaste de formation à l'approche métacognitive (pour une présentation détaillée, voir Martin, Doudin et Albanese, 2001). Ce programme (environ 60 périodes scolaires) donné en formation initiale est axé non seulement sur le développement de connaissances théoriques relatives au fonctionnement de l'intelligence et aux processus d'apprentissage des élèves, mais aussi sur la construction des connaissances de l'étudiant sur son propre fonctionnement intellectuel et donc, notamment, sur son rapport au savoir.

À la phase I du dispositif, nous présentons un ensemble de recherches portant sur les croyances et sur les connaissances ainsi que sur le rapport au savoir et la pensée réflexive. Cette approche théorique vise la mise en place des concepts permettant d'analyser sa pensée et celle des autres y compris le rapport au savoir, au moyen des sept critères que nous avons proposés (voir tableau 1).

TABLEAU 2
**Dispositif de formation**

| Phase de formation | Objectifs | Instruments de formation |
|---|---|---|
| I | Construction de connaissances et de concepts théoriques | Cours théoriques, lectures spécialisées |
| II | Prise de conscience de ses propres croyances et connaissances et de celles des autres | Établissement d'une liste personnelle de croyances Réflexion personnelle et en groupe |
| III | Prise de conscience de son rapport au savoir et de celui des autres | Jeux de rôle Réflexion personnelle et en groupe |
| IV | Prise de conscience des apprentissages réalisés | Discussion générale |

À la phase II, nous demandons à chaque étudiant d'établir une liste personnelle et individuelle de certains de ses savoirs – y compris sous forme de métaphores – relatifs aux apprentissages et à l'enseignement en lui demandant de les classer (croyances *vs* connaissances) selon les sept critères présentés au tableau 1. Par exemple, les savoirs suivants ont été proposés :

L'intelligence est innée.

Les parents ont démissionné et n'éduquent plus convenablement leurs enfants.

Les élèves migrants n'arrivent pas à s'intégrer à l'école.

On n'apprend pas à enseigner avec un livre à la main.

Ensuite, chacun présente sa liste au groupe. Au cours de cette phase, chaque étudiant est amené à prendre conscience que lui-même et ses collègues possèdent un ensemble de croyances et de connaissances et qu'ils peuvent porter une réflexion critique sur leurs savoirs et sur ceux des autres afin de déterminer ce qui relève des croyances et des connaissances (autoévaluation). La présentation des différentes listes par les étudiants permet une confrontation avec les savoirs des autres (conflit sociocognitif) et une extension de leur prise de conscience sur les croyances et les connaissances et ce qui peut distinguer les deux.

À la phase III, le groupe choisit un savoir (croyance ou connaissance) qui fera l'objet d'un débat en public. Sous la conduite du formateur d'enseignants, deux étudiants volontaires discutent de ce savoir devant les autres membres du groupe. Un des étudiants joue le rôle de celui qui a un rapport au savoir de type dogmatique et l'autre un rapport au savoir de type relatif.

Le formateur pose à chacun des questions permettant d'illustrer son rapport au savoir par le biais des sept critères de comparaison. Ensuite, tous les participants débattent des arguments énoncés. Durant cette phase, les participants (acteurs ou spectateurs) sont amenés à une réflexion personnelle et collective sur les rapports au savoir.

Enfin, à la phase IV, nous ouvrons la discussion avec l'ensemble du groupe en demandant aux étudiants de relever les apprentissages qu'ils ont réalisés durant le module. Selon leurs dires, ce dispositif leur a permis de mieux se connaître sur le plan de leurs savoirs et de leur manière de raisonner, de se poser des questions qu'ils ne s'étaient jamais posées et de prendre conscience, notamment, que certains de leurs savoirs avaient un statut de croyance. Par la confrontation de leurs croyances et de leurs connaissances, ils ont pu, d'une part, remettre en cause certaines de leurs croyances et, d'autre part, réfléchir et tenter de transformer leur rapport au savoir. D'une manière générale, les étudiants ont pris conscience au cours de ce dispositif de formation qu'il était possible de réfléchir sur leur propre manière de penser pour la transformer.

## *DISCUSSION ET CONCLUSION*

Le dispositif de formation présenté ci-dessus vise à agir sur le rapport au savoir des futurs enseignants. C'est un élément essentiel dans tout processus de formation des enseignants, mais qui laisse ouverte la question de l'articulation de ce travail sur le rapport au savoir avec la construction des pratiques professionnelles.

Si l'on considère que la corrélation entre croyances et pratiques est forte (Pajares, 1992) et si l'on estime qu'un rapport au savoir dogmatique contribue à générer des croyances, trois questions peuvent se poser. 1) Quelle est la nature du lien entre croyances et pratiques ? 2) Comment tenir compte des croyances des futurs enseignants dans le cadre de leur formation ? 3) Comment s'articulent rapports au savoir, aux croyances, aux connaissances et aux pratiques ?

Pour répondre à ces questions, on peut ébaucher au moins trois scénarios possibles. Tout d'abord, on peut considérer qu'il y a primauté des croyances (et donc d'un rapport au savoir dogmatique) sur les pratiques. Dans cette perspective, il faudrait agir d'abord sur le rapport au savoir et sur les croyances des futurs enseignants pour, d'une part, transformer leur rapport au savoir et remplacer leurs croyances par des connaissances et, d'autre part, leur permettre de s'approprier les pratiques professionnelles fondées sur l'état des savoirs savants concernant la profession enseignante.

C'est une conception de la formation privilégiant les apports théoriques qui est défendue ici et qui correspond au fonctionnement universitaire classique.

Ensuite, on peut penser que les pratiques priment les croyances. Ainsi, on mettra en place des actions de formation qui visent d'abord à implanter des pratiques, à faire agir l'étudiant dans un contexte professionnel. Dans ce cadre, on peut soit faire l'impasse sur le rapport au savoir et les croyances en défendant l'idée que l'on devient enseignant essentiellement en pratiquant dans la classe, soit considérer que cette action ainsi que son analyse permettront de modifier le rapport au savoir et les croyances. C'est une conception de la formation privilégiant la pratique qui est mise en avant et qui correspond assez bien au fonctionnement des anciennes écoles normales.

Enfin, on peut estimer qu'il y a une relation dialectique et circulaire entre croyances (et rapport au savoir dogmatique) et pratiques, sans préséance des unes sur les autres. Dans ce cas de figure, la logique de formation sera d'intervenir simultanément sur le rapport au savoir, les croyances, les connaissances et les pratiques. C'est donc une conception de la formation qui vise une articulation forte entre théorie et pratique et qui correspond au modèle du praticien réflexif en vigueur depuis quelques années dans les institutions de formation des enseignants. C'est ce modèle que nous défendons.

Cela dit, et quel que soit le scénario retenu, le problème de la nature de la transformation du rapport au savoir et des croyances des futurs enseignants reste posé. S'agit-il uniquement de permettre aux étudiants en formation à l'enseignement d'apprendre à vivre professionnellement avec leurs croyances (et un rapport au savoir dogmatique), de transformer leur rapport à leurs propres croyances ? Ou bien a-t-on pour objectif de remplacer les croyances par d'autres croyances considérées comme pédagogiquement correctes à tel moment et dans tel contexte scolaire, tout en maintenant un rapport au savoir dogmatique (on remplace simplement une orthodoxie par une autre) ? Ou, encore, vise-t-on à transformer le rapport au savoir des étudiants en remplaçant tout ou partie de leurs croyances par des connaissances et à les amener ainsi à faire le deuil d'un certain nombre de croyances fortement ancrées dans leur esprit ? Enfin, s'agit-il de donner des moyens de gérer les tensions et de dépasser les conflits ou les contradictions pouvant exister entre leurs croyances et leurs connaissances générées par un rapport au savoir dogmatique sur certains points et relatif sur d'autres ?

Nous soutenons cette dernière proposition dans la mesure où l'objectif est de former des praticiens réflexifs (voir par exemple Martin et Doudin, 1998 ; Pallascio et Lafortune, 2000 ; Lafortune et Deaudelin, 2001) qui peuvent adopter un point de vue critique sur leur propre fonctionnement et qui considèrent que le conflit cognitif et le débat intellectuel sont essentiels à leur développement professionnel. Cet objectif est réalisable lorsque l'on se situe dans un contexte qui valorise un rapport au savoir relatif et une approche centrée sur les connaissances ; il est inatteignable (ou pour le moins problématique) dans une perspective stimulant un rapport au savoir dogmatique et centrée sur les croyances où le conflit, le raisonnement logique et le débat rationnel n'ont pas droit de cité.

La conception de la formation des enseignants que nous défendons est donc d'intervenir de manière coordonnée sur les relations entre rapport au savoir dogmatique – croyances et rapport au savoir relatif – connaissances, rapport au savoir dogmatique – croyances et pratiques et, enfin, rapport au savoir relatif – connaissances et pratiques. Si l'on considère que la formation des futurs enseignants a pour but de développer des compétences professionnelles qui leur permettront de traiter efficacement les situations auxquelles ils devront faire face (Jonnaert, 2002), il s'avère nécessaire, selon nous, d'agir sur ces trois axes.

## *BIBLIOGRAPHIE*

Alexander, P., D. Schallert et V. Hare (1991). « Coming to terms. How researchers in learning and literacy talk about knowledge », *Review of Educational Research*, *61*(3), p. 315-343.

Baffrey-Dumont, V. (2000). « Pensée postformelle, jugement réflexif et pensée réflexive », dans R. Pallascio et L. Lafortune (dir.), *Pour une pensée réflexive en éducation*, Sainte-Foy, Presses de l'Université du Québec, p. 9-29.

Boisvert, J. (1999). *La formation de la pensée critique. Théorie et pratique*, Saint-Laurent (Québec), ERPI.

Book, C., J. Byers et D. Freeman (1983). « Student expectations and teacher education traditions with which we can and cannot live », *Journal of Teacher Education*, *34*(1), p. 9-13.

Brown, C.A. et T.J. Cooney (1982). « Research on teacher education : A philosophical orientation », *Journal of Research and Development in Education*, *15*(4), p. 13-18.

Charlot, B. (1997). *Du rapport au savoir : éléments pour une théorie*, Paris, Anthropos.

Clark, C.M. (1988). « Asking the right questions about teacher preparation : Contributions of research on teaching thinking », *Educational Researcher*, *17*(2), p. 5-12.

Daniel, M.F. (1997). *La philosophie et les enfants. Le programme de Lipman et l'influence de Dewey*, 2ᵉ édition, Montréal, Les Éditions Logiques.

Dewey, J. (1933). *How We Think*, Boston, D.C., Heath and Co.

Doudin, P.-A. et D. Martin (1999). « Conception du développement de l'intelligence et formation des enseignants », *Revue française de pédagogie, 126*, p. 121-132.

Doudin, P.-A., D. Martin et O. Albanese (dir.) (2001). *Métacognition et éducation : aspects transversaux et disciplinaires*, 2ᵉ édition, Berne, Peter Lang.

Doudin, P.-A., L. Pflug, D. Martin et J. Moreau (2001). « Entre renoncement et implication : un défi pour la formation continue des enseignants », dans L. Lafortune, C. Deaudelin, P.-A. Doudin et D. Martin (dir.), *La formation continue : de la réflexion à l'action*, Sainte-Foy, Presses de l'Université du Québec, p. 167-186.

Ernest, P. (1989). « The knowledge, beliefs and attitudes of the mathematics teacher : A model », *Journal of Education for Teaching, 15*, p. 13-34.

Fenstermacher, G. (1979). « A philosophical consideration of recent research on teacher effectiveness », dans L.S. Shulman (dir.), *Review of Research in Education*, Itasca, IL, Peacock, *6*, p. 157-185.

Goodenough, W. (1963). *Cooperation in Change*, New York, Russell Sage Foundation.

Goodman, J. (1988). « Constructing a practical philosophy of teaching : A study of preservice teacher's professional perspectives », *Teaching and Teacher Education, 4*, p. 121-137.

Green, T. (1971). *The Activities of Teaching*, New York, McGraw-Hill.

Guilbert, L., J. Boisvert et N. Ferguson (1999). *Enseigner et comprendre*, Québec, Les Presses de l'Université Laval.

Hameline, D. et N. Charbonnel (dir.) (1982-1983). *L'éducation et ses métaphores. Fasc. 1 : croissance et culture végétales ; Fasc. 2 : déplacement ; Fasc. 3 : remplissage et nourrissage*, Genève, Université de Genève.

Harvey, O.J. (1986). « Belief systems and attitudes toward the death penalty and other punishments », *Journal of Psychology, 54*, p. 143-159.

Holt-Raynolds, D. (1992). « Personal history-based beliefs as relevant prior knowledge in coursework : Can we practice what we teach ? », *American Educational Research Journal, 29*, p. 325-349.

Jonnaert, Ph. (2002). *Compétences et socioconstructivisme*, Bruxelles, De Boeck.

Jonnaert, Ph. et C. Vander Borght (1999). *Créer des conditions d'apprentissage : un cadre de référence socioconstructiviste pour une formation didactique des enseignants*, Bruxelles, De Boeck.

Kagan, D. (1990). « Ways of evaluating teacher cognition : Inferences concerning the Goldilocks principle », *Review of Educational Research, 60*(3), p. 419-469.

King, P.M. et K.S. Kitchener (1994). *Developing Reflective Judgment : Understanding and Promoting Intellectual Growth and Critical Thinking in Adolescents and Adults*, San Francisco, Jossey-Bass.

Lafortune, L., P. Mongeau et R. Pallascio (1998). *Métacognition et compétences réflexives*, Montréal, Éditions Logiques.

Lafortune, L., P. Mongeau et R. Pallascio (2000). « Une mesure des croyances et préjugés à l'égard des mathématiques », dans R. Pallascio et L. Lafortune (dir.), *Pour une pensée réflexive en éducation*, Sainte-Foy, Presses de l'Université du Québec, p. 209-232.

Lafortune, L. et C. Deaudelin (2001). *Accompagnement socioconstructiviste. Pour s'approprier une réforme en éducation*, Sainte-Foy, Presses de l'Université du Québec.

Lehrer, K. (1990). *Theory of Knowledge*, Boulder, CO, Westview Press.

Lewis, H. (1990). *A Question of Values*, San Francisco, Harper & Row.

Lortie, D. (1975). *Schoolteacher : A Sociological Study*, Chicago, The University of Chicago Press.

Martin, D. et P.-A. Doudin (1998). « Métacognition et formation des enseignants », dans L. Lafortune, P. Mongeau et R. Pallascio (dir.), *Métacognition et compétences réflexives*, Montréal, Éditions Logiques, p. 23-46.

Martin, D., P.-A. Doudin et O. Albanese (2001). « Vers une psychopédagogie métacognitive », dans P.-A. Doudin, D. Martin et O. Albanese (dir.), *Métacognition et éducation : aspects transversaux et disciplinaires*, 2ᵉ édition, Berne, Peter Lang, p. 3-29.

McDiarmid, G. (1990). « Tilting at webs : Early field experiences as an occasion for breaking with experience », *Journal of Teacher Education, 41*(3), p. 12-20.

Nespor, J. (1987). « The role of beliefs in the practice of teaching », *Journal of Curriculum Studies, 19*(4), p. 317-328.

Pajares, M. (1992). « Teacher's beliefs and educational research : Cleaning up a messy construct », *Review of Educational Research, 62*(3), p. 307-332.

Pallascio, R. et L. Lafortune (dir.) (2000). *Pour une pensée réflexive en éducation*, Sainte-Foy, Presses de l'Université du Québec.

Perry, W.G. (1970). *Forms of Intellectual and Ethical Development in the College Years : A Scheme*, New York, Holt Rinehart and Winston.

Pons, F. et P.-A. Doudin (2000). « Niveaux de conscience et développement : entre métacognition et métaémotion », dans C. Vogel et E. Thommen (dir.), *Lire les passions*, Berne, Peter Lang, p. 111-132.

Pons, F. et P.-A. Doudin (2001). « La conscience : de Piaget aux sciences cognitives contemporaines », *Intellectica, 32*(2), p. 125-143.

Pons, F. et P. Harris (2001). « Piaget's conception of the development of consciousness : An examination of two hypotheses », *Human Development, 44*(4), p. 220-227.

Resnick, L. (1989). « Introduction », dans L. Resnick (dir.), *Knowing, Learning, and Instruction : Essays in Honor of Robert Glaser*, Hillsdale, NJ, Lawrence Erlbaum Associates, p. 1-24.

Richardson, V. (1996). « The role of attitudes and beliefs in learning to teach », dans J. Sikula (dir.), *Handbook of Research on Teacher Education*, New York, NY, Simon & Schuster Macmillan, p. 102-119.

Richardson-Koehler, V. (1988). « Barriers to the effective supervision of student teaching », *Journal of Teacher Education, 39*(2), p. 28-34.

Roehler, L.R., G.G. Duffy, B.A. Hermann, M. Conley et J. Johnson (1988), « Knowledge structures as evidence of the personal : Bridging the gap from thought to practice », *Journal of Curriculum Studies, 20*, p. 159-165.

Rokeach, M. (1968). *Beliefs, Attitudes and Values : A Theory of Organization and Change*, San Francisco, Jossey-Bass.

Russell, T. (1988). « From pre-service teacher education to the first year of teaching : A study of theory into practice », dans J. Calderhead (dir.), *Teacher's Professional Leasing*, Londres, Falmer, p. 13-34.

Sigel, I.E. (1985). « A conceptual analysis of beliefs », dans I.E. Sigel (dir.), *Parental Belief Systems : The Psychological Consequences for Children*, Hillsdale, NJ, Lawrence Erlbaum Associates, p. 345-371.

Tobin, K. (1990). « Changing metaphors and beliefs : A master switch for teaching ? » *Theory into Practice, 29*(2), p. 122-127.

Zeichner, K., B. Tabachnick et K. Densmore (1987). « Individual, institutional, and cultural influences on the development of teacher's craft knowledge », dans J. Calderhead (dir.), *Exploring Teacher's Thinking*, Londres, Cassell, p. 21-59.

# PARTIE 1

## CROYANCES À L'ÉGARD DES MATHÉMATIQUES

CHAPITRE 2

# Croyances et pratiques dans l'enseignement des mathématiques

*Louise Lafortune*
*Université du Québec à Trois-Rivières*
*louise_lafortune@uqtr.ca*

*Elizabeth Fennema*
*Université du Wisconsin*
*efennema@facstaff.wisc.edu*

## RÉSUMÉ

*Dans ce chapitre, les auteures proposent d'approfondir les résultats d'une recherche où des enseignantes et enseignants utilisent l'approche CGI (Cognitively Guided Instruction) dans laquelle ils guident les élèves sur le plan cognitif dans leur apprentissage mathématique. Pour l'analyse des résultats, les auteures présentent divers niveaux de croyances et de pratiques qui permettent d'étudier l'évolution du personnel enseignant. La description de ces niveaux et les résultats présentés permettent de discuter le passage d'une perspective constructiviste à une perspective socioconstructiviste dans l'enseignement des mathématiques. Un regard sur cette recherche permet d'explorer des avenues d'intervention afin de susciter des changements dans l'enseignement des mathématiques. L'approfondissement de cette recherche permet d'envisager des perspectives d'action.*

Actuellement, un grand nombre d'élèves, du primaire au collégial, éprouvent des difficultés en mathématiques et, selon la troisième enquête internationale en mathématiques et en sciences (TEIMS-99 dans MEQ, 2001b), plusieurs d'entre eux adoptent des attitudes négatives à l'égard de cette discipline, particulièrement au Québec (MEQ, 2001b). On a souvent eu tendance à étudier cette situation par le biais des élèves (difficultés d'apprentissage, attitudes négatives...). Nous proposons ici d'explorer la situation problématique de l'apprentissage des mathématiques en nous intéressant aux croyances et aux pratiques dans l'enseignement de cette discipline.

Nous constatons que, dans l'enseignement des mathématiques, une grande importance est accordée aux contenus disciplinaires. Cette centration sur le contenu des programmes de formation fait en sorte que des enseignantes et enseignants accordent peu de temps aux interactions, aux attitudes, à l'expression des démarches mentales ou à la créativité sous prétexte d'avoir de la difficulté à « couvrir leur programme » (Lafortune, Mongeau, Daniel et Pallascio, 2002).

De plus, plusieurs enseignantes et enseignants montrent une conception trop restreinte des mathématiques en accordant une plus grande importance à certains contenus. Par exemple, au primaire, l'arithmétique prend généralement trop de place au détriment de la géométrie. Cette situation conduit les élèves à penser que les « vraies maths » sont plutôt liées aux calculs et que « la géométrie, ce ne sont pas des maths » (Lafortune, 1994). Dans ce contexte, il est très difficile de faire des liens intradisciplinaires dans la classe et les mathématiques sont présentées de façon compartimentée.

Aussi, pour plusieurs enseignantes et enseignants du primaire, les mathématiques ne sont pas leur matière préférée. Ils hésitent à s'éloigner des contenus disciplinaires, car ils ne se sentent pas toujours à l'aise avec cette discipline. Leurs connaissances et leur culture à propos des mathématiques sont trop souvent limitées. Cette situation les amène à présenter les mathématiques dans leurs dimensions algorithmique, technique et procédurale, ce qui n'incite pas les élèves à développer leur intuition et leur créativité en mathématiques et limite grandement l'exercice de leur pensée critique. Cette situation porte les élèves à penser que « faire des mathématiques » signifie mémoriser des procédures, les appliquer et trouver des réponses. Dans ce contexte, les élèves qui utilisent des moyens différents de ceux qui ont été enseignés sont pénalisés. Pourtant, leurs façons de faire peuvent être en lien avec des démarches pertinentes ou heuristiques sur le plan mathématique. Si on ne leur fait pas voir les liens possibles, les élèves peuvent en conclure qu'ils n'ont pas ce qu'ils appellent « la logique mathématique » (Lafortune, 1994).

Enfin, il s'ajoute parfois une certaine réticence à utiliser des approches réflexives ou innovatrices. Les arguments souvent invoqués concernent le temps à accorder à différentes activités avec les élèves qui ne comportent pas des contenus mathématiques directement rattachés au programme. Cette situation suscite soit des réserves à vouloir s'engager dans une démarche différente, soit une certaine insécurité à devoir changer ses habitudes.

Dans ce texte, nous proposons d'approfondir les résultats d'une recherche où des enseignantes et enseignants utilisent une approche dans laquelle ils guident les élèves sur le plan cognitif dans leur apprentissage mathématique. Dans cette recherche, on a axé le travail sur l'étude de l'évolution des croyances et des pratiques liées à l'enseignement des mathématiques. Un regard sur cette recherche permettra d'explorer des avenues d'intervention afin de susciter des changements dans l'enseignement de cette discipline (Franke, Fennema et Carpenter, 1997).

Pour traiter ce sujet, nous établirons, en premier lieu, notre perspective théorique. Suivront le sens donné aux croyances et aux pratiques ainsi que les diverses façons dont les changements dans les croyances et les pratiques peuvent se concrétiser. Ensuite, nous décrirons brièvement l'approche utilisée (Cognitively Guided Instruction). Nous présenterons divers niveaux de croyances et de pratiques qui permettent d'étudier l'évolution du personnel enseignant, puis nous aborderons les résultats de la recherche. Ces niveaux et ces résultats permettront de discuter le passage d'une perspective constructiviste à une perspective socioconstructiviste dans l'enseignement des mathématiques. Enfin, nous esquisserons des perspectives d'action.

# 1. SOCIOCONSTRUCTIVISME ET APPROCHE SOCIOCONSTRUCTIVISTE : VERS D'AUTRES DIMENSIONS

Le constructivisme est une théorie de la connaissance, de la communication et de l'apprentissage qui considère que la personne structure ses connaissances à partir de ses expériences et de ses connaissances antérieures (von Glasersfeld, 1994). Le socioconstructivisme est issu d'une conception constructiviste où l'apprentissage est vu comme un processus social et interpersonnel (Vygotsky, 1978). Dans cette perspective, l'individu vit une expérience au sujet de laquelle il échange avec les autres. Ces interactions contribuent à ébranler les conceptions, à susciter des conflits sociocognitifs et à amener une justification des interprétations (Lafortune et Deaudelin, 2001a).

Dans une approche socioconstructiviste, Lafortune (en préparation) et Lafortune et Deaudelin (2001a) considèrent que l'élève structure ses connaissances de façon active en interaction avec les autres. Telle qu'elle est conçue, cette approche doit prendre en compte les différentes dimensions de la personne (cognitive, métacognitive, affective et sociale). Dans ce contexte, les enseignantes et enseignants devraient considérer que les élèves peuvent apprendre sans un enseignement direct ; que les concepts et les habiletés sont construits dans des situations ayant du sens pour les élèves et que leur processus de pensée individuel et collectif influence et modifie l'enseignement.

Cette conception d'une approche socioconstructiviste utilise la métacognition pour favoriser la compréhension et l'intégration des apprentissages. Elle se traduit en classe par des interventions sur la dimension métacognitive en favorisant l'expression du processus d'apprentissage des élèves dans différentes situations. Cette façon de procéder montre le degré de compréhension et d'intégration des élèves (dimension cognitive) et rend les élèves cognitivement actifs, ce qui peut les stimuler à apprendre et favoriser une augmentation de la confiance en soi (dimension affective). Elle suscite, enfin, des interactions significatives tels des conflits sociocognitifs qui peuvent faire évoluer les conceptions, mais aussi les croyances et préjugés (dimension sociale ; Lafortune, en préparation). Dans le présent texte, nous nous limiterons à l'étude des dimensions cognitive et métacognitive.

## 1.1. DIMENSION COGNITIVE

Pour étudier les croyances et les pratiques, Franke, Fennema et Carpenter (1997), dont la perspective est constructiviste, proposent quatre niveaux de croyances et de pratiques. Nous abordons ici les deux niveaux opposés ; dans le reste du texte, nous préciserons les quatre niveaux. La dimension cognitive pose comme premier niveau celui où l'enseignante ou l'enseignant de mathématiques veut contrôler sa classe, veut que les élèves procèdent de la façon qu'il leur a montrée et croit que les élèves ont besoin d'un enseignement explicite pour apprendre et pour résoudre des problèmes. Dans le quatrième niveau, l'enseignante ou l'enseignant responsabilise largement les élèves, les place en situation de construire leurs connaissances de façon autonome, favorise grandement le partage des différentes façons de procéder et accepte très facilement que les élèves procèdent de différentes façons. On peut remarquer que ces niveaux passent d'une conception non constructiviste à une conception constructiviste de l'apprentissage.

## 1.2. DIMENSION MÉTACOGNITIVE

La dimension métacognitive comporte également quatre niveaux, comme la dimension cognitive. Voici succinctement les deux niveaux opposés. Le reste du texte donne des détails pour les quatre niveaux. Dans le premier niveau, la métacognition ne fait pas partie des préoccupations de la planification de cours. En classe, il n'y a pas d'activités qui favorisent le développement d'habiletés métacognitives. Dans le quatrième niveau, les planifications de cours comportent une préoccupation constante à faciliter la construction d'habiletés métacognitives chez les élèves. Des activités portant sur cette dimension de l'apprentissage sont intégrées de façon harmonieuse aux autres activités d'apprentissage en mathématiques (Lafortune et Deaudelin, 2001b).

Pour mieux aider à comprendre les explications des niveaux (dimensions cognitive et métacognitive), nous tentons une définition des croyances et de ce que nous entendons par pratiques.

## 2. CROYANCES ET PRATIQUES

Avant de fournir des explications sur les types de croyances véhiculées à l'égard de l'enseignement des mathématiques et de pratiques utilisées pour enseigner cette discipline, nous présentons des définitions de ces concepts.

## 2.1. CROYANCES

Une croyance à l'égard de l'enseignement et de l'apprentissage est un énoncé qui est tenu pour réel, vraisemblable ou possible. Une croyance peut être une conception ou une conviction. Si elle est une conception, elle renvoie alors davantage à la dimension cognitive. Une affirmation de ce type vise la façon d'apprendre des élèves ou la façon de leur enseigner pour qu'ils comprennent. Par exemple, un énoncé qui serait une conception pourrait être « les élèves structurent leurs connaissances différemment ». Si une croyance est une conviction, elle renvoie alors à la dimension affective. Un énoncé de ce type pourrait être « les élèves ont besoin d'un enseignement explicite de stratégies ». Une telle croyance est davantage liée à la relation qu'on peut entretenir avec les élèves. Il n'est pas toujours facile de préciser si une croyance est une conception ou une conviction. Plusieurs croyances comportent ces deux composantes (cognitive et affective).

Une croyance peut être faible (superficielle) ou forte (ancrée). 1) Si elle est faible ou superficielle, 1a) elle est peu argumentée. Elle peut mener à une application de techniques proposées. Ce type de croyance peut être basé sur des intuitions ou des opinions anecdotiques. 1b) Elle peut également être imposée de l'externe et tenir compte de l'autorité ou être influencée par elle. Cette forme de croyance peut être changée sans nécessairement que ce soit de façon solide et permanente. 2) Si une croyance est forte et donc ancrée, 2a) elle peut être réfléchie et basée sur des arguments. La croyance s'articule alors dans une structure ou une organisation de ses propres croyances. Les actions posées peuvent alors être davantage en lien avec les croyances de la personne. Ces croyances sont assez difficiles à changer. Cependant, comme elles sont basées sur des arguments, elles peuvent être ébranlées par des conflits sociocognitifs. 2b) Les croyances fortes et ancrées peuvent être intégrées, faire partie, en quelque sorte, de la personne. Elles font appel à des valeurs. Elles sont profondes et très difficiles à ébranler. Au contraire, des croyances fortes et ancrées sont rarement basées sur des arguments solides (figure 1).

Cette conception des croyances est illustrée par le modèle suivant :

FIGURE 1
**Croyances, conceptions et convictions**

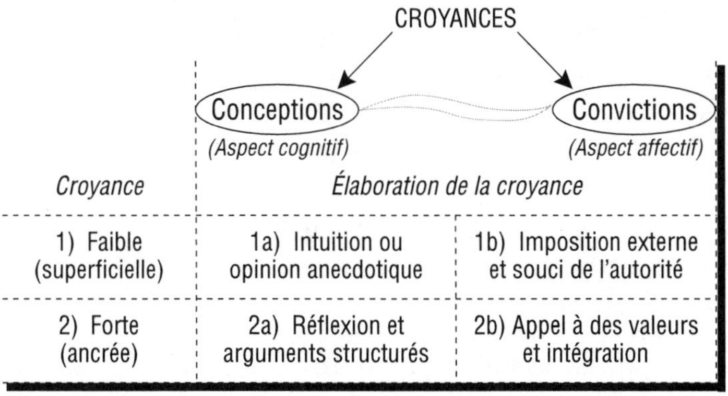

| Croyance | Élaboration de la croyance | |
|---|---|---|
| | Conceptions *(Aspect cognitif)* | Convictions *(Aspect affectif)* |
| 1) Faible (superficielle) | 1a) Intuition ou opinion anecdotique | 1b) Imposition externe et souci de l'autorité |
| 2) Forte (ancrée) | 2a) Réflexion et arguments structurés | 2b) Appel à des valeurs et intégration |

Même si, dans la figure, nous donnons l'impression que les croyances peuvent être catégorisées à l'intérieur de cases étanches, lorsque nous tentons de le faire nous constatons que des nuances peuvent être apportées, car une même croyance peut faire partie de catégories différentes selon la personne à qui elle appartient.

## 2.2. PRATIQUES

Les pratiques de l'enseignement correspondent à la mise en application de manières de procéder (Legendre, 1993). En mathématiques, ces pratiques sont influencées par les différents courants de recherche en didactique des mathématiques, tels que le socioconstructivisme et la psychologie cognitive. La notion de pratiques de l'enseignement est très large ; elle peut être définie en tenant compte de différents facteurs : les intentions poursuivies, les actions posées, les approches sous-jacentes, les attitudes adoptées et les effets escomptés.

En effet, selon nous, une pratique adoptée découle généralement des intentions poursuivies, qu'elles soient ou non explicitées. Il est préférable que ces intentions soient précisées afin que l'on puisse les discuter et les mettre en relation avec les actions posées. Ces actions renvoient à la description de ce qui est réellement réalisé en classe. Or, cette description n'est pas toujours simple à exprimer (Vermersch, 1994) si l'on veut éviter les jugements et l'évaluation de l'action (*cela s'est bien passé*) et un jugement des réactions des élèves (*les élèves ont aimé ça*). Ces actions découlent ou se rapprochent de différentes méthodes pédagogiques comme l'apprentissage coopératif, la *philosophie pour enfants*, l'enseignement stratégique... La mise en application d'une même approche pédagogique ne se fait pas de la même façon par toutes les personnes. Des adaptations sont nécessaires et les attitudes de chacun et de chacune influencent grandement les façons de procéder, ce qui peut avoir un effet chez les élèves. Ces effets sont souvent analysés dans le cadre de recherches ; ils dépendent de l'application d'une approche pédagogique, des attitudes adoptées, mais aussi du contexte et de l'environnement pédagogique. Les pratiques des enseignantes et enseignants peuvent grandement différer même si les intentions sont semblables.

## 2.3. CROYANCES AVANT PRATIQUES OU PRATIQUES AVANT CROYANCES ?

On peut s'interroger à savoir si les croyances changent avant les pratiques ou si un changement de pratiques mène à un changement de croyances. De même, on peut se demander s'il est préférable d'intervenir pour changer les pratiques avant les croyances ou l'inverse.

Dans une recherche en cours, Lafortune (en préparation) a élaboré un questionnaire portant sur les croyances et sur les pratiques relatives à l'enseignement et à l'apprentissage. Le processus de validation de ce questionnaire l'a menée à interroger le personnel scolaire sur ses pratiques avant de les interroger sur ses croyances. Cette façon de procéder a été choisie en considérant que les enseignantes et enseignants s'expriment plus facilement sur leurs pratiques. Le processus de validation a permis de se rendre compte qu'en interrogeant les sujets à propos de leurs pratiques, il était possible d'éviter que les réponses liées aux pratiques soient données afin d'être en concordance avec les croyances. Concrètement, poser des questions sur les pratiques (ce que je fais) avant de le faire à propos des croyances (ce que je pense) s'est révélé profitable, car le fait d'avoir répondu à propos de ses pratiques dans un premier temps a mené plusieurs personnes à des prises de conscience relativement aux concordances entre les croyances et les pratiques. Par exemple, une enseignante qui a répondu qu'elle ne mettait pas ses élèves en situation d'autoévaluation s'est rendu compte qu'elle manquait de cohérence, puisque, dans un deuxième temps, elle devait répondre qu'elle croyait en l'importance de l'autoévaluation. Il conviendrait maintenant de s'interroger sur la pertinence d'agir sur les pratiques avant d'intervenir au sujet des croyances ou d'aborder les croyances avant les pratiques.

## 2.4. PRÉMISSES FAVORISANT DES CHANGEMENTS

Franke, Fennema et Carpenter (1997) proposent certaines prémisses afin de favoriser des changements à propos des croyances et des pratiques des enseignantes et des enseignants. Sur le plan des croyances, ces auteurs soulignent ainsi qu'il est important de croire que des élèves arrivent en classe en ayant déjà construit certaines connaissances mathématiques et que ces connaissances influencent leur façon de résoudre des problèmes. Pour compléter cette première prémisse, il est nécessaire d'accepter que l'on apprend des élèves et que ce que l'on apprend d'eux doit influencer le contenu et la forme de l'enseignement.

Sur le plan des pratiques, ces mêmes auteurs proposent trois dimensions à respecter. 1) La première dimension consiste à donner aux élèves la possibilité de résoudre les problèmes avec la stratégie de leur choix ; c'est une façon de permettre aux élèves de s'engager dans la réflexion mathématique. 2) La deuxième dimension exige une écoute de la pensée des élèves en mathématiques. Cela signifie qu'il faut laisser aux élèves le temps d'exprimer leurs processus mentaux sans les interrompre. 3) La troisième dimension consiste à utiliser ce que l'on apprend des élèves afin d'organiser son enseignement. Cela signifie qu'il faut placer les élèves en situation de résolution de problèmes et les observer pour tenter de comprendre leurs démarches et, ainsi, poser des questions mieux adaptées à la situation.

Au-delà des croyances et des pratiques qui favorisent le changement, il importe que les enseignantes et enseignants connaissent des éléments théoriques sur le processus d'apprentissage des élèves et, surtout, différentes stratégies de résolution de problèmes que les élèves peuvent utiliser.

Le fait de pouvoir associer ses connaissances pratiques à des éléments théoriques favorise une meilleure intégration et une plus grande cohérence entre théorie et pratique.

Ces prémisses font partie de l'implantation du CGI (Cognitively Guided Instruction), une approche centrée sur l'élève dans une perspective constructiviste.

# 3. ENSEIGNEMENT GUIDÉ SUR LE PLAN COGNITIF (COGNITIVELY GUIDED INSTRUCTION)

L'équipe de Fennema (Carpenter et Fennema, 1992 ; Carpenter, Fennema et Franke, 1996 ; Carpenter, Fennema, Franke, Levi et Empson, 1999 ; Fennema, Sowder et Carpenter, 1999) a élaboré une approche axée sur la compréhension que les élèves peuvent avoir des mathématiques. Dans cette approche nommée Cognitively Guided Instruction (CGI), on considère que les enfants arrivent à l'école avec un bagage informel et intuitif relatif aux mathématiques. Selon les fondements de cette approche, déjà au début du primaire les élèves peuvent construire des solutions viables (qui ont du sens) à des problèmes de mathématiques. Leurs connaissances construites en dehors de l'école servent de base à la compréhension qu'ils développent à propos des mathématiques tout au long du primaire. On considère que les élèves n'ont pas besoin d'un enseignement qui leur précise quelle stratégie convient pour un type particulier de problèmes, mais, plutôt, qu'ils construisent eux-mêmes des stratégies leur permettant de trouver des solutions. Si les élèves sont placés dans un environnement qui les encourage à utiliser des moyens significatifs pour eux, ils élaboreront des stratégies particulières (Carpenter, Fennema, Franke, Levi et Empson, 1999).

Selon cette approche, les élèves sont placés en situation de résolution de problèmes et ils doivent présenter aux autres leur démarche pour trouver une solution. Cette présentation est alimentée par des questions de l'enseignante ou de l'enseignant, mais aussi par l'explication donnée par les autres élèves de leur propre démarche. L'enseignante ou l'enseignant est un guide dans cette façon de procéder. Les questions posées sont principalement orientées vers l'explicitation de la façon de faire et vers l'émergence du degré de compréhension.

Les enseignantes et enseignants qui utilisent cette approche ont des responsabilités. 1) L'une de ces responsabilités consiste à préciser aux élèves que l'enseignement sera axé sur un apprentissage visant une réelle compréhension. Dans cette perspective, les élèves s'engagent dans la résolution de problèmes et ils doivent pouvoir exprimer et articuler leur pensée. 2) Une autre responsabilité consiste à choisir des tâches qui favorisent la compréhension. Ces tâches mathématiques devraient avoir les caractéristiques suivantes : *a*) mener à la réflexion et à la verbalisation ; *b*) posséder une cohérence interne ; *c*) être en lien avec d'autres apprentissages réalisés ou à réaliser pour mener à une compréhension approfondie des mathématiques ; *d*) être pertinentes et avoir du sens pour les élèves concernés ; *e*) amener les élèves à développer les compétences ou les habiletés nécessaires à leur compréhension de la tâche demandée. 3) Une autre responsabilité consiste à avoir des préoccupations d'équité pour l'apprentissage des mathématiques. Cette responsabilité exige que l'on s'assure que tous les élèves comprennent ce qu'ils font, que l'on ait une attention pour les individus tout en se préoccupant des différences dans le groupe. Cela peut mener à des participations différentes de chacun aux activités proposées. Cette responsabilité est complexe, car aucune règle précise ne peut être prescrite. Néanmoins, on peut dire qu'il est nécessaire d'être attentif au processus mental des élèves et à l'évolution de l'articulation de leurs démarches mentales. 4) Une dernière responsabilité vise à faire en sorte que la compréhension des élèves continue de se développer au-delà de ce qui se passe en classe. Pour y arriver, il faut s'assurer que les élèves peuvent évaluer leur propre degré de compréhension. Cette compétence d'autoévaluation peut être vérifiée de façon formelle ou informelle pendant que les élèves verbalisent et partagent leur démarche de résolution de problèmes mathématiques (Fennema, Sowder et Carpenter, 1999).

Il est important d'ajouter qu'à l'intérieur de cette approche l'enseignante ou l'enseignant doit montrer une sensibilité et une ouverture afin de pouvoir choisir les moments où il est préférable d'être passif ou d'être actif. Ce choix n'est pas facile à faire. Demeurer passif signifie qu'on laisse les élèves expliciter leur démarche aux autres même si cela peut paraître long et que donner la réponse peut sembler la meilleure façon de « sauver du temps ». D'un autre côté, devenir actif n'équivaut pas à « donner une réponse ou une façon de faire », mais plutôt à poser des questions ou à donner des indices qui incitent à la découverte et à la compréhension.

## 4. ASPECTS COGNITIFS : QUATRE NIVEAUX DE CROYANCES ET DE PRATIQUES

Nous présentons ici les quatre niveaux proposés par Franke, Fennema et Carpenter (1997). Ces auteurs ont mené une recherche afin d'étudier l'évolution des croyances et des pratiques d'enseignantes et d'enseignants lorsqu'ils utilisent l'approche préconisée par Cognitively Guided Instruction (Carpenter, Fennema, Franke, Levi et Empson, 1999 ; Fennema, Sowder et Carpenter, 1999).

Franke, Fennema et Carpenter (1997) ont défini des niveaux de nature cognitive pour étudier les croyances et les pratiques liées à l'enseignement des mathématiques. Dans les explications relatives à ces niveaux, on perçoit une évolution des croyances et des pratiques qui mènent à une perspective constructiviste en prenant en compte les élèves vus comme des individus. L'équipe de Franke, Fennema et Carpenter (1997) a centré sa recherche de l'évolution des croyances et des pratiques en utilisant des situations de résolution de problèmes en mathématiques.

## 4.1. Niveau 1 – Application de connaissances

Les enseignantes et enseignants qui se situent au premier niveau considèrent que les élèves font des mathématiques à partir de l'application de procédures ou de connaissances qui leur ont été enseignées. Ils s'expriment donc plus à propos de ce qui doit être enseigné aux élèves qu'à propos du processus d'apprentissage.

**CROYANCES** À ce premier niveau, les enseignantes ou enseignants ne pensent pas qu'un élève de leur classe puisse résoudre des problèmes de mathématiques sans un enseignement explicite d'une procédure. Cela signifie qu'ils croient que les élèves vont résoudre des problèmes à peu près tous de la même façon et que cette façon sera celle qui leur a été enseignée. Ces enseignantes et enseignants se préoccupent peu de ce qu'ils savent à propos de leurs élèves ; ils se fient plutôt au manuel – à des experts – pour décider quoi enseigner et de quelle façon le faire. Les guides d'enseignement leur sont indispensables.

**PRATIQUES** Une enseignante ou un enseignant du premier niveau ne donne pas l'occasion aux élèves de résoudre des problèmes de mathématiques en utilisant leurs propres stratégies ou ne leur demande pas comment ils procèdent. De tels enseignants et enseignantes indiquent des méthodes à suivre (techniques, recettes...) aux élèves et s'attendent à ce que ceux-ci les utilisent. Ils interrogent les élèves pour savoir s'ils sont capables de reproduire les procédures enseignées. Pour eux, la reproduction d'une démarche en étapes est synonyme de compréhension. Ils demandent aux élèves de montrer leur travail aux autres plutôt dans une perspective de pratique (faire des exercices). Les façons de procéder des élèves ne les influencent pas vraiment dans les décisions qu'ils peuvent prendre pour enseigner les mathématiques. Ce sont généralement les enseignantes et les enseignants qui utilisent les manuels scolaires de façon systématique en conservant l'ordre de présentation des concepts et en faisant faire aux élèves les exercices tels qu'ils sont prescrits dans le manuel, le guide ou les cahiers. Ils ont développé peu d'autonomie dans leur utilisation du matériel proposé.

## 4.2. NIVEAU 2 – CHOIX DE MÉTHODES

Au deuxième niveau, l'enseignante ou l'enseignant commence à voir l'élève comme étant capable d'utiliser ses connaissances mathématiques pour résoudre des problèmes nouveaux. Cette personne croit que les élèves peuvent réaliser des tâches de différentes façons et croit que chaque solution ou résultat correspond au développement de la compréhension chez l'enfant.

**CROYANCES** Les enseignantes et enseignants du deuxième niveau commencent à penser que les élèves peuvent résoudre des problèmes mathématiques sans un enseignement explicite de procédures ou de stratégies. Ils pensent qu'il est possible de disposer d'une variété de solutions et d'élargir le type de problèmes à résoudre. Cependant, ils ne sont pas convaincus qu'ils n'ont pas à montrer aux élèves comment faire. Ils croient que certaines conditions sont nécessaires pour laisser faire les élèves. Il leur semble essentiel de fournir une stratégie ou des indices quant à la procédure à suivre. Par exemple, une enseignante ou un enseignant pourrait dire : « Je laisserai les élèves travailler à leur manière jusqu'en décembre, mais je devrai éventuellement leur montrer comment faire. » Ces enseignantes et enseignants catégorisent les élèves et pensent, par exemple, qu'on doit dire comment faire à un élève qui ne réussit pas en mathématiques. Ils pensent que proposer différentes façons de faire peut « mêler » les élèves, surtout ceux qui éprouvent des difficultés.

**PRATIQUES** Les enseignantes et enseignants du deuxième niveau donnent parfois l'occasion aux élèves de résoudre des problèmes mathématiques à leur façon, puis ils leur demandent comment ils ont fait. Cependant, ils n'agissent pas ainsi de façon systématique. S'ils trouvent que susciter l'expression des démarches des élèves est parfois utile, il leur arrive aussi de diriger les élèves vers une méthode donnée et s'attendent à ce qu'ils l'utilisent pour des tâches particulières. Lorsqu'ils laissent les élèves s'exprimer, c'est pour leur donner l'occasion de partager plutôt que pour se donner une occasion de mieux comprendre les stratégies de leurs élèves. Par exemple, ces enseignantes et enseignants peuvent interrompre les élèves avant qu'ils aient terminé leur partage de stratégies ou diriger les enfants vers une façon de faire plus ou moins compatible avec ce que ces élèves viennent d'exposer.

## *4.3. Niveau 3 – Autonomie dans la résolution de problèmes*

Les enseignantes et enseignants du troisième niveau se rendent compte que les élèves peuvent résoudre par eux-mêmes différents problèmes mathématiques et ils reconnaissent que les façons de faire, les solutions, les résultats ou encore les productions diffèrent selon la structure de ces mêmes problèmes.

**CROYANCES** Les enseignantes et enseignants du troisième niveau croient que les élèves peuvent résoudre des problèmes de mathématiques sans qu'une stratégie particulière soit arttachée à ces problèmes. Ils croient à certaines exceptions, mais ces exceptions sont peu nombreuses. Ils croient que des élèves vont résoudre un même problème de différentes façons et que différents problèmes vont exiger une diversité de stratégies. Ils croient qu'il est bénéfique pour les élèves de résoudre des problèmes à leur façon, car cela a plus de sens pour eux. Ils veulent que les enfants comprennent réellement ce qu'ils font. Ils commencent à penser que ce qu'ils apprennent de leurs élèves doit influencer ce qu'ils font en classe.

**PRATIQUES** Les enseignantes et enseignants du troisième niveau laissent les élèves résoudre des problèmes de différentes façons, même pour un problème type, dont la structure est bien définie. Ces enseignantes et enseignants donnent des problèmes à résoudre et favorisent la discussion des résultats. Ils sont davantage en interaction avec leurs élèves et acceptent d'apprendre d'eux. Ils écoutent les élèves lorsque ceux-ci décrivent leur façon de procéder. Généralement, dans différentes situations d'apprentissage, ils proposent un problème, demandent aux élèves de le résoudre et favorisent le partage des stratégies. Cette routine se répète et il y a peu de changements quant au choix des types de problèmes et aux questions posées. Ces enseignantes et enseignants savent quelles questions poser pour faire émerger les stratégies des élèves; ils savent quand arrêter de poser des questions, mais ne saisissent pas toujours les occasions qui se présentent à eux.

## 4.4. Niveau 4[1] – Autonomie dans l'apprentissage

Les enseignantes et enseignants de ce quatrième niveau possèdent des connaissances à propos du processus d'apprentissage des élèves en mathématiques. Dans leur enseignement, ils utilisent ce qu'ils en savent ; ils modifient leur enseignement à partir de ce que les élèves leur fournissent.

Les enseignantes et enseignants de ce niveau croient que les façons de procéder et les stratégies des élèves doivent avoir une influence sur leur enseignement. La planification de l'enseignement ne peut donc être décidée entièrement à l'avance. Ils croient que les élèves doivent avoir l'occasion de construire leur propre compréhension et que leur rôle consiste à créer un environnement propice à cette construction. Cet environnement est associé à la création de moments où les élèves sont en interaction avec les autres et vivent des conflits cognitifs. Ces enseignantes et enseignants croient que les procédures et stratégies des élèves vont même jusqu'à déterminer la planification de l'enseignement et les ajustements en cours d'action.

Les enseignantes et enseignants de ce niveau discutent des processus d'apprentissage de leurs élèves. Ils savent comment un élève connaît et comment le processus de compréhension se développe. Ils ont conçu des moyens de construire leur enseignement à partir de ce qu'ils savent de leurs élèves et des façons de permettre aux élèves de construire leur propre pensée.

**CROYANCES** Les enseignantes et enseignants du quatrième niveau ne croient pas seulement que les élèves peuvent réaliser des tâches sans enseignement explicite ; ils croient aussi que ce qu'ils apprennent du processus d'apprentissage de leurs élèves peut les aider à prendre des décisions pour modifier leur enseignement. Les élèves de ces enseignantes et enseignants perçoivent ceux-ci comme des guides qui les connaissent. Les personnes enseignantes sont à l'affût pour percevoir les moments où les élèves vivent des conflits cognitifs afin de les faire émerger et d'en tirer profit pour favoriser l'apprentissage.

**PRATIQUES** Les enseignantes et enseignants du quatrième niveau utilisent les informations à propos du processus d'apprentissage de leurs élèves et prennent en considération la façon dont les

---

1. L'équipe de Franke, Fennema et Carpenter (1997) divise ce quatrième niveau en deux parties. Nous avons choisi de considérer ce quatrième niveau comme un tout, sans ce partage.

élèves apprennent. Ces enseignantes et enseignants utilisent ce qu'ils savent à propos de leurs élèves pour organiser le contenu mathématique à enseigner. Ils n'interrogent pas toujours les élèves sur ce qu'ils viennent de leur présenter, mais ils posent davantage des questions ouvertes, adaptées à une variété de rythmes d'apprentissage.

## 5.   *RÉSULTATS RELATIFS AUX ASPECTS COGNITIFS DES CROYANCES ET DES PRATIQUES*

Franke, Fennema et Carpenter (1997) ont montré qu'un enseignement guidé sur le plan cognitif (CGI) influe autant sur les croyances que sur les pratiques des enseignantes et enseignants. La recherche a été réalisée auprès de 21 enseignantes et enseignants sur une période de plus de quatre ans[2]. Quatre-vingt-dix pour cent des vingt et une personnes enseignantes sont devenues de meilleurs guides sur le plan cognitif et ont été classées aux niveaux 3 ou 4 (Fennema, Carpenter, Franke, Levi, Jacobs et Empson, 1996)[3]. Dix-huit de ces vingt et une personnes en sont venues à croire que les élèves peuvent résoudre des problèmes sans que l'on ait à leur montrer des méthodes particulières pour le faire et qu'elles peuvent aider les élèves à apprendre les mathématiques en tenant compte de ce qu'ils savent. Cette connaissance les alimente pour choisir les problèmes les plus pertinents et pour répondre aux questions en prenant en compte ce qu'ils savent des élèves et non pas ce qu'ils pensent savoir d'eux. Même s'il y a eu une variété de changements dans les pratiques de ces 18 personnes, chacune d'entre elles a davantage mis l'accent sur la résolution de problèmes. Plus d'élèves ont décrit leurs processus mentaux en mathématiques et une meilleure utilisation de la connaissance de la démarche mentale des élèves a modifié l'organisation de l'enseignement.

Trois modèles de changement différents, exposés par trois enseignants, ont été plus spécifiquement étudiés : le changement des pratiques avant les croyances, le changement des croyances avant les pratiques, le changement simultané des deux aspects. 1) Le changement des pratiques

---

2. Ces enseignantes et enseignants bénéficiaient d'une formation pour alimenter leur pratique professionnelle. Cette formation incluait la connaissance du programme CGI. Des observations et des entrevues ont permis de cerner l'évolution de leurs croyances et de leurs pratiques.

3. Sur le plan des croyances, six personnes enseignantes étaient au niveau 3, onze au-dessus du niveau 3 et quatre au-dessous. Sur le plan des pratiques, douze étaient au niveau 3, sept au-dessus du niveau 3 et deux au-dessous.

avant les croyances semble supposer que la personne enseignante a de la difficulté à comprendre les fondements théoriques de l'approche CGI, mais qu'elle observe l'effet de ces nouvelles pratiques chez les élèves et qu'elle apprécie ces changements. 2) Une personne qui change plutôt ses croyances a tendance à comprendre les fondements de l'approche CGI et les trouve très pertinents, mais elle éprouve de la difficulté à les appliquer dans sa pratique, à faire les changements qui montreraient une cohérence avec la théorie. 3) Enfin, une enseignante qui a changé ses pratiques et ses croyances s'exprime longuement à propos de l'approche et manifeste également son excitation relativement aux stratégies de résolution de problèmes utilisées par ses élèves. Elle veut en apprendre davantage sur ses élèves pour mieux orienter son enseignement.

## 6.   ASPECTS MÉTACOGNITIFS : QUATRE NIVEAUX DE CROYANCES ET DE PRATIQUES

Bien qu'il n'y ait pas eu de recherche spécifique sur les croyances et les pratiques des enseignantes et enseignants relativement aux aspects méta-cognitifs de l'apprentissage des mathématiques, les travaux de Lafortune (1998), de Lafortune et St-Pierre (1994, 1996) et de Lafortune et Deaudelin (2001a-b) nous mènent à faire une proposition.

Voici les quatre niveaux que nous proposons, décrits en termes de croyances (apprentissage et enseignement) et de pratiques.

### 6.1.  NIVEAU 1 – INUTILITÉ DES INTERVENTIONS

Au premier niveau, les enseignantes et enseignants ne croient pas vraiment qu'une intervention portant sur la dimension métacognitive des élèves puisse les aider à apprendre. En pensant que les élèves ont des processus d'apprentissage très semblables, ils ne perçoivent pas la nécessité de con-naître ces processus ni même de s'y intéresser.

**CROYANCES** Les enseignantes et enseignants du premier niveau croient que les élèves ont des processus d'apprentissage semblables et ils pensent connaître ces processus. Ils les généralisent facilement, sans vraiment penser aux particularités. Ils ne voient pas l'uti-lité d'en tenir compte dans leur enseignement. Ainsi, les élèves ne leur semblent pas capables de s'autoévaluer correctement. Ils se croient eux-mêmes essentiels dans le processus d'évaluation des élèves. Cela ne les amène pas à voir l'autoévaluation comme un moyen pour favoriser l'apprentissage des mathématiques.

**PRATIQUES** Les enseignantes et enseignants du premier niveau n'amènent pas les élèves à partager leurs processus d'apprentissage dans une situation de résolution de problèmes mathématiques, c'est-à-dire à partager toutes les idées qui leur passent par la tête lorsqu'ils résolvent un problème (protocole de pensée à voix haute). Ils n'utilisent pas de moyens pour faire émerger les démarches mentales des élèves.

## 6.2. NIVEAU 2 – INTERVENTIONS PONCTUELLES

Les enseignante et enseignants du deuxième niveau s'interrogent sur leurs pratiques et décident ou non, consciemment ou inconsciemment, de s'engager dans un processus de changement afin que leurs interventions développent davantage l'individu métacognitif. Ils croient que les élèves peuvent tirer profit d'une meilleure conniassance d'eux-mêmes au plan métacognitif en résolution de problèmes. Cependant, ils ne savent pas trop comment intervenir en tenant compte de cette dimension de l'apprentissage et utilisent plutôt des moyens ponctuels qui ne font pas partie intégrante de leur enseignement.

**CROYANCES** Les enseignantes et enseignants à ce niveau commencent à croire que les élèves peuvent profiter de réflexions métacognitives en mathématiques. Ils développent l'idée qu'ils devraient tenir compte de cette dimension de l'apprentissage pour mieux connaître leurs élèves et, surtout, pour les aider à mieux se connaître eux-mêmes. Ils pensent que ce processus de réflexion est plutôt individuel.

**PRATIQUES** À ce niveau, enseignantes et les enseignants mettent à l'essai des activités plutôt ponctuelles afin d'apprivoiser l'utilisation d'interventions axées sur le développement de la métacognition en mathématiques. Certains essais sont généralement peu intégrés à la démarche d'enseignement. Ils prennent la forme de pauses ou d'arrêts systématisés qui, dans l'action, ne sont pas toujours adaptés à ce qui vient de se passer en classe.

## 6.3. NIVEAU 3 – INTERVENTIONS HABITUELLEMENT PLANIFIÉES

Au troisième niveau, les enseignantes et enseignants commencent à s'approprier des interventions portant sur la métacognition. Ces dernières deviennent lentement intégrées à leur pratique. La planification de l'enseignement des mathématiques comprend une préoccupation à intervenir sur la métacognition des élèves.

**CROYANCES** Les enseignantes et enseignants à ce niveau commencent à croire que les élèves profitent d'interventions relatives à la métacognition et du partage des différents processus mentaux afin d'améliorer le leur. Les élèves leur semblent capables d'utiliser des éléments des démarches mentales pour les adapter à la leur. Cependant, ils ne pensent pas qu'il faille le faire pour tous les apprentissages, surtout lorsque certains contenus mathématiques sont perçus comme étant complexes pour les élèves. Ils en viennent à penser que la connaissance de différentes démarches mentales pourrait les ébranler et nuire à leur démarche plus cognitive.

**PRATIQUES** À ce niveau, les enseignantes et enseignants utilisent des interventions axées sur la métacognition qui deviennent assez systématiques et élaborées. Ces interventions sont lentement intégrées à la pratique en ce sens qu'elles font de plus en plus partie de la structure même de l'enseignement. Les interventions portant sur la métacognition sont pensées en fonction du contenu mathématique. Dans la pratique, cela veut dire que les enseignantes et les enseignants utilisent des interventions préparées qui respectent la cohérence entre le contenu du cours et les habiletés de résolution de problèmes qui sont en cause.

## 6.4. NIVEAU 4 – INTERVENTIONS ENTIÈREMENT INTÉGRÉES À LA PRATIQUE

Au quatrième niveau, les enseignantes et enseignants sont convaincus de l'importance d'intervenir sur la métacognition des élèves. Ils croient que de telles interventions favorisent l'apprentissage, l'autonomie et les habiletés de transfert. À ce niveau, ils se sentent à l'aise d'intervenir sur cette dimension et les interventions sont intégrées à l'ensemble de leur enseignement.

**CROYANCES** À ce niveau, les enseignantes et enseignants croient fermement qu'il faut intervenir sur la métacognition des élèves. Pour eux, c'est un excellent moyen de favoriser l'autonomie et les habiletés d'adaptation en mathématiques. Ils croient que les interventions sur la métacognition doivent être intégrées à l'enseignement de façon harmonieuse, en cohérence avec le processus d'apprentissage. Dans les interventions sur la métacognition en mathématiques, ils croient qu'il est nécessaire de mettre les élèves en interaction pour qu'ils partagent leurs démarches mentales afin de les améliorer.

**PRATIQUES** À ce niveau, les enseignantes et enseignants utilisent des interventions portant sur la métacognition qui font partie intégrante de leur enseignement des mathématiques. Ils préparent leurs cours en ayant une optique métacognitive. En classe, ils intègrent des interventions portant sur la métacognition de façon spontanée et tirent profit des occasions favorables au développement d'habiletés métacognitives en cours d'enseignement ; ils profitent des « déclics métacognitifs » des élèves et utilisent des moyens pour susciter des prises de conscience. L'ensemble des interventions sur la métacognition s'appuie sur les interactions entre les élèves pour le partage des processus mentaux, pour la confrontation des façons de penser et de gérer son activité mentale.

Nous venons de présenter, sur les plans cognitif et métacognitif, des niveaux auxquels des enseignantes et enseignants peuvent se situer par rapport à leurs croyances et à leurs pratiques. L'approche cognitive étant inspirée du constructivisme, elle pourrait s'insérer dans une perspective socioconstructiviste si la dimension métacognitive était prise en considération.

## 7.    VERS LE SOCIOCONSTRUCTIVISME

L'approche préconisée par le CGI tel que le définissent Carpenter, Fennema, Franke, Levi et Empson (1999) et Fennema, Sowder et Carpenter (1999) et la description des niveaux de croyances et de pratiques présentée par Franke, Fennema et Carpenter (1997) montrent une centration sur l'élève (son degré de compréhension, son processus d'apprentissage...). L'esprit de cette approche s'inscrit dans une perspective constructiviste. Même si les élèves construisent leurs connaissances, il est nécessaire de laisser chaque élève exprimer sa façon de réaliser des tâches scolaires. Il apparaît donc pertinent de s'intéresser aux interactions sociales dans une perspective socioconstructiviste et d'intervenir pour l'ensemble du groupe tout en ayant des préoccupations pour les individus. Cet aspect apparaît important, car, par ces interactions avec les autres, les élèves vivent des conflits sociocognitifs qui ébranlent leurs croyances à propos des mathématiques.

Une intégration des dimensions cognitive et métacognitive incite à des interactions sociales, car, si les élèves partagent leurs processus mentaux et les discutent, ils ont davantage de chance de pouvoir s'inspirer des autres pour améliorer leurs propres stratégies. Leurs constructions sont influencées par des conflits sociocognitifs. La perspective devient plutôt socioconstructiviste.

La prise en compte des dimensions cognitive et métacognitive fait en sorte que, dans les croyances de niveau 4, on considère que les élèves apprennent en interaction avec les autres et que l'approche pédagogique devrait susciter des confrontations entre les élèves relativement à leurs démarches de résolution de problèmes mathématiques et à l'expression des processus mentaux. Sur le plan des pratiques, les enseignantes et enseignants qui intègrent ces deux dimensions et qui se situent au niveau 4 suscitent des interactions entre les élèves, profitent des conflits sociocognitifs et ajustent leur enseignement en cours d'action selon les réactions et les propos du groupe.

# 8. PERSPECTIVES D'ACTION

Les orientations du curriculum québécois (MEQ, 2001a) supposent des changements qui peuvent avoir une réception très différente d'une personne à l'autre en fonction des croyances et des pratiques actuelles. On peut également penser que des croyances et des pratiques éloignées des fondements du Programme de formation exigent plus d'ajustements et de remises en question. Cela suppose que plusieurs personnes auront à traverser des moments de déséquilibre, lesquels, dans le cadre d'une démarche d'accompagnement, devront se vivre dans un contexte rassurant. Lafortune et Deaudelin (2001a) parlent alors de « déséquilibres sécurisants » qui s'inscrivent dans une approche socioconstructiviste : des déséquilibres cognitifs dans une sécurité affective. Pour parvenir à ces « déséquilibres sécurisants », les personnes enseignantes doivent sentir que les remises en question de leurs croyances et de leurs pratiques ne sont pas jugées, que ces déséquilibres font partie du processus de changement et qu'elles auront du soutien pour réfléchir sur leurs pratiques et en adopter de nouvelles.

Dans une perspective d'action, nous considérerons les compétences à développer afin de susciter une démarche de changement de pratiques et de réflexion sur les croyances. Nous aborderons à nouveau la question de l'intervention sur les croyances et les pratiques : par quoi commencer ? Nous présenterons quelques éléments d'intervention en classe de mathématiques. Enfin, nous proposerons des avenues d'intervention en formation à l'enseignement.

## 8.1. COMPÉTENCES À DÉVELOPPER

Dans le cadre d'un projet terminé (Lafortune et Deaudelin, 2001a) et à partir d'une première analyse de données d'un projet en cours (Lafortune, en préparation), voici des compétences qu'il est nécessaire de développer dans une démarche de changement de croyances et de pratiques.

## Susciter des échanges d'idées entre collègues, échanges qui peuvent mener à la confrontation tout en préservant un climat de respect

Cette compétence peut être développée en examinant les pratiques actuelles. Il est possible d'étudier celles-ci en fonction de leur concordance ou non avec les croyances. On peut demeurer sur un plan collectif et général avant d'aborder le plan individuel et personnel. Dans une démarche d'accompagnement ou de formation[4], il est facile de se laisser tenter et de conforter les personnes par rapport à leurs croyances et à leurs pratiques pour ne pas provoquer d'ébranlement ; cependant, ce comportement ne se situe pas dans l'esprit d'un engagement à l'intérieur d'un processus de changement. Il s'agit donc de trouver des moyens pour faire surgir les contradictions et susciter des remises en question tout en sachant que, si le déséquilibre est trop grand, la résistance s'installera automatiquement. Tout est question de dosage entre l'acceptation des pratiques et les interrogations à propos des croyances, mais aussi des pratiques à changer ou à ajuster. Cette compétence exige le sens de l'observation et une ouverture à des ajustements constants en cours d'accompagnement ou de formation.

## Faire émerger la richesse associée aux différentes croyances et pratiques

Dans une démarche d'accompagnement et de formation, il est essentiel de faire émerger, dans un premier temps, les différentes croyances et pratiques. Pour faciliter la remise en question, on peut examiner ces croyances et ces pratiques en mettant l'accent sur la richesse associée aux différences. C'est un moyen, dans un deuxième temps, de mieux faire accepter les incohérences entre croyances et pratiques. À cette étape, il ne faut pas craindre les opinions diversifiées, mais il est important d'en exiger les justifications. Cette compétence suppose une attention centrée sur les aspects positifs relevés, sans pour autant négliger les incohérences que le questionnement suscite.

## Développer des moyens d'écouter les arguments et les justifications

Dans le cadre d'une démarche d'accompagnement, lorsqu'on écoute les arguments justifiant certaines pratiques, il est essentiel de savoir comment percevoir ce qui se cache derrière une justification. On peut alors se demander si la justification est un prétexte à la résistance au changement ou si elle est basée sur des arguments solides. Quelle que soit la nature des justifications,

---

4. La démarche d'accompagnement inclut une formation. Cependant, elle suppose un suivi et un soutien au-delà des moments de rencontres formelles et sous-tend des expériences et des actions menées par les personnes accompagnées entre les rencontres.

celles-ci contiennent souvent des craintes réelles qu'il faut apprendre à écouter afin de savoir comment intervenir pour favoriser une démarche de changement.

Ces trois compétences exigent le développement de ce qu'on peut appeler un « regard méta », qui apparaît comme un moyen de refléter aux personnes enseignantes ce qui a été observé sans jugement, avec l'intention qu'il y ait passage à l'action, pour un partage et une analyse collective. Ces compétences supposent des ajustements dans l'action, des prises de risque et l'acceptation de déséquilibres. Ces derniers peuvent influencer dans leurs pratiques et leurs croyances autant la personne accompagnatrice-formatrice que la personne en situation d'apprentissage – le plus souvent une enseignante ou un enseignant.

## 8.2. CROYANCES AVANT PRATIQUES OU L'INVERSE

On peut penser qu'une démarche d'accompagnement qui vise le développement des compétences de la section précédente mène à un changement de pratiques et de croyances. Néanmoins, on peut également se demander s'il est préférable d'intervenir sur les croyances avant d'agir sur les pratiques ou l'inverse. Nous avons déjà abordé ce sujet dans le présent texte. Nous pensons qu'il est préférable de garder les deux perspectives à l'esprit. Nous considérons que les personnes enseignantes devraient être amenées à décrire leurs pratiques. La description des pratiques peut sembler assez facile à réaliser ; cependant, c'est un exercice plus difficile qu'il n'y paraît. Vermersch (1994) propose ce qu'il appelle l'« entretien d'explicitation », un type d'entretien qui vise la description d'une situation. Il considère que c'est un moyen de susciter des prises de conscience. Nous abondons en ce sens. Pour arriver à ce que les personnes enseignantes décrivent leurs pratiques, il est essentiel que la personne qui mène l'entretien porte une attention particulière à ce qui est dit pour que l'entretien ne dévie pas de cette description. Les enseignantes et enseignants – et probablement toute personne – ont la tentation de s'exprimer à propos de ce qui s'est passé (évaluation, jugement, réactions, ajustements…) plutôt que de demeurer dans un mode descriptif. Vermersch (1994) propose de s'attarder à ce qui s'est passé au début, puis pendant l'action et à la fin de l'action. L'analyse des premiers résultats d'une recherche en cours (Lafortune, en préparation) relève la difficulté de demeurer dans la description et montre qu'il est préférable de réaliser ce type d'entretien en duo (deux personnes accompagnatrices avec un petit groupe d'enseignantes et d'enseignants) les premières fois. Après l'expérience, on constate que c'est un bon moyen d'amorcer par la suite une discussion. Les pratiques ayant été clairement exprimées, il est ensuite possible de discuter, soit sur les croyances ou sur des actions à poser.

On peut décider de faire émerger les croyances des personnes aux-quelles on s'adresse en les amenant à réfléchir sur leurs propres croyances (activité de réflexion individuelle) avant de discuter avec les autres. On peut ensuite décider de présenter les croyances relevées dans d'autres groupes ; cela permet aux personnes de s'exprimer plus librement en ne montrant pas aux autres ce qu'elles croient, surtout si cela leur semble traditionnel ou dif-férent des orientations curriculaires. Un retour sur ses croyances person-nelles peut ensuite inciter à un meilleur engagement dans un processus de changement.

Il est très difficile de trancher la question de l'intervention sur les croyances avant les pratiques ou l'inverse, car l'ordre adopté dépend de la situation, des intentions poursuivies, des personnes auxquelles on s'adresse, de ses propres convictions à ce sujet et, surtout, de son style d'intervention. L'essentiel est de pouvoir justifier son choix.

## 8.3. Interventions dans la classe de mathématiques

Dans une perspective socioconstructiviste, nous proposons les quatre prin-cipes suivants, qui suscitent une réflexion sur les croyances et les pratiques afin que les élèves développent autonomie, créativité et pensée critique dans des situations de résolution de problèmes mathématiques.

### Permettre aux élèves de développer leurs propres stratégies

Pour permettre aux élèves de développer leurs propres stratégies de réso-lution de problèmes mathématiques, il importe d'accepter que les élèves résolvent des problèmes différemment de la façon enseignée. On peut par-fois penser que la stratégie enseignée est la plus simple et la plus compré-hensible ; or, si un élève utilise une stratégie, c'est qu'il la juge efficace pour lui. Si on veut l'amener à élaborer une autre stratégie ou à améliorer la sienne, il faut chercher à comprendre pourquoi sa stratégie est bonne pour lui. On peut dire qu'il faut tenter « d'entrer dans la métacognition » de l'élève, plutôt que de lui demander d'entrer dans la nôtre ; ce que nous faisons quand nous l'obligeons à choisir notre stratégie ou notre procédure (voir aussi Lafortune, 1998).

### Laisser le temps d'exprimer les processus mentaux

Rappelons d'abord que l'expression des processus mentaux en résolution de problèmes mathématiques n'est pas simple. Il ne s'agit pas seulement d'énumérer les étapes réalisées ; si c'est le cas, on parle plutôt de l'expres-sion de la procédure. La démarche mentale comporte tout ce qui s'est passé dans la tête en action. L'expression de cette démarche est difficile, car elle exige une prise de conscience des doutes, des remises en question, des ajustements, des « déclics », des moments de plaisir… Il faut que l'élève saisisse l'importance de cette démarche et qu'il soit conscient de ce qu'il fait au moment où il réalise l'action. C'est un regard sur l'action pendant l'action pour en parler après l'action.

De plus, l'expression des processus mentaux exige du temps ; elle exige de la patience de la part de la personne enseignante. Être patient, cela signifie qu'on laisse les élèves parler de leur démarche mentale sans les interrompre. Et c'est difficile, surtout si l'on pense que l'élève n'est pas sur la bonne voie ou si on a l'impression que cela prend du temps. Pourtant, les autres élèves apprennent aussi pendant qu'un camarade s'efforce d'expliquer son processus mental.

### Ajuster l'enseignement dans l'action

Lorsqu'une personne planifie une séquence de formation, elle espère généralement qu'elle pourra procéder selon la préparation réalisée et, surtout, qu'elle pourra « tout enseigner » ce qu'elle a préparé. Dans une perspective socioconstructiviste, il est nécessaire d'observer ce qui se passe en classe de mathématiques, de tenir compte des réactions des élèves et, le plus important, de faire des ajustements en fonction des observations.

Pour tenir compte de ce principe, il est important de contrer deux croyances : « si cela a été enseigné aux élèves, ils l'ont appris » et « il faut couvrir le programme, car les élèves ne pourront suivre le programme l'an prochain ». On peut se demander ce que veut dire « apprendre » et « couvrir le programme ». Est-ce que cela signifie qu'on a présenté aux élèves ce que le programme prescrit et qu'automatiquement les élèves l'ont compris ou intégré ? Si l'on pense que les élèves construisent leurs connaissances, on doit tenir compte de ce processus de construction en cours d'action et faire des ajustements qui peuvent être mineurs, mais qui peuvent également remettre en question ce qui a été préparé.

### Susciter, reconnaître les conflits sociocognitifs et en tirer profit

Lors de la préparation d'un cours de mathématiques, il est possible de concevoir des activités qui suscitent des conflits sociocognitifs chez les élèves. Ces conflits sont « un état de déséquilibre cognitif provoqué chez l'individu par des interactions sociales qui le mettent en contact avec une conception ou une construction différente, voire difficilement compatible avec la sienne » (Lafortune et Deaudelin, 2001a, p. 201). En tant que personne enseignante, on maîtrise davantage ce qui se déroule en classe. Pour reconnaître ces conflits sociocognitifs en action, il faut développer des habiletés d'observation de ce qui se passe en classe ou au moment de la résolution individuelle ou en équipe de problèmes mathématiques. Enfin, le fait de reconnaître ces conflits mais de ne pas en profiter pour susciter des changements de stratégies limite l'apprentissage. Pour tirer avantage de ces moments de déséquilibres cognitifs, il faut pouvoir susciter une prise de conscience chez l'élève pour ensuite en faire profiter le groupe afin d'ébranler les croyances ou les connaissances.

## 8.4. FORMATION À L'ENSEIGNEMENT

En formation à l'enseignement au primaire, les futurs enseignants et enseignantes sont des généralistes. En mathématiques, ils se retrouveront souvent devant des élèves ayant des difficultés dans cette discipline. Au secondaire, les futurs enseignants et enseignantes auront tendance à privilégier le contenu mathématique au détriment du processus de compréhension et du développement d'habiletés métacognitives. Pour que ces étudiantes et étudiants universitaires soient sensibilisés à certaines dimensions transversales et transdisciplinaires de l'apprentissage des mathématiques, on peut discuter avec eux :

- ➤ de l'importance de développer l'autoévaluation en mathématiques afin que les élèves deviennent autonomes sans attendre le jugement de l'enseignante ou de l'enseignant ;
- ➤ de moyens de susciter des conflits sociocognitifs ;
- ➤ d'interventions favorisant l'émergence des conceptions ;
- ➤ de moyens de susciter des prises de conscience des différentes facettes des mathématiques et de leur apprentissage.

En ce sens, il s'agit de faire en sorte que les futurs enseignants et enseignantes soient eux-mêmes des individus métacognitifs, conscients de leur processus d'apprentissage en situation de résolution de problèmes de mathématiques. Il est nécessaire également qu'ils soient des praticiens réflexifs en devenir qui remettent en cause leurs croyances et leurs pratiques.

## CONCLUSION

Dans ce texte, nous avons voulu porter un regard sur les croyances et les pratiques des enseignantes et des enseignants en mathématiques. Avant d'aborder ce thème dans le cadre de recherches et de formation, nous avons présenté un modèle pour définir les croyances et avons exposé ce que nous entendons par pratiques. Pour étudier la dimension cognitive de ces croyances et de ces pratiques, nous avons particulièrement utilisé les travaux de l'équipe de Fennema. Les travaux de Lafortune en collaboration ont permis d'articuler un lien entre les dimensions cognitive et métacognitive au regard des croyances et aux pratiques dans l'enseignement des mathématiques.

Après avoir présenté les différents niveaux des dimensions cognitive et métacognitive de ces croyances et de ces pratiques, nous proposons des perspectives d'actions autant dans une démarche de formation initiale et continue que pour l'enseignement dans la classe. Le regard sur l'ensemble de cette réflexion nous conduit à proposer des perspectives de recherche.

Actuellement, Lafortune (en préparation) réalise une recherche-formation sur l'approche socioconstructiviste et le travail d'équipe-cycle dans le cadre de l'implantation de la réforme en éducation au Québec. Un volet de cette recherche porte sur les croyances et les pratiques de personnes intervenantes (enseignants, directions d'école, conseillers pédagogiques) auprès d'équipes-écoles afin de susciter un changement. Les dimensions cognitive et métacognitive sont étudiées. La réflexion amorcée dans ce travail laisse supposer qu'il serait intéressant d'étudier également les dimensions affective et sociale des croyances et des pratiques. En mathématiques, ces dimensions renvoient, par exemple, à « il n'est pas nécessaire de tenir compte de la dimension affective dans la classe de mathématiques » ; « les élèves peuvent faire abstraction de leurs émotions dans une situation d'apprentissage mathématique » ; « les préjugés à l'égard des mathématiques proviennent de la famille et de l'entourage en dehors de l'école ; il n'est donc pas nécessaire, ou possible, de les contrer à l'école » ; « les interactions sociales ne sont pas essentielles pour l'apprentissage des mathématiques ».

Une autre perspective de recherche serait de mener des entrevues de groupe prenant la forme d'interventions où les croyances et les pratiques s'opposent dans un climat affectif sécurisant. Il s'agirait de faire ressortir les incohérences entre croyances et pratiques afin de les discuter. L'analyse du contenu de ces rencontres permettrait de dégager des moyens de susciter des conflits cognitifs chez les personnes enseignantes de sorte que des changements pourraient être concrétisés.

Nous constatons que les pratiques actuelles incitent les enseignantes et enseignants à une pédagogie différenciée où l'on tient compte des rythmes d'apprentissage de chaque élève. La perspective de l'apprentissage est alors individualisée, les interactions entre les élèves n'étant pas principalement mises en avant. Or, nous croyons qu'il serait plus pertinent de penser en termes de pédagogie de l'équité où l'objectif consiste à rejoindre tous les élèves dans un esprit socioconstructiviste. Les interactions sont alors créées de manière à favoriser des constructions semblables et, ainsi, à faciliter l'enseignement à un grand groupe. Le respect des différents processus de construction permet aux élèves d'apprendre des autres et de se sentir valorisés par l'expression considérée de leur façon de faire.

## BIBLIOGRAPHIE

Carpenter, T.P. et E. Fennema (1992). « Cognitively guided instruction : Building on the knowledge of students and teachers », *International Journal of Educational Research*, 17(5), p. 457-470.

Carpenter, T.P., E. Fennema et M.L. Franke (1996). « Cognitively guided instruction : A knowledge base for reform in primary mathematics instruction », *Elementary School Journal*, 97, p. 3-20.

Carpenter, T.P., E. Fennema, M.L. Franke, L. Levi et S.B. Empson (1999). *Children's Mathematics, Cognitively Guided Instruction*, Portsmouth, NH, NCTM.

Fennema, E., T.P. Carpenter, M.L. Franke, L. Levi, V.R. Jacobs et S.B. Empson (1996). « A longitudinal study of learning to use children's thinking in mathematics instruction », *Journal for Research in Mathematics Education*, 27(4), p. 403-434.

Fennema, E., J. Sowder et T.P. Carpenter (1999). « Creating classrooms that promote understanding » dans E. Fennema et T.A. Romberg (dir.), *Mathematics Classrooms that Promote Understanding*, Mahwah, NJ, Lawrence Erlbaum, p. 185-199.

Franke, M.L., E. Fennema et T.P. Carpenter (1997). « Teachers creating change : Examining evolving beliefs and classroom practice », dans E. Fennema et B. Scott Nelson (dir.), *Mathematics Teachers in Transition*, Mahwah, NJ, Lawrence Erlbaum, p. 255-282.

Lafortune, L. (1994). *Les maths au-delà des mythes*, Montréal, CECM.

Lafortune, L. (1998). « Une approche métacognitive-constructiviste en mathématiques », dans L. Lafortune, P. Mongeau, et R. Pallascio (dir.), *Métacognition et compétences réflexives*, Montréal, Les Éditions Logiques, p. 313-331.

Lafortune, L. (en préparation). *Approche socioconstructiviste et travail d'équipe-cycle*, Sainte-Foy, Presses de l'Université du Québec.

Lafortune, L. et C. Deaudelin (2001a). *Accompagnement socioconstructiviste. Pour s'approprier une réforme en éducation*, Sainte-Foy, Presses de l'Université du Québec.

Lafortune, L. et C. Deaudelin (2001b). « La métacognition dans une perspective transversale », dans P.A. Doudin, D. Martin et O. Albanese (dir.), *Métacognition et éducation*, Berne, Peter Lang, p. 47-68.

Lafortune, L., P. Mongeau, M.-F. Daniel et R. Pallascio (2002). « Anxiété à l'égard des mathématiques : Applications et mise à l'essai d'une approche philosophique », dans L. Lafortune et P. Mongeau (dir.), *L'affectivité dans l'apprentissage*, Sainte-Foy, Presses de l'Université du Québec, p. 51-81.

Lafortune, L. et L. St-Pierre (1994). *La pensée et les émotions en mathématiques. Métacognition et affectivité*, Montréal, Les Éditions Logiques.

Lafortune, L. et L. St-Pierre (1996). *L'affectivité et la métacognition dans la classe*, Montréal, Les Éditions Logiques.

Legendre, R. (1993). *Dictionnaire actuel de l'éducation*, Montréal, Guérin Éditeur.

Ministère de l'Éducation (2001a). *Programme de formation de l'école québécoise. Éducation préscolaire, enseignement primaire*, Québec, ministère de l'Éducation.

Ministère de l'Éducation (2001b). *Troisième enquête internationale sur la mathématique et les sciences – TEIMS-99*, Québec, ministère de l'Éducation.

Vermersch, P. (1994). *L'entretien d'explicitation*, Paris, ESF.

von Glasersfeld, E. (1994). Pourquoi le constructivisme doit-il être radical ?, *Revue des sciences de l'éducation*, XX(1), p. 21-27.

Vygotsky, L.S. (1978). *Mind in Society : The Development of Higher Psychological Processes*, Cambridge, MA, Harvard University Press.

# CHAPITRE 3

# Les dessins des élèves

## Des révélateurs des croyances à l'égard des mathématiques et des sciences[1]

*Louise Lafortune*
*Université du Québec à Trois-Rivières et CIRADE*
*louise_lafortune@uqtr.ca*

*Pierre Mongeau*
*Université du Québec à Montréal et CIRADE*
*mongeau.pierre@uqam.ca*

1. Ce projet est subventionné par le programme ARST (Aide à la relève en science et technologie) du ministère du Développement économique et régional (MDER).

*RÉSUMÉ*

*Dans ce chapitre, les auteurs présentent différentes expériences associées à des dessins où il a été demandé à des élèves de « Dessiner les mathématiques » ou de « Dessiner les sciences ». Ils précisent le concept de croyances et exposent les résultats d'une collecte de données à partir d'entrevues d'élèves de la fin des études primaires afin d'approfondir les croyances à l'égard des mathématiques et des sciences. L'analyse des données est réalisée selon trois codes : ce que c'est, ce qu'on en fait et ce qui est ressenti. En mathématiques, les représentations sont plutôt négatives et explicitement liées au calcul et au travail en classe. L'apprentissage de cette discipline est limité au cadre scolaire et associé à des stratégies d'apprentissage plutôt classiques. Les réactions affectives sont polarisées : on aime ou on déteste. Les croyances des élèves de 5ᵉ année à l'égard des sciences et de leur apprentissage diffèrent de celles des élèves de 6ᵉ année. Pour les élèves de 5ᵉ année, elles s'organisent autour de la connaissance de la nature et autour de l'expérimentation en laboratoire. Les stratégies d'apprentissage s'articulent autour du fait qu'ils aiment « faire » la science en laboratoire, qu'ils établissent des liens avec la nature et que les sciences exigent de la mémorisation. Les croyances des élèves de 6ᵉ année sont caractérisées par une plus grande diversité et une association entre les sciences de la nature et les sciences humaines souvent simultanément présentes dans les dessins. Les réactions de ces élèves devant une difficulté d'apprentissage sont relativement plus actives qu'en mathématiques : ils cherchent sur Internet, interrogent des amis.*

Les élèves abordent leur apprentissage des mathématiques et des sciences avec des représentations et des croyances à l'égard de ces disciplines qu'ils construisent à l'aide des idées véhiculées à l'école et à la maison, à partir des discussions qu'ils ont avec d'autres élèves, avec leur enseignante ou enseignant, leurs parents et la famille élargie. Nous présumons que ces idées préconçues influencent leur façon d'aborder les mathématiques et les sciences. Nos travaux antérieurs ont surtout été axés sur l'apprentissage des mathématiques. En effet, ces croyances ont une influence particulière sur l'apprentissage des mathématiques et des sciences. La réussite dans ces disciplines est très souvent exigée pour permettre aux jeunes de s'orienter vers différents domaines scientifiques, mais aussi vers des disciplines qui relèvent des sciences humaines. Les élèves vivent souvent cette obligation comme un fardeau et les préjugés ou idées préconçues qu'ils peuvent entretenir les aident à s'expliquer leur manque d'intérêt ou leurs échecs dans ces domaines. On ne peut pas vraiment déterminer si ce sont les croyances qui mènent à des réactions affectives négatives (anxiété ou manque de confiance en soi) ou si ce sont les réactions affectives qui font émerger des croyances non fondées. Cependant, on sait que plusieurs jeunes et adultes ont vécu ou vivent des situations difficiles relativement aux mathématiques et aux sciences. Cela les confirme dans leurs croyances que les mathématiques sont inutiles et abstraites, qu'ils n'ont pas le talent pour réussir ou que la mémorisation est essentielle et que les scientifiques travaillent seuls à faire des expériences dans leur laboratoire. D'autres en viennent à ressentir de l'anxiété à l'égard de ces disciplines ou à douter de leur réussite, notamment en mathématiques (Lafortune, 1990, 1992, 1997 ; Martinez et Martinez, 1996 ; Meece, Wigfield et Eccles, 1990 ; Tobias, 1990).

Au chapitre 4 (Lafortune et Mongeau, 2003), nous présentons une analyse de dessins d'enfants en mettant en relation des résultats issus de questionnaires dont les réponses ont été traitées de façon quantitative et qui portent sur les croyances, l'anxiété et le concept de soi par rapport aux mathématiques. Nous faisons également une analyse qualitative de dessins issus de recherches antérieures. Dans le présent chapitre, nous exposons les résultats d'une collecte de données à partir d'entrevues afin d'approfondir les croyances à l'égard des mathématiques, mais aussi d'ouvrir des perspectives de comparaison avec les sciences. Avant d'approfondir ces résultats, nous abordons des expériences de dessins demandés à des élèves et précisons le concept de croyances.

## 1.   DES ENFANTS S'EXPRIMENT PAR LE DESSIN

Pour mieux explorer les croyances des jeunes à l'égard des mathématiques, nous avons demandé à des élèves de « Dessiner les mathématiques » (Lafortune, 1993, 1994 ; Lafortune, Daniel, Pallascio et Schleifer, 1999 ; Lafortune, Mongeau et Pallascio, 2000 ; Lafortune, Mongeau, Daniel et Pallascio, 2002a-b ; Lafortune et Massé, 2002). Des expériences exploratoires ont permis de constater que, au début des études primaires, les dessins des jeunes n'expriment pas d'émotions négatives à l'apprentissage des mathématiques, mais en présentent une image assez stéréotypée. Les dessins faits par les enfants sont ceux d'un ordinateur ou d'une calculatrice, d'une caissière, de leur enseignante ou d'une personne de la famille. Parmi les éléments les plus fréquemment utilisés, on retrouve des symboles mathématiques, des livres, des écoles, des mots et des signes de ponctuation. Les enfants font référence à certains gestes associés au fait d'utiliser les mathématiques dans son travail.

À la fin du primaire et au début du secondaire, les élèves représentent généralement les mathématiques d'une manière assez négative. À partir d'une banque de quelques centaines de dessins, on en relève qui montrent une dualité ange-démon pour signaler les aspects positifs et négatifs des mathématiques (voir figure 1). D'autres enfants se dessinent eux-mêmes recevant un coup de marteau sur la tête (voir figure 2) ; certains voient leur tête qui éclate (voir figure 3) ; enfin, des élèves choisissent de représenter les mathématiques par leur enseignante sous forme d'un diable ayant des cornes et la queue fourchue. Des enfants se voient en train de faire des mathématiques pendant que de gros nuages noirs leur passent au-dessus de la tête avec des éclairs qui pénètrent dans leur cerveau (voir figure 4). Certains élèves se dessinent dans une bulle en train de réfléchir aux mathématiques, bulle dans laquelle on voit un jeune sur une montagne entourée de feu. Dans ce dernier cas, les mathématiques semblent prendre le sens d'un enfer. Enfin, d'autres mentionnent la pression de leurs parents en signalant que « les mathématiques, c'est comme ma mère, c'est "achalant" ». Il est vrai que certains élèves ne représentent pas les mathématiques de manière négative. Parmi les dessins montrant des aspects positifs des mathématiques, certains jeunes voient celles-ci comme étant vivantes avec des chiffres qui dansent, sourient… (voir figure 5), alors que d'autres les représentent sous la forme de nuages avec des fleurs afin de signaler qu'ils « flottent » lorsqu'ils font des mathématiques (voir figure 6 ; voir aussi, Lafortune et Massé, 2002).

À la fin du secondaire, les dessins sont plus dramatiques. Des groupes de jeunes qui réussissent bien en mathématiques, tout autant que des groupes de jeunes décrocheurs, représentent les mathématiques par des images comme celle d'un jeune élève, à quatre pattes dans une classe, qui reçoit des coups de fouet de son enseignant ou enseignante (voir figure 7) ou comme celle d'élèves dont les cheveux se dressent sur la tête à la pensée qu'ils auront à faire des mathématiques (voir figure 8) ou, enfin, comme celle d'un élève traînant un boulet de prisonnier (voir figure 9). D'autres dessinent un cimetière où une main sort d'une butte de terre pour dire : « En mathématiques, plus on creuse, plus on s'enfonce. » Certains élèves représentent les mathématiques par des images de guerre où les canons sont des nombres. Ce dernier dessin est expliqué par la phrase « en mathématiques comme dans une guerre, on en perd une et on n'en gagne jamais ».

Même s'il est vrai que certains dessins montrent les mathématiques sous un angle positif, il faut reconnaître que la force des images négatives des élèves du primaire et du secondaire provoque de l'étonnement. Nous pensons qu'il est important d'étudier ces façons de se représenter les mathématiques ou les sciences pour mieux les comprendre et explorer des moyens afin que ces disciplines soient perçues plus positivement. Des chercheures et chercheurs se sont attardés à l'interprétation de dessins (d'un thème général ou de la famille) réalisés par des enfants (Anderson, 1999 ; Gardner, 1980 ; Jourdan-Ionescu et Lachance, 2000 ; Schack, 2000 ; Wallon, 2000 ; Wallon, Cambier et Engelhart, 1990). L'étude de dessins à propos des mathématiques a été peu envisagée par d'autres équipes de recherche que celles à l'intérieur desquelles nous travaillons. On peut cependant signaler le travail de Harris (1999), qui demande aux élèves de dessiner autour des mathématiques à partir de la lecture d'une histoire susceptible d'évoquer des représentations des mathématiques. Harrison et Matthews (1998) ont demandé à des élèves de quatrième année de dessiner un scientifique. L'expérience visait à améliorer l'idée que ces élèves entretenaient à propos des scientifiques. Après une intervention tentant de montrer que les scientifiques pouvaient être d'ethnies et de sexes différents, les élèves ont dessiné des scientifiques d'une façon plus réaliste que ce que donnaient les représentations des dessins précédents. Pour leur part, Finson, Riggs et Jesunathadas (2000) ont demandé à de futurs enseignants et enseignantes de se dessiner en tant qu'enseignants ou enseignantes de sciences dans une étude visant à améliorer la perception que ces étudiants et étudiantes avaient d'eux-mêmes pour l'enseignement des sciences. Enfin, Fort et Varney (1989, citées par Schiebinger, 1999) ont étudié l'image que des filles de première année avaient d'elles-mêmes comme scientifiques. Ces élèves se sont dessinées en tant que scientifiques. En dehors de nos équipes de recherche, à notre connaissance, il n'y a pas eu de recherches demandant aux élèves de « dessiner les maths » ou de « dessiner les sciences », ce qui justifie la réalisation de recherches utilisant les dessins des mathématiques ou des sciences afin de mieux connaître les croyances des jeunes à propos de ces disciplines.

# 2.  CROYANCES

Pour mieux situer le sens des croyances à l'égard des mathématiques et des sciences, nous abordons la question des croyances de façon plus générale, mais aussi celle des croyances à l'égard de ces deux disciplines.

## 2.1. CROYANCES DE FAÇON GÉNÉRALE

Les croyances correspondent à des affirmations qui sont tenues pour vraies sans qu'il y ait nécessairement de démonstration objective ou rationnelle. Croire, disait **Kant,** c'est donner son assentiment à une proposition que l'on tient pour vraie, soit de façon médiate, au terme d'une réflexion, soit au contraire de façon immédiate ou irraisonnée. En fait, la notion de croyance possède, comme son étymologie le rappelle (du latin *credure*, « croire » et « avoir confiance »), deux composantes principales définies, d'une part, par les verbes « croire », « penser » et « estimer » et, d'autre part, par les termes « adhésion », « confiance » et « certitude ». Plus formellement, les travaux de **Russell** ont permis de définir la croyance comme une proposition du type « *S* croit que *b* » ; où *S* est une personne et *b* une affirmation – par exemple : Pierre croit que la réunion est à 14 heures. L'énoncé doit être consistant et susciter l'adhésion de *S* envers *b*. **Rokeach et Rothman** (1965) précisent que l'énoncé établit une relation entre deux catégories cognitives dont aucune ne définit l'autre. Ainsi, la croyance établit une relation entre un objet au sens large et des caractéristiques qui ne participent pas de façon intrinsèque à sa définition. Par exemple, on ne dit pas « je crois que les oiseaux volent », mais on peut dire « je crois que les merles migrent ».

En psychologie sociale, les croyances sont considérées comme la composante cognitive du concept d'attitude, ce dernier possédant aussi des composantes affective et comportementale. Les croyances devant être consistantes, elles ont tendance à s'organiser en un ensemble cohérent. On parle alors de système de croyances. Chacune de ces croyances a une certaine intensité caractérisant la « force » de l'adhésion de la personne à la proposition. C'est cette intensité qui est mesurée à l'aide des questionnaires comportant des choix de réponses du type « très peu, peu, beaucoup, fortement », appelé échelle de Likert. Cette façon de concevoir les croyances est différente de celle de Lafortune et Fennema (2003 ; voir chapitre 2) qui considèrent que les croyances comportent une dimension cognitive (conceptions) et une dimension affective (convictions).

En éducation, nous pouvons définir la croyance comme une opinion ou comme un énoncé relatif à l'enseignement ou à l'apprentissage qui est tenu pour réel, vraisemblable ou possible sans qu'il y ait nécessairement de démonstration objective ou rationnelle. Cette croyance peut être caractérisée par l'intensité de l'adhésion, qui varie de faible à forte. L'adhésion peut être superficielle et facilement modifiable ou, à l'opposé, très ancrée dans un système de croyances en interrelation. Par ailleurs, comme le soulignait Kant, la croyance peut être issue d'un processus médiatisé par la réflexion et l'argumentation ou être issue d'un processus immédiat relevant plus de réactions affectives et irrationnelles. Nous pouvons donc établir un tableau à double entrée permettant de distinguer entre différents types de croyances en fonction de l'intensité de l'adhésion et en fonction de l'aspect rationnel ou non de l'argumentation.

TABLEAU 1
**Caractéristiques des croyances selon l'intensité de l'adhésion**

| Intensité | Croyance rationnelle | Croyance irrationnelle |
|---|---|---|
| Adhésion faible et peu intégrée à un système de croyances | « Les Huards vivent en couple. » | « Toucher du bois permet de conjurer le mauvais sort. » |
| Adhésion forte et partie prenante d'un système de croyances | « Les élèves structurent leurs connaissances différemment. » | « La bosse des maths existe. » |

## 2.2. CROYANCES IRRATIONNELLES À L'ÉGARD DES MATHÉMATIQUES ET DES SCIENCES

Les mathématiques ne sont pas isolées dans l'univers théorique d'une personne ; elles sont mises en relation avec d'autres concepts ou avec des expériences plus ou moins mathématiques (Paicheler, 1995). Par exemple, pour expliquer sa conception des mathématiques, chaque personne est influencée par ses expériences passées, par ses connaissances et par son environnement. Dans une perspective socioconstructiviste, les individus construisent leurs croyances en interaction avec les autres.

En éducation mathématique et scientifique, les croyances des élèves, des enseignants et enseignantes et des parents, de même que toutes les formes de jugements ou de perceptions basés sur des préjugés, des *a priori*, des « qu'en-dira-t-on », des mythes ou des stéréotypes peuvent entraver le processus d'apprentissage. Dans ce contexte, un préjugé, contribuant au fondement d'une croyance, est une idée préconçue, basée sur des images fabriquées par le sens commun ; non seulement ces préjugés comportent des actes de jugement, mais ils soutiennent aussi des attitudes (Barrette, Gaudet et Lemay, 1996). Selon ces auteurs, un préjugé mène à juger avant de connaître. Puis, avec le temps, il arrive que ces préjugés se constituent en croyances qui font que les élèves entretiennent des conceptions et des convictions à propos des mathématiques et des sciences et de leur apprentissage. Ces croyances finissent par être considérées comme vraies par l'élève et elles se constituent en un système de croyances. Les jeunes entrent en classe de mathématiques ou de sciences en apportant avec eux autant des connaissances et des croyances à propos de ces disciplines et des scientifiques que des réactions affectives liées à leur apprentissage. Certains élèves qui ont développé une attitude négative à l'égard des mathématiques et des sciences sont convaincus que faire des mathématiques ou des sciences sera ennuyeux et qu'ils ne pourront y trouver aucun plaisir. Cette attitude négative conduit certains élèves à ne pas écouter et à se désengager des tâches demandées. Ce désengagement entraîne à son tour des difficultés qui confortent les élèves dans leurs perceptions des mathématiques ou des sciences comme étant un fardeau. D'autres sont convaincus de ne pas avoir la capacité de réussir. Ils attribuent, par exemple, la réussite en mathématiques ou en sciences à la possession d'un talent particulier, à la « bosse des maths » ou à la logique scientifique. Ces croyances leur permettent d'expliquer leurs échecs ou de se convaincre que l'effort qu'ils pourraient fournir serait vain. D'autres jeunes pensent que « les mathématiques, c'est magique ». Ceux-là ne peuvent voir la résolution de problèmes comme la recherche d'une solution qui exige du temps, de la réflexion, des erreurs et de l'effort. D'autres associent l'apprentissage des sciences à la mémorisation ; ils recherchent peu la compréhension et ne perçoivent pas les sciences comme relevant d'un processus de recherche structuré et rigoureux. Ces croyances et ces préjugés ont en commun de décourager les élèves d'assumer la responsabilité de leur apprentissage et de penser qu'ils ont du pouvoir sur leurs résultats scolaires (Lafortune, 1994 ; Lafortune, Mongeau et Pallascio, 2000 ; Lafortune, Mongeau, Daniel et Pallascio, 2002a-b).

Parmi les croyances que les élèves construisent à la suite de leur expérience des mathématiques et des sciences dans leur famille, à l'école et dans les échanges avec leur entourage, certaines vont venir occulter leur horizon cognitif. Ces croyances, lorsqu'elles sont fondées sur des idées préconçues ou sur des stéréotypes acceptés comme tels sans esprit critique, correspondent alors à des représentations déformées et mythiques des mathématiques et des sciences qui établissent les bases d'un système de croyances affectant la conception que les élèves se font des mathématiques et des sciences. Ce système de croyances joue alors le rôle d'un prisme déformant et bloque dans certains cas le développement normal des connaissances mathématiques et scientifiques chez les individus qui se sont approprié ces représentations déformées et mythiques. Par exemple, une personne qui croit que les mathématiques sont magiques se représente l'apprentissage des mathématiques comme étant celui de techniques pouvant être assimilées rapidement. Pour résoudre un problème de mathématiques, cette personne recherche une formule dans sa mémoire sans se fier à ce qu'elle pourrait comprendre et se décourage rapidement si la solution ne surgit pas immédiatement après la lecture de l'énoncé. Par ailleurs, une personne qui croit que les scientifiques sont confinés à un travail solitaire dans leur laboratoire évite les carrières scientifiques par peur de l'isolement.

Ainsi, pour mieux connaître les croyances et les préjugés à l'origine des mythes affectant l'apprentissage des mathématiques que les élèves véhiculent à propos des mathématiques, Lafortune (1993) a rencontré trois groupes d'élèves du primaire et du secondaire (pour plus de détails, voir aussi Lafortune, Mongeau et Pallascio, 2000). Les croyances relevées appartiennent à trois catégories : les croyances et les préjugés concernant les mathématiques (par exemple, « Les mathématiques sont inutiles ») ; les croyances et les préjugés concernant l'apprentissage des mathématiques (par exemple, « Il faut un talent spécial pour réussir en mathématiques ») ; les croyances et les préjugés concernant les enseignants et enseignantes de mathématiques (par exemple, « Les profs de maths ont une vie centrée sur les mathématiques »).

Le protocole d'entrevue utilisé lors de cette précédente étude a été adapté à la situation des sciences et des TIC (voir le protocole à l'annexe 3.1, voir le chapitre 10 de Deaudelin, Lafortune et Gagnon [2003] pour les résultats concernant les TIC). Comme en mathématiques, nous avions déjà demandé de « Dessiner les mathématiques ». Pour ce qui concerne les sciences, nous avons demandé de « Dessiner les sciences ».

## 3.  CROYANCES À L'ÉGARD DES MATHÉMATIQUES ET DES SCIENCES : ASPECTS MÉTHODOLOGIQUES

Dans de précédentes recherches, nous avons utilisé la méthode du dessin (Lafortune, 1993 ; Lafortune, Daniel, Pallascio et Schleifer, 1999 ; Lafortune, Mongeau et Pallascio, 2000 ; Lafortune, Mongeau, Daniel et Pallascio, 2002a-b ; Lafortune et Massé, 2002) pour connaître les idées que les élèves véhiculent sur les mathématiques. Dans la présente étude, nous utilisons aussi cette méthode pour connaître les croyances à l'égard des sciences. Les dessins réalisés par les élèves témoignent de leurs croyances à propos des mathématiques et des sciences et servent à formuler des questions lors d'entrevues en petits groupes d'élèves. Dans cette section, nous décrirons les étapes de l'entrevue, les sujets rencontrés et la forme de l'analyse réalisée.

## 3.1. Étapes de l'entrevue

Les entrevues réalisées sont enregistrées et comportent cinq étapes (voir les détails du protocole à l'annexe 3.1) : dans la première étape, les élèves ont à réaliser un dessin représentant ce qu'ils pensent des mathématiques, des sciences ou d'Internet ; dans la deuxième étape, les élèves présentent leur dessin aux autres élèves, qui peuvent leur poser des questions ou faire des commentaires ; dans une troisième étape, les élèves examinent des affiches représentant des dessins réalisés par d'autres élèves (qu'ils ne connaissent pas) et ils discutent à partir de questions leur permettant d'exprimer leurs idées à propos de ces dessins. Les trois premières étapes sont plutôt axées sur ce que les élèves pensent des mathématiques. Dans la quatrième étape, les élèves sont amenés à s'exprimer sur ce qu'ils ressentent à propos de cette discipline et sur la façon dont ils agissent pour contrer leurs difficultés dues à des réactions affectives ; enfin, dans la cinquième étape, les élèves s'expriment sur ce qu'ils perçoivent des croyances de leurs parents et de celles de leur enseignant ou enseignante relativement aux mathématiques, aux sciences ou à Internet. Les croyances à propos d'Internet sont traitées dans un autre chapitre (Daudelin, Lafortune et Gagnon, 2003).

## 3.2. Sujets rencontrés

Nous avons rencontré un total de 56 élèves lors d'entrevues de groupe réunissant 4 à 12 sujets. Soucieux d'obtenir l'assentiment des parents, nous avons eu des groupes dont le nombre d'élèves a été assez différent. Les groupes de mathématiques comprenaient plus d'élèves que ceux de sciences. Ces élèves étaient interviewés pour un seul des deux thèmes : soit les mathématiques, soit les sciences. Nous les avons regroupés selon leur classe : 5e ou 6e année. En ce qui concerne le thème des mathématiques, nous avons mené quatre entrevues avec 36 élèves de quatre écoles différentes de la région de Trois-Rivières. En sciences, nous avons aussi mené quatre entrevues, cette fois auprès de 20 élèves de ces mêmes écoles.

## 3.3. Analyse réalisée : mathématiques et sciences

Pour consigner les données, nous avons utilisé une grille comprenant trois codes : « ce que c'est », « ce que cela fait ou ce qu'on en fait » et « ce qui est ressenti » (des exemples de ces codes sont fournis dans la prochaine section). « Ce que c'est » permet de dégager ce que les élèves pensent à propos de ce que sont les mathématiques ou les sciences. « Ce que cela fait ou ce qu'on en fait » permet de voir à quoi servent les mathématiques ou les sciences ou ce qu'on en fait. Nous ajoutons à ce code ce que les élèves font lorsqu'ils sont en situation problématique relativement aux sciences et aux mathématiques. « Enfin, ce qui est ressenti » permet de répertorier les émotions ressenties et les attitudes adoptées par les élèves relativement aux mathématiques et aux sciences.

La cinquième partie de l'entrevue tentait de cerner ce que les élèves pensent que leurs parents ou leur enseignant ou enseignante dessineraient s'ils devaient représenter les mathématiques ou les sciences. Ces résultats sont intégrés dans un autre chapitre de cet ouvrage (voir chapitre 5, Lafortune, 2003).

# 4. CROYANCES À L'ÉGARD DES MATHÉMATIQUES : RÉSULTATS

Dans cette section, nous présentons les résultats associés aux croyances à l'égard des mathématiques relativement aux trois codes décrits précédemment. Pour amorcer l'entrevue, les élèves avaient à écrire une phrase explicative de leur production. Au cours de l'entrevue, ces phrases ont été utilisées comme élément déclencheur de l'échange entre les élèves.

Les résultats présentés à propos des mathématiques ne distinguaient pas les élèves de 5$^e$ de ceux de 6$^e$ année. Ils sont donc présentés en considérant l'ensemble des données. Cette situation est différente de celle remarquée en sciences. Dans ce dernier domaine, il est possible de cerner une différence entre les deux niveaux scolaires. Les mathématiques font partie des matières dont les élèves sont familiers depuis le début de leur scolarité. Ce n'est pas le cas des sciences. On peut donc penser qu'en 5$^e$ année les idées des élèves à propos des mathématiques sont organisées et qu'elles ne changent guère en 6$^e$ année. En sciences, à l'opposé, on peut se dire qu'il y a un changement de croyances entre les deux dernières années du primaire, parce que ces élèves ne connaissent pas bien ce domaine en cinquième année et qu'ils le connaissent mieux en sixième année. Les résultats sont présentés selon les trois codes de la grille d'analyse : ce que sont les mathématiques, ce qu'elles font ou ce qu'on en fait, ce qui est ressenti.

## 4.1. CE QUE SONT LES MATHÉMATIQUES

En ce qui a trait à la première catégorie de réponses, « ce que sont les mathématiques », plusieurs élèves relèvent des éléments qui sont très près de ce qui se passe dans la classe. Ces éléments sont reliés au livre de mathématiques utilisé et cela s'exprime de la façon suivante : *c'est mon cahier, puis c'est mon livre de maths pour mon examen* ou *j'ai dessiné un livre de mathématiques parce que j'aime ça les mathématiques.* Les mathématiques sont également représentées par *le professeur en train de nous expliquer les mathématiques* ou par celui *qui est en train de parler au tableau.* La notion de « tableau » ressort également de différentes façons ; par exemple, *c'est comme un genre de tableau et il y a des calculs* [...] *des +, –, ×, ÷* ou en disant *c'est quelqu'un qui regarde le tableau avec des +, –, ×, ÷* ou en disant *les maths, ça me fait penser à un tableau parce que je suis habitué à faire des maths sur un tableau.* Dans cette image du tableau, les mathématiques sont également grandement représentées par des opérations et des calculs, par des phrases comme *j'ai dessiné des tables de multiplication avec divisions* ou *j'ai fait une classe. J'ai dessiné des pupitres avec, dans le milieu, des calculs mathématiques. Au tableau, j'ai dessiné plusieurs fractions, des multiplications, des divisions.* Enfin, lorsqu'il y a des enfants sur les dessins ou dans les échanges, c'est plutôt pour montrer l'ennui de faire des mathématiques ou le fait que c'est compliqué : *j'ai mis quelqu'un qui s'ennuie, car moi, je trouve ça « plate » les maths* ou *c'est un petit gars qui fait un devoir de maths* [...] *les devoirs de maths, j'aime moins ça* ou *il s'endort parce que c'est compliqué les maths* ou *mon dessin c'est moi quand je suis fatigué de faire des mathématiques* ou *j'ai mis un petit gars qui dort parce que je trouve ça « plate » les maths.*

On peut remarquer que ces représentations des mathématiques sont très près de ce qui se passe dans la classe, car plusieurs dessins font référence à un enseignant ou à une enseignante qui présente des opérations et des calculs au tableau et qui utilise largement le livre de mathématiques. Cet enseignement semble limité à *la professeure [qui] montre une phrase et [attend] qu'on dise la réponse* [...] *un élève qui lève la main et [un] autre qui ne le sait pas, parce que ce n'est pas tout le monde qui a plus de facilité en maths* ou *un professeur qui fait des multiplications et les élèves [doivent] répondre aux questions* ou *des élèves qui essaient de répondre aux questions ici, que le professeur a posées. Il y a deux filles qui le savent, mais le gars ne le sait pas.* Même si, dans quelques dessins, on peut remarquer des formes géométriques, les élèves n'utilisent pas du tout le vocabulaire de géométrie pour parler des mathématiques. Ces dernières semblent limitées au calcul et aux opérations. On peut cependant remarquer que, dans ce que sont les mathématiques, les élèves évoquent des éléments de leurs attitudes en parlant de leur fatigue, de leur ennui, de leurs difficultés. De plus, la réflexion exigée par les mathématiques ressort un peu : *c'est quelqu'un qui réfléchit* ou *les maths c'est une question de réflexion* ou *des personnes en train d'étudier, en train d'écrire au tableau, en train de discuter des problèmes sur tout ce qui concerne les mathématiques.* De même, la notion de « bollé » en mathématiques ressort quelque peu. Une première intervention laisse sous-entendre que les « bollés » sont isolés et souligne *ça représente quelqu'un qui est bollé* [...] *Je ne suis pas une fille rejetée de la classe, faut que je travaille les maths pour ce que je veux faire plus tard.* Une autre intervention semble parler des « bollés » tout en présentant ces personnes comme étant intelligentes, mais défavorisées : *les maths, ça me fait penser à des chiffres et à des personnes qui ont l'air ordinaire, mais qui sont super « bollées », qui sont défavorisées, mais qui sont super intelligentes.*

## 4.2. CE QUE FONT LES MATHÉMATIQUES OU CE QU'ON FAIT POUR LES APPRENDRE

Autant dans la présente section que dans celle qui précède, les élèves limitent généralement les mathématiques au calcul, ce qui diminue leur capacité d'établir des liens entre les mathématiques et leur vie de tous les jours. Par ailleurs, lorsque les enfants parlent de l'importance de faire des mathématiques pour leur future carrière ou pour leur vie quotidienne, on a souvent l'impression d'entendre le point de vue des parents sur l'utilité des mathématiques. Par rapport à leur carrière future, les élèves disent :

> Je voudrais devenir comptable.
>
> Les mathématiques, tu en as vraiment besoin dans tous les métiers.
>
> Je veux être vétérinaire, ça fait qu'il faut vraiment que je travaille sur les maths.

Par rapport à la vie quotidienne, ils précisent :

> Pour faire l'épicerie, compter les [boîtes de conserve].
>
> On apprend à tous les jours en maths, puis on a besoin tout le temps des maths, c'est important tout le temps.
>
> Les mathématiques, ça va faire partout dans le monde, [...] je te donne un exemple : tu t'en vas en France, tu te demandes pour les frais, tu te demandes combien cela va coûter en dollars canadiens.
>
> Ça va nous servir quand on va travailler à calculer les impôts.

Les élèves indiquent ce qu'ils font s'ils rencontrent des obstacles. Cela peut se résumer à fournir un effort, à relire l'énoncé d'un problème, à ne pas abandonner, à réviser ou à demander de l'aide aux autres ; cependant, on peut également remarquer un certain lien entre : aimer les maths et réussir. En ce qui concerne l'effort à fournir, un élève souligne : *Je trouve que quand on a un test avec les +, −, ×, ÷, c'est plus facile si on a étudié beaucoup, parce que moi, l'année passée, j'étudiais à tous les jours. J'étais bon l'année passée, mais cette année [je le suis] moins parce que je n'ai pas bien bien étudié.* Dans les obstacles rencontrés, certains élèves mentionnent leur souci de relire l'énoncé : *Premièrement je me concentre, je le relis plusieurs fois le problème pour voir s'il n'y a pas des pièges dans la phrase. Si j'ai encore de la difficulté, je demande un peu d'aide de mes parents qui me donnent de petits indices pour partir.* D'autres se concentrent pour réviser leur matière :

> Je trouve qu'il n'y a pas vraiment de choses faciles qu'on est en train
> d'apprendre. [Ce] qu'on révise c'est plus facile, mais [ce] qu'on apprend,
> c'est plus difficile parce qu'on est à notre avant-dernière année du pri-
> maire avant le secondaire. On fait des choses de plus en plus difficiles, mais
> c'est vrai que, si on ne révise pas, on n'aura sûrement pas de bonnes notes,
> mais en plus on va manquer d'étude et on va avoir plus de misère et si on
> a encore plus de misère, moi je dis qu'on peut se donner des trucs.

ou pour demander de l'aide :

> Bien moi, si je « rushe » (travaille fort) sur quelque chose, je décide d'en
> faire, mais [si] ça ne marche pas, j'appelle mes parents, je leur demande
> de l'aide. Si ça ne marche pas encore, j'ai le goût de lâcher, mais je
> continue quand même.

> Ça dépend des fois. La première fois, je demande de l'aide, si je ne suis
> pas plus capable, je me frustre et, là, je me bats avec ma feuille, elle revient
> déchirée en trois, ma feuille.

Enfin, d'autres élèves disent investir de l'énergie, parce que cela faci-
lite leur compréhension et peut les mener à aimer les mathématiques : *Bien,*
*moi, je dis comme X, plus on « rushe » (travaille fort) dessus, plus on n'aime pas*
*ça, mais, moi, je dis que plus on « « rushe » sur les maths, bien plus on comprend,*
*puis plus on comprend, plus on aime ça faire des problèmes.*

Ce que les élèves font est grandement associé à ce qu'ils proposent aux
autres de faire s'ils ont de la difficulté. Les élèves s'empressent d'aider les
autres, mais les dirigent rapidement vers une autre personne s'ils ne se
sentent pas capables de répondre à leurs questions ou de les aider. Aucune
intervention ne porte sur le fait de chercher avec l'autre et de tenter de
chercher une solution ensemble. Le travail d'équipe, en vue de chercher une
réponse ou une solution, ne semble pas vraiment intégré chez les jeunes en
ce qui concerne les mathématiques.

Même si les élèves soulignent qu'il faut faire un effort ou relire
l'énoncé d'un problème, ils ne semblent pas vraiment savoir ce que veut
dire faire un effort en mathématiques. On peut penser que cela peut se
résumer à tenter de se concentrer davantage et à revoir ce qu'on a déjà fait.
La recherche d'une solution en consultant des livres, en essayant différentes
démarches, en revoyant des exemples déjà réalisés, en posant des questions
à d'autres personnes dans une optique de recherche de solution de façon
autonome ne semble pas très développée. De plus, que veut dire « relire un
énoncé de problème mathématique » ? Cette relecture peut vouloir dire la
production de schémas, la réalisation de réseaux de concepts, la recherche
de liens entre les différentes parties de l'énoncé. On peut se demander
comment les élèves peuvent apprendre à lire en mathématiques. Est-ce de
la même façon qu'en lisant un roman ?

## *4.3. Ce qui est ressenti en mathématiques*

Pour le troisième code, relatif à « ce qui est ressenti en mathématiques », on se rend compte que les jeunes expriment beaucoup de sentiments opposés à l'égard des mathématiques. Ils le font en disant :

> [Parfois], j'aime ça et [parfois] je n'aime pas ça.
>
> À un moment donné, quand je commence à travailler vraiment, je me décourage. À un moment donné, je me dis que je vais être capable de réussir.
>
> J'aime ça. Je trouve ça des fois amusant, mais des fois je trouve ça un peu ennuyant.
>
> Je capote ! C'est ça, je perds patience ; [...] quand je le sais, je suis excitée.
>
> Quand on arrive dans une nouvelle section, c'est plus dur. Je trouve ça un petit peu plus ennuyant au début, mais après je trouve ça amusant.
>
> [Parfois] je trouve ça dur, [parfois] c'est facile et en même temps c'est du sport.

Les élèves éprouvent des sentiments qui oscillent entre aimer et détester les mathématiques. On constate que des élèves (surtout des filles) aiment beaucoup les mathématiques et précisent *j'aime vraiment ça* ou *j'aime travailler en maths et j'aime tout ce qui concerne les maths* ou *je suis joyeuse quand je fais des mathématiques* ou *j'adore les mathématiques*. Les raisons d'aimer les mathématiques ne sont toutefois pas vraiment exprimées de manière explicite, alors que ceux qui n'aiment pas les mathématiques précisent davantage leurs motifs. Les élèves (surtout des garçons) qui signalent ne pas aimer les mathématiques (*Je n'aime pas ça les maths*) expliquent leur aversion surtout par l'ennui ressenti, les frustrations vécues lors de la recherche de solutions ou l'inutilité estimée de cette matière. Seuls les garçons expriment de l'indifférence à réussir ou non en mathématiques : *Peut-être qu'il faut qu'on soit relax et qu'on prenne ça comme ça* ou *Si je ne suis pas plus capable, je commence à stresser. J'écris [que je ne suis] pas capable et là je me sens déstressé* ou *si [...] c'est mon premier [et que] je le réussis, je souris, après la plupart du temps, j'arrête de le travailler* ou *J'essaie de le résoudre, si je ne suis pas capable, je ne me sens pas mal.*

Chez ces élèves, le stress ressort très peu ou, s'il est exprimé, c'est pour signaler par exemple : *Je suis un petit peu plus stressée quand c'est un examen qui compte pour [l]'année.* Un autre élève ajoute : *Je ressens un peu plus de stress parce que [je] remets un devoir qui n'est pas tout à fait fini ou que [je n'ai] pas été capable de le faire, tu te fais taper sur les doigts, on se fait chialer après parce qu'on n'est pas capable de le faire des fois par les profs ou d'autres personnes.* On peut remarquer que ce dernier élève (un garçon) exprime plutôt un stress externe qui relève de la peur de se faire faire des reproches par d'autres.

On peut remarquer que les garçons expriment beaucoup d'ennui à faire des mathématiques.

Quand je viens de faire des maths, ça me donne le goût de « renvoyer » (vomir). Je trouve ça « plate » (ennuyant).

Depuis toujours, je n'ai jamais aimé les maths. C'est comme si tu faisais de la musculation et qu'après un an ça donnerait rien. C'est pareil pour les maths, tu essaies d'aimer ça, mais tu n'aimes pas ça.

Pour pouvoir faire des liens entre cette recherche et celle de Lafortune, Mongeau, Daniel et Pallascio (2002a) où les garçons manifestent de l'indifférence à l'égard des mathématiques et de la réussite dans cette matière, nous avons accordé une attention particulière à cet aspect. Nous avons remarqué qu'aucune fille ne manifeste de l'indifférence, alors que des garçons en expriment de différentes façons :

Je trouve qu'il a raison. Il y en a qui se stressent gros juste pour une petite affaire, un petit test, dès qu'il y a une petite erreur. Il y en a qui se stressent trop pour ça. Il faut qu'ils aient 100 %, même pour un petit test. Pourquoi qu'on se stresse pour ça ? Peut-être qu'il faut qu'on soit relax et qu'on prenne ça comme ça.

Les maths, il faut prendre ça à la légère [...], il faut toujours en faire beaucoup mais à la légère.

Quand c'est des tests, il faut pas trop s'en faire pour ça. Si tu le manques, tu le sais que t'as [seulement] à étudier pour te reprendre. L'examen du Ministère, si tu le « poches » (l'échoues), là, c'est un problème.

Certaines réactions d'élèves sont plus extrêmes. Ces réactions sont autant le fait de garçons que de filles.

[Pour] elle, c'est un rêve, mais [pour] moi, c'est un cauchemar.

C'est comme si tu te sentais embarré dans une cage quand tu fais des maths.

Ça fait des glouk glouk dans mon ventre.

J'ai des frissons au début.

Enfin, des élèves expriment des réactions qui peuvent apparaître contradictoires quant au fait d'être bon en mathématiques et de ne pas aimer cela – *Je suis bon là dedans, mais ce n'est pas quelque chose que j'aime* –, tandis que d'autres soulignent qu'ils aiment cette matière même s'ils éprouvent des difficultés. *Je ne suis pas super, mais j'aime ça, je veux apprendre.*

# 5.   CROYANCES À L'ÉGARD DES SCIENCES

Comme nous l'avons déjà souligné, dans le cas des sciences, les résultats des élèves de 5$^e$ année sont différents de ceux de 6$^e$ année. Nous les présentons en utilisant les mêmes codes, semblables à ceux utilisés pour l'analyse des dessins des mathématiques : « ce que sont les sciences », « ce que font les sciences ou ce qu'on fait pour les apprendre » et « ce qui est ressenti en sciences ».

## 5.1.  CE QUE SONT LES SCIENCES

En 5$^e$ année, les élèves semblent associer les sciences à deux types de connaissances. Il s'agit des sciences comme étant *la nature, la forêt, les arbres, la campagne, les animaux et les minerais*. Les sciences sont également associées à une expérience de laboratoire et représentent ainsi la réalisation de produits comme *du lave-vitre, des produits chimiques et toxiques*.

En sixième année, l'image des sciences est plus diversifiée qu'en cinquième année. Pour certains enfants, les sciences de la nature et les sciences humaines sont associées. Par exemple, un jeune précise que les sciences humaines sont représentées par *une ville avec une maison, une école et un hôpital* et les sciences de la nature sont représentées par *les êtres vivants [...] un chien, trois oiseaux et un petit écureuil, [...] des accessoires de sciences, des petites potions*. Ce lien entre les sciences humaines et les sciences de la nature apparaît chez tous les groupes interrogés. Comme pour les élèves de cinquième année, les sciences sont associées à la nature représentée par *des fleurs, des arbres, des êtres vivants*, mais aussi à l'environnement en se référant à *la couche d'ozone*. Les élèves associent également les sciences à des expériences de laboratoire, comme *disséquer un animal*, ou à la production *de produits que je mélange*. En référence aux sciences humaines, des élèves dessinent *un globe terrestre, parce que la science, c'est la géographie* ou *la carte du monde* pour rappeler les moments où on leur *demande de placer le Mexique, les États-Unis, le Canada, le Québec, le Japon*. On peut ajouter qu'en sixième année les enfants font référence à certains aspects négatifs des sciences. Ils signalent que c'est *le tonnerre qui tombe sur l'arbre* ; que c'est *un bonhomme fou qui a fait un genre de Frankenstein* ; que c'est parfois *des attentats [...] Les tours avec l'avion à côté, le World Trade Center* ou que ce sont des *affaires nucléaires*. Un élève semble résumer ce que plusieurs veulent dire : *La science, c'est presque partout*.

## 5.2. CE QUE FONT LES SCIENCES OU
## CE QU'ON FAIT POUR LES APPRENDRE

En 5ᵉ année, les réponses des élèves relativement à ce qu'on fait des sciences sont très liées à ce que sont les sciences ; il n'y a que très peu de diversité dans les réponses. Cela se résume aux liens avec la nature en renvoyant au fait d'aller *à la pêche* ou de *[surveiller] les oiseaux* ou de *donner à manger aux écureuils ou aux suisses* ou simplement de *[se promener] dans le bois l'été*. Les élèves se réfèrent également aux expériences de laboratoire où les sciences permettent de *faire de la chimie* et de préparer des mélanges où *ça nous saute dans la face* ou de faire *des conneries avec mes affaires de labo*. Les sciences peuvent également être positives et être utiles pour développer *une espèce de rayon laser qui fait grandir les fleurs* ou pour *essayer de nouveaux produits* ou *trouver des genres de remèdes, [...] pour aider*. Un élève de 5ᵉ année fait référence à un emploi futur en parlant des sciences, car *on peut apprendre plein de choses. On peut avoir plus d'offres d'emploi quand on a des sciences.*

En plus de s'intéresser à ce que les élèves font des sciences, on a dégagé ce que les élèves font quand ils rencontrent des obstacles ou quand d'autres élèves leur demandent de les aider. Un élève souligne qu'il ne faut pas *donner la réponse quand [on] explique*. Des élèves soulignent qu'ils tentent d'aider les autres si on leur demande des explications, mais à la mesure de leurs capacités.

En sixième année, les réponses sont plus diversifiées. Un élève souligne que *ça nous permet d'apprendre plusieurs choses qui nous rendent plus intelligents*. Comme en cinquième année, les élèves se réfèrent à des expériences de laboratoire en soulignant qu'il *peut arriver des feux dans un lab*. Cependant, ils signalent davantage ce qui peut être positif ou négatif en sciences. Plusieurs interventions le soulignent.

> La pollution, la boucane, les cheminées, tout ça. Ça enlève des endroits pour la nature. [Pour] faire une ville, on doit couper des arbres, enlever des terrains et c'est pas correct. [...] les sciences, ça tue personne, c'est positif, ça nous permet d'apprendre.

> On peut se transporter rapidement en voiture, mais ça fait de la pollution. [...] On peut trouver des remèdes [...]. Un arbre, ça enlève la pollution. Ça purifie l'air.

En parlant des aspects négatifs, un élève souligne que les sciences, *ça pourrait faire une guerre biologique*. Lorsque les élèves rencontrent des obstacles, ils posent certains gestes comme :

> J'essaie de comprendre la question et si je ne la comprends pas, je vais voir sur Internet pour trouver la réponse.

Ce que je fais quand je ne trouve pas la réponse dans les devoirs et leçons, je pense dans ma tête à quand j'étais en train d'écrire dans mon cahier ; si ça me revient, je l'écris. Si ça ne me revient pas, j'essaie de penser encore, sinon je vais faire un X.

Lorsque les élèves tentent d'aider d'autres élèves, ils leur proposent différentes stratégies.

Je lui dis de continuer à étudier et qu'il faudrait peut-être lâcher les amis des fois pour plus se concentrer sur les études.

Je lui dis de continuer à étudier, de chercher dans ses cahiers et de lâcher un peu ses amis et d'étudier [à la place] ; de se coucher plus de bonne heure pour étudier.

J'essaie de l'aider. Si je ne suis pas capable, je lui dis d'aller demander à quelqu'un d'autre, parce que moi je ne suis pas bon là-dedans.

## 5.3. CE QUI EST RESSENTI EN SCIENCES

En 5ᵉ année, les élèves signalent ce qu'ils aiment dans les sciences. Cela consiste à *faire des expériences* ou à *faire exploser les liquides* ou tout simplement à faire référence à la chimie : *j'aime la chimie*. Les élèves semblent trouver cela assez facile ; ils parlent alors de ce qu'ils peuvent mémoriser pour apprendre en disant : *comme je les apprends par cœur, c'est facile*. Cependant, cette idée de mémorisation est davantage associée aux sciences humaines, car ils parlent d'apprendre à *situer les pays sur une carte* ou de confondre les noms de différentes rivières, car *ils se ressemblent presque tous*. Néanmoins, cette idée de mémorisation ressort également de façon générale, car un élève souligne *quand je suis choqué, c'est quand j'étudie. Je me souviens de tout par cœur, mais après, dans l'examen, je ne sais plus rien ;* un autre ajoute *ça fait longtemps qu'on ne les a pas vus, puis on les oublie.* On peut sentir un peu de découragement, dans des phrases comme : *je me décourage, mais après ça je me reprends* ou *je me suis découragée, mais ma mère me les a demandés et après, je les savais par cœur.*

En 6ᵉ année, les élèves lient ce qu'ils ressentent à des expériences de laboratoire : *[Les] sciences de la nature, je trouve ça le fun. L'année passée, on a travaillé l'électricité et c'était le fun. On faisait allumer des globes juste avec des fils électriques et en les posant sur des papiers. On avait du fun. On devait faire des espèces de « twist » pour que ça marche. [...] des courts-circuits et plein d'affaires de même.* D'autres associent ces impressions à la mémorisation en disant : *Ça rentre beaucoup plus. J'ai pas besoin de 55 fois avant de m'en rappeler.* Un autre souligne que *quand on parle des transports, c'est facile à mémoriser.*

Lorsque les élèves rencontrent des obstacles, certains disent : *Je me choque*. D'autres soulignent : *Je me fâche et j'essaie de trouver pourquoi je ne le comprends pas*. Certains élèves parlent de leur découragement en précisant : *Je me décourage la plupart du temps* ou *je me décourage un peu, puis je me dis « je vais essayer de faire [mieux] la prochaine fois »*. Quelques élèves ont des réactions extrêmes qui vont des cris aux maux de ventre.

> Je crie et je veux que... je tire mon crayon et mes papiers, ma mère n'est vraiment pas de bonne humeur après moi.
>
> J'ai mal au ventre et des fois je fais de l'urticaire. Bien, l'urticaire c'est rare.
>
> Je sens comme la défaite, quand je ne trouve pas, je sens comme si j'avais zéro.

## CONCLUSION : DISCUSSION DES RÉSULTATS ET ACTIONS À ENVISAGER

Notre objectif consistait à approfondir les croyances des élèves de cinquième et de sixième année du primaire à l'égard des mathématiques et des sciences et d'ouvrir des perspectives de comparaison entre les croyances à l'égard de ces deux disciplines. Les entrevues effectuées auprès de 56 élèves de 5e et de 6e année ont montré que ces jeunes se représentent les mathématiques de façon semblable. Peu importe leur niveau scolaire, leur représentation est généralement plutôt négative et explicitement liée au calcul et au travail en classe. Leur apprentissage des mathématiques ne semble pas déborder du cadre scolaire et il est généralement associé à un ensemble relativement restreint de stratégies d'apprentissage et plutôt traditionnelles : se concentrer et réviser. Leurs réactions affectives sont polarisées : on aime ou on déteste. Les filles rencontrées semblent plus engagées et positives dans leur apprentissage des mathématiques que les garçons dans la mesure où ces derniers expriment explicitement une certaine indifférence et même de l'ennui face à l'apprentissage de cette matière.

Contrairement aux croyances à l'égard des mathématiques, les croyances à l'égard des sciences et de leur apprentissage chez les élèves de 5e année interrogés diffèrent de celles des élèves de 6e année. Pour les élèves de 5e année, elles s'organisent essentiellement autour de la connaissance de la nature et autour de l'expérimentation en laboratoire ou de la fabrication de produits chimiques. Aussi, leurs stratégies d'apprentissage s'articulent autour du fait qu'ils aiment « faire » la science en laboratoire (voir figure 10), qu'ils établissent des liens avec la nature et que les sciences exigent de la mémorisation. Les croyances des élèves de 6e année sont caractérisées par une plus grande diversité et par une association entre les sciences de la nature et les sciences humaines souvent simultanément présentes dans les dessins (voir figure 11). Par ailleurs, les réactions de ces élèves devant une difficulté d'apprentissage sont relativement plus actives qu'en mathématiques : ils cherchent sur Internet, interrogent des amis.

La comparaison des croyances des élèves de 5e et de 6e année laisse voir l'école comme la référence première dans leur construction. Le discours et les actions des enseignants et enseignantes en classe se retrouvent dans les éléments des dessins produits et des commentaires des enfants. Si l'influence des parents est présente, elle semble plus liée à l'utilisation des connaissances et à l'orientation de l'enfant qu'à la construction des croyances définissant chez l'élève la nature même des mathématiques et des sciences.

Par ailleurs, la comparaison des représentations et des croyances à l'égard des mathématiques et des sciences montre chez les élèves de 5e et de 6e année une attitude généralement plus positive à l'égard des sciences qu'à l'égard des mathématiques, tant chez les garçons que chez les filles, parce qu'ils « aiment expérimenter », et cela reste vrai même si les sciences sont aussi associées à la pollution et aux dangers technologiques. Sur le plan de l'apprentissage, les réactions des élèves sont aussi assez différentes à l'égard des mathématiques et des sciences. Leurs réflexes d'étude apparaissent plus centrés sur eux-mêmes (se concentrer, étudier davantage) en mathématiques et plus ouverts sur le monde en sciences (consulter Internet, des amis).

Sur le plan des interventions suggérées par ces observations, il apparaît que l'apprentissage des mathématiques appelle une diversification des stratégies d'apprentissage où l'élève pourrait s'investir avec plus de plaisir, expérimenter davantage et établir plus de correspondances avec la vie quotidienne. Les mathématiques apparaissent enfermées dans les livres de classe et dans les limites du tableau noir ou vert. En sciences, le parallèle avec le monde extérieur à la classe semble constituer une base sur laquelle des croyances favorables à l'apprentissage pourraient être construites ou consolidées. Toutefois, dans le cas des sciences de la nature, il semble exister une association entre le laboratoire et les produits dangereux et polluants qu'il faudrait tendre à atténuer et à nuancer. Peut-être faudrait-il rapprocher les enseignements en sciences de la nature et en sciences humaines de façon à sortir les premières du laboratoire et à montrer la rigueur des secondes.

Parmi les actions à envisager, nous désirons considérer autant des aspects cognitifs qu'affectifs. Sur le plan cognitif, nous pensons que, si nous voulons modifier les croyances des élèves à l'égard des mathématiques et des sciences, nous devons nous attarder à la dimension métacognitive de l'apprentissage dans une perspective socioconstructiviste. Par exemple, en suscitant l'expression des processus mentaux (métacognition) dans le contexte de la résolution d'une situation-problème, on fait en sorte que les élèves se rendent compte que ceux qui réussissent ne trouvent pas des solutions sans réflexion et recherche. Cela permet de contrer l'idée souvent répandue qu'il faut un talent spécial ou une logique particulière pour réussir en mathématiques et en sciences et que ce n'est qu'un faible pourcentage de personnes qui y ont accès. L'expression de la démarche mentale aide à constater qu'il est nécessaire de fournir un effort si l'on veut résoudre un problème mathématique ou scientifique. De plus, le fait de se connaître au plan métacognitif permet aux élèves de développer des stratégies d'apprentissage soit en connaissant mieux les siennes ou en prenant connaissance de celles des autres. En ce sens, il est essentiel de faire en sorte que les élèves reçoivent les commentaires des autres relativement à leurs propres stratégies. C'est une façon de susciter des conflits sociocognitifs et de mener à des changements.

Sur le plan affectif, nous pensons qu'il est nécessaire de susciter l'expression des émotions des élèves à l'égard des mathématiques et des sciences (Lafortune et Massé, 2002). Dans cette perspective, nous avons réalisé des capsules vidéo de courte durée afin que les élèves soient confrontés à l'expression d'émotions d'autres élèves et qu'ils prennent conscience de leurs propres émotions ou qu'ils osent parler de celles qu'ils ressentent (Lafortune et Lafortune, 2002). Par exemple, ces capsules montrent des élèves qui ressentent de l'anxiété ou des malaises à l'égard des mathématiques. La prise de conscience que d'autres personnes ressentent le même type d'émotions qu'eux peut aider à transformer une attitude négative en une autre plus positive. De plus, d'autres élèves expriment de l'indifférence à l'égard des mathématiques et des échecs qui peuvent en découler. On peut faire réfléchir les élèves sur la possibilité d'être réellement indifférents à l'égard de cette discipline. Cette indifférence cache peut-être des émotions plus intenses que des élèves ne veulent pas communiquer.

Sur le plan de la recherche, il serait pertinent d'étudier l'évolution des croyances des élèves à l'égard des mathématiques et des sciences de la première année du primaire à la fin du secondaire. Ce serait un moyen de savoir à quel moment les croyances plutôt floues et non négatives deviennent négatives et révèlent même de l'aversion. Ce serait un moyen de savoir quand intervenir. Le comment intervenir pourrait émerger de rencontres d'élèves, mais aussi d'enseignants et d'enseignantes et de parents.

# *BIBLIOGRAPHIE*

Anderson, E. (1999). *Comprendre les dessins d'enfants*, Belgique-France, Chanteclerc.

Barrette, C., É. Gaudet et D. Lemay (1996). *Guide de communication interculturelle*, Montréal, ERPI.

Deaudelin, C., L. Lafortune et C. Gagnon (2003). « Le rapport à Internet chez des élèves du troisième cycle du primaire : croyances et utilisations », dans L. Lafortune, C. Deaudelin, P.-A. Doudin et D. Martin (dir.), *Conceptions, croyances et représentations en maths, sciences et technos*, Sainte-Foy, Presses de l'Université du Québec, p. 269-297.

Finson, K., I.M. Riggs et J. Jesunathadas (2000). « The relationship of science teaching self efficacy and outcome expectancy to the draw-a-science-teacher-teaching checklist », document Eric ED442642.

Gardner, H. (1997). *Gribouillages et dessins d'enfants*, Liège, Mardaga.

Harris, J. (1999). « Interweaving language and mathematics literacy through a story », *Teaching Children Mathematics, 5*(9), p. 520-524.

Harrison, L. et B. Matthews (1998). « Are we treating science and scientists fairly ? », *Primary Science Review, 51*, janvier-février, p. 22-25.

Jourdan-Ionescu, C. et J. Lachance (2000). *Le dessin de la famille*, Paris, Éditions et applications psychologiques.

Lafortune, L. (1990). *Démythification de la mathématique, matériel didactique : opération boules à mythes*, Québec, ministère de l'Éducation du Québec.

Lafortune, L. (1992). *Élaboration, implantation et évaluation d'implantation à l'ordre collégial d'un plan d'intervention andragogique en mathématiques portant sur la dimension affective en mathématiques*. Thèse de doctorat, Montréal, Université du Québec à Montréal.

Lafortune, L. (1993). *Affectivité et démythification des mathématiques pour les enfants du primaire*. Document inédit, Montréal, Radio-Québec.

Lafortune, L. (1994). *Les maths au-delà des mythes*, Montréal, CECM.

Lafortune, L. (1997). *Dimension affective en mathématiques*, Bruxelles, De Boeck.

Lafortune, L., M.-F. Daniel, R. Pallascio et M. Schleifer (1999). « Evolution of pupils' attitudes to mathematics when using a philosophical approach », *Analytic Teaching, 20*(1), p. 33-44.

Lafortune, L., P. Mongeau et R. Pallascio (2000). « Une mesure des croyances et préjugés à l'égard des mathématiques », dans R. Pallascio et L. Lafortune (dir.), *Pour une pensée réflexive et éducation*, Sainte-Foy, Presses de l'Université du Québec, p. 209-232.

Lafortune, L., P. Mongeau, M.-F. Daniel et R. Pallascio (2002a). « Philosopher sur les mathématiques : évolution du concept de soi et des croyances attributionnelles de contrôle », dans L. Lafortune et P. Mongeau (dir.), *L'affectivité dans l'apprentissage*, Sainte-Foy, Presses de l'Université du Québec, p. 27-48.

Lafortune, L., P. Mongeau, M.-F. Daniel et R. Pallascio (2002b). « Anxiété à l'égard des mathématiques : Applications et mise à l'essai d'une approche philoso-phique », dans L. Lafortune et P. Mongeau (dir.), *L'affectivité dans l'apprentis-sage*, Sainte-Foy, Presses de l'Université du Québec, p. 49-79.

Lafortune, L. et B. Massé (2002). *Chères mathématiques. Susciter l'expression des émo-tions en mathématiques*, Sainte-Foy, Presses de l'Université du Québec.

Lafortune, L. et S. Lafortune (2002). *Chères mathématiques. Susciter l'expression des émotions en mathématiques. Huit capsules vidéo*, Québec, Presses de l'Université du Québec.

Lafortune, L. et P. Mongeau (2003). « Approche des mathématiques par le dessin : Une analyse qualitative et quantitative de dessins », dans L. Lafortune, C. Deaudelin, P.-A. Doudin et D. Martin (dir.), *Conceptions, croyances et repré-sentations en maths, sciences et technos*, Sainte-Foy, Presses de l'Université du Québec, p. 93-124.

Lafortune, L. et E. Fennema (2003). « Croyances et pratiques dans l'enseignement des mathématiques », dans L. Lafortune, C. Deaudelin, P.-A. Doudin et D. Martin (dir.), *Conceptions, croyances et représentations en maths, sciences et technos*, Sainte-Foy, Presses de l'Université du Québec, p. 29-57.

Lafortune, L. (2003). « Le suivi parental en mathématique : Intervenir sur les croyances », dans L. Lafortune, C. Deaudelin, P.-A. Doudin et D. Martin (dir.), *Conceptions, croyances et représentations en maths, sciences et technos*, Sainte-Foy, Presses de l'Université du Québec, p. 125-149.

Martinez, J. et N.C. Martinez (1996), *Math without Fear*, Boston, Allyn and Bacon.

Meece, J.L., A. Wigfield et J.S. Eccles (1990). « Predictors of math anxiety and its influence on young adolescents' course enrollment intentions and perfor-mance in mathematics », *Journal of Educational Psychology*, 82(1), p. 60-70.

Paicheler, H. (1995). « L'épistémologie du sens commun : de la perception à la connaissance de l'autre », dans S. Moscovici (dir.), *Psychologie sociale*, Paris, Presses universitaires de France, p. 309-329.

Parr, J.M. (1999). « Going to school the technological way : Co-constructed classrooms and student perceptions of learning with technology », *Journal of Technical Writing and Communication*, 20(4), p. 365-377.

Rokeach, M. et G. Rothman (1965). « The principle of belief congruence and the congruity principle as models of cognitive interaction », *Psychological Review*, p. 128-142.

Schack, J. (2000). *Comprendre les dessins d'enfants*, Paris, Marabout.

Schiebinger, L. (1999). *Has Feminism Changed Science ?*, Cambridge, Harvard Univer-sity Press.

Tobias, S. (1990). *They're not dumb, they're different : Stalking the second tier*, Tucson, AZ, Research Corporation, A Foundation for the Advancement of Science.

Wallon, P. (2001). *Le dessin d'enfant*, Paris, Presses universitaires de France.

Wallon, P., A. Cambier et D. Engelhart (1990). *Le dessin de l'enfant*, Paris, Presses universitaires de France.

Windschitl, M. et T. Andre (1998). « Using computer simulations to enhance conceptual change : The roles of constructivist instruction and student epistemological beliefs », *Journal of Research in Science Teaching, 35*(2), p. 145-160.

## ANNEXE 3.1

*Protocole d'entrevue pour faire émerger les croyances à l'égard des mathématiques, des sciences ou d'Internet*

### 1re PARTIE – Dessiner les mathématiques, les sciences ou Internet

Au cours de cette étape, les élèves ont à réaliser un dessin sur les mathématiques, les sciences ou Internet. Ils ont à représenter un seul de ces trois concepts. Une entrevue porte seulement sur l'un ou l'autre des aspects.

**Consignes pour la réalisation des dessins par les élèves**

> ➤ Les dessins doivent être réalisés *individuellement* par tous les élèves participant à l'entrevue.
> ➤ Les dessins doivent être réalisés *dans le local réservé pour l'entrevue* et non pas en dehors de la classe.
> ➤ La qualité du dessin n'est pas prioritaire. L'élève doit en être informé pour réaliser son dessin dans le temps convenu.
> ➤ Les élèves ont environ quinze minutes pour terminer leur dessin.
> ➤ La consigne présentée aux élèves est la suivante : DESSINER LES MATHÉMATIQUES ou DESSINER LES SCIENCES ou DESSINER INTERNET.
> ➤ Ce dessin est réalisé sur les feuilles fournies à cet effet.
> ➤ Le dessin est réalisé en utilisant les crayons fournis et seulement ces crayons. Il n'est pas obligatoire d'utiliser toutes les couleurs.
> ➤ Toutes les idées de représentations des mathématiques, des sciences ou d'Internet sont bonnes, qu'elles soient farfelues ou non.
> ➤ Le dessin peut avoir une représentation proche des mathématiques, des sciences ou d'Internet, mais aussi représenter une idée que l'élève se fait des mathématiques, des sciences ou d'Internet qui est originale. Le dessin peut sembler éloigné de ces domaines à première vue. Aucun jugement ne doit être porté sur la représentation choisie par l'élève.
> ➤ Les élèves doivent suivre leurs propres idées dans la réalisation de ce dessin. Si l'élève fait une proposition, elle ne doit pas être orientée, mais plutôt acceptée telle qu'elle est présentée par l'élève.
> ➤ L'élève doit être encouragé dans sa production, qu'on la trouve intéressante ou pas, pertinente ou non, bizarre ou simple…

Au *verso du dessin*, l'élève doit inscrire :

➤ Âge et sexe ;
➤ Écrire une à trois phrases expliquant son dessin.

## 2ᵉ PARTIE – Présentation du dessin

Chaque élève est invité à présenter son dessin aux autres élèves. Pour ce faire, les dessins peuvent être affichés au mur.

On peut demander :

Explique-nous ton dessin, ce qu'il veut dire, ce qu'il représente, les raisons pour lesquelles tu as décidé de représenter les mathématiques, les sciences ou Internet de cette façon.

Il importe d'éviter que la discussion porte sur la beauté des dessins. Si des élèves posent des questions, on peut les laisser s'exprimer dans la mesure où le contenu porte sur ce que les élèves pensent des mathématiques.

Les autres élèves sont invités à poser des questions. Par la suite, ils peuvent faire des commentaires (si le temps le permet).

On peut s'inspirer de questions comme les suivantes afin de faire parler les élèves à propos de leur dessin. Si des propos peuvent laisser supposer que les élèves ressentent des émotions à l'égard des mathématiques, on peut s'en servir pour explorer les réactions affectives des élèves relativement aux mathématiques. Cependant, il faut faire attention à ne pas induire des propos affectifs de la part des élèves. Il importe d'amener les élèves à décrire ces émotions.

➤ Pourquoi as-tu choisi de représenter les mathématiques, les sciences ou Internet de cette façon ?
➤ Que signifie cette partie de ton dessin (montrer et nommer des aspects précis dessinés par l'élève) ?
➤ Penses-tu que ta façon de représenter les mathématiques, les sciences ou Internet ressemble à la façon dont les autres les représentent ? Pourquoi ?
➤ Considères-tu que ta façon de représenter les mathématiques, les sciences ou Internet est plutôt positive ou négative ? Pourquoi ?

Au cours de l'entrevue, des questions pourraient être posées relativement aux liens entre le dessin de l'élève et les phrases qu'il a écrites à propos de son dessin.

> ➤ En quoi telle phrase (donner cette phrase de l'élève) peut-elle donner une explication de ton dessin ?

> ➤ Quel lien fais-tu entre telle phrase (donner cette phrase de l'élève) et ton dessin ?

## 3ᵉ PARTIE – S'exprimer à propos du dessin d'autres élèves

Des dessins d'élèves sont affichés au mur ou placés par terre ou sur le bord du tableau. Ces dessins proviennent d'élèves inconnus de ceux qui participent à l'entrevue. Les questions suivantes suscitent l'expression des élèves à propos de ces dessins.

> ➤ Quel dessin représente le mieux ce que tu penses des mathématiques, des sciences ou d'Internet ? Pourquoi ?

Les dessins sont numérotés. Il importe de donner le numéro du dessin lors de l'entrevue afin qu'au moment de l'analyse on puisse mieux savoir à quel dessin chaque enfant fait référence.

Si des propos peuvent laisser supposer que les élèves ressentent des émotions à l'égard des mathématiques, on peut s'en servir pour explorer les réactions affectives des élèves à propos des mathématiques. Cependant, il faut faire attention à ne pas induire des propos affectifs de la part des élèves. Il importe d'amener les élèves à décrire ces émotions.

Il serait important de bien observer les mimiques des élèves pour susciter des interactions et profiter des expressions non verbales pour inciter les élèves à parler.

> ➤ Quel dessin représente le moins bien ce que tu penses des mathématiques, des sciences ou d'Internet ? Pourquoi ?

> ➤ Quelle phrase pourrais-tu associer à tel dessin (en montrer un) ? Pourquoi ? (Poser cette question pour deux ou trois dessins.)

Pour terminer cette partie de l'entrevue, on pourrait poser la question suivante :

> ➤ Si tu avais à refaire ton dessin, ferais-tu des modifications ? Si oui, lesquelles ?

## 4ᵉ PARTIE – Explorer les dimensions affective et sociale

Dans cette partie, on désire explorer quelque peu ce que les élèves ressentent à propos des mathématiques, des sciences et d'Internet et la façon dont ils agissent pour eux-mêmes ou en interaction avec les autres relativement à ces domaines. Des questions comme les suivantes peuvent servir d'inspiration :

**Aspect affectif**

➤    *a)*  Qu'est-ce que tu trouves facile en mathématiques, en sciences ou avec Internet ?

   *b)*  Qu'est-ce que tu trouves difficile en mathématiques, en sciences ou avec Internet ?

➤    Trouves-tu que les mathématiques, les sciences ou Internet sont plutôt :

   *a)*  intéressants ? Pourquoi ?

   *b)*  ennuyants ? Pourquoi ?

➤    Qu'est-ce que tu ressens lorsque :

   *a)*  tu connais un succès ou que tu réussis en mathématiques, en sciences ou avec Internet ?

   *b)*  tu rencontres une difficulté ou un obstacle en mathématiques, en sciences ou avec Internet ?

➤    T'arrive-t-il de ressentir de la tension ou du stress lorsque tu fais des mathématiques, des sciences ou lorsque tu utilises l'Internet ?

**Solution ou aspect social**

➤    Lorsque tu rencontres des difficultés, qu'est-ce que tu fais ?

➤    Si des élèves te demandent de leur expliquer ta façon de faire ou de leur expliquer comment faire en mathématiques, en sciences ou avec Internet, comment réagis-tu ? Si tu dois donner cette explication devant toute la classe, comment réagis-tu ?

➤    T'arrive-t-il de discuter de mathématiques, de sciences ou d'Internet avec d'autres élèves ? Si oui, explique comment cela se déroule.

➤    Si tu avais des suggestions à faire à des élèves qui ont de la difficulté en mathématiques, en sciences ou avec Internet, que leur dirais-tu ?

### 5ᵉ PARTIE – À propos de ses parents, de l'enseignant ou de l'enseignante

Maintenant, les enfants tenteront de préciser comment ils perçoivent les idées de leurs parents à propos des mathématiques, des sciences ou d'Internet. Voici quelques questions pour amorcer la discussion :

**Parents**

> ➤ Si tes parents (préciser le père ou la mère, car cela peut être différent) avaient eu à dessiner les mathématiques, les sciences ou Internet, qu'auraient-ils dessiné, selon toi ? Pourquoi auraient-ils fait ces dessins ?

> ➤ Qu'est-ce que tes parents disent à propos des mathématiques, des sciences ou d'Internet à la maison ?

**Enseignantes ou enseignants**

> ➤ Si ton enseignante ou ton enseignant avait eu à dessiner les mathématiques, les sciences ou Internet, qu'auraient-il dessiné, selon toi ? Pourquoi auraient-ils fait ce dessin ?

> ➤ Qu'est-ce que ton enseignante ou ton enseignant dit à propos des mathématiques, des sciences ou d'Internet ?

FIGURE 1

FIGURE 2

FIGURE 3

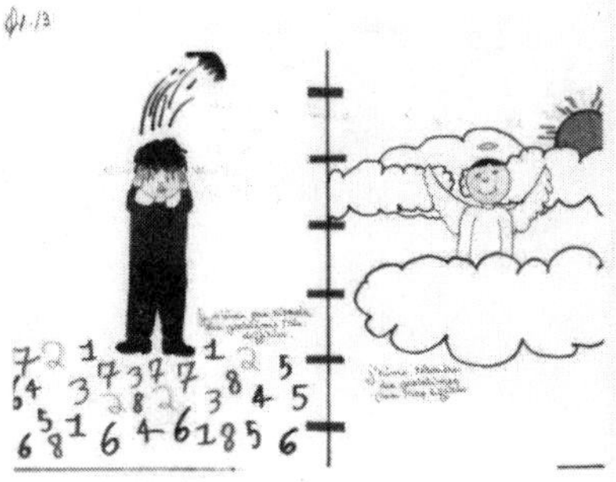

FIGURE 4

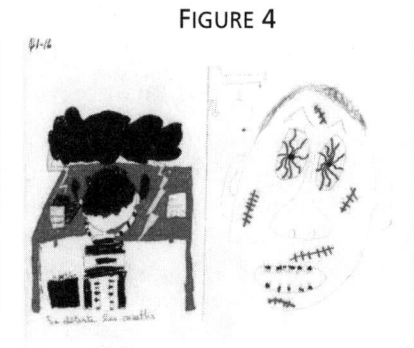

FIGURE 5

FIGURE 6

FIGURE 7

FIGURE 8

FIGURE 9

Les maths! c'est lourd!
L'école! c'est de la torture!

FIGURE 10

FIGURE 11

# CHAPITRE 4

# Approche des mathématiques par le dessin

## Une analyse qualitative et quantitative de dessins[1]

*Louise Lafortune*
*Université du Québec à Trois-Rivières et CIRADE*
*louise_lafortune@uqtr.ca*

*Pierre Mongeau*
*Université du Québec à Montréal et CIRADE*
*mongeau.pierre@uqam.ca*

1. L'analyse de dessins d'enfants a été réalisée grâce à une subvention du Conseil de la recherche en sciences humaines du Canada (CRSH). Nous remercions Serge Lafortune qui a agi comme assistant de recherche pour le codage ayant servi aux analyses qualitative et quantitative.

*RÉSUMÉ*

*Dans ce chapitre, les auteurs présentent une approche de recherche-intervention afin de découvrir les représentations, croyances et préjugés des élèves liés aux mathématiques pour intervenir dans le processus de construction de ces représentations, croyances et préjugés. En plus de présenter une approche des mathématiques par le dessin, les auteurs décrivent deux méthodes d'analyse, quantitative et qualitative, du contenu de dessins produits par des élèves du primaire dans le cadre de cette approche. Les résultats de ces analyses montrent qu'environ le tiers des élèves ont une attitude positive, le tiers, une attitude ambivalente et le dernier tiers, une attitude négative à l'égard des mathématiques. Bien qu'une approche des mathématiques par le dessin puisse être très utile afin de susciter des discussions avec les élèves à propos de croyances à l'égard des mathématiques, les auteurs apportent des nuances quant à la possibilité de connaître des élèves particuliers uniquement à partir de leur dessin des mathématiques. Ils ne veulent pas que les élèves soient placés dans des catégories en fonction de leurs dessins, mais plutôt que cette approche soit un moyen de susciter l'expression des émotions et des croyances à propos des mathématiques.*

L'utilisation de dessins produits par les enfants pour explorer leurs représentations de la famille, de l'école ou d'autres thématiques n'est pas nouvelle. En effet, plusieurs chercheurs se sont attardés à l'interprétation de dessins (généraux ou de la famille) réalisés par des enfants (Anderson, 1999 ; Gardner, 1980 /1997 ; Jourdan-Ionescu et Lachance, 2000 ; Malchiodi, 1998 ; Schack, 2000 ; Wallon, 2001 ; Wallon, Cambier et Engelhart, 1990). Cependant, leur utilisation pour mieux connaître les représentations des élèves à propos des mathématiques a donné lieu à peu de publications et reste peu étudiée. On peut toutefois signaler le travail de Harris (1999) qui demande aux élèves de dessiner à propos des mathématiques à partir de la lecture d'une histoire qui peut susciter des représentations des mathématiques, de même que le travail de Harrison et Matthews (1998) où des élèves de quatrième année devaient dessiner un scientifique. Les dessins étaient ici utilisés comme point de départ d'une intervention visant à améliorer la perception que ces élèves avaient des scientifiques. Après avoir expliqué aux élèves que les scientifiques pouvaient être d'ethnies et de sexes différents, les élèves ont dessiné des scientifiques d'une façon plus réaliste que ce que montraient les représentations des dessins précédents. D'une image stéréotypée, les dessins montraient les scientifiques plus proches d'êtres humains comme les autres. Dans le même esprit, Finson, Riggs et Jesunathadas (2000) ont demandé à de futurs enseignants et enseignantes de se dessiner en tant qu'enseignants ou enseignantes de sciences. Leur utilisation du dessin visait à améliorer la perception que ces étudiants et étudiantes avaient d'eux-mêmes pour l'enseignement des sciences. Enfin, Kahle (1987, citée par Schiebinger, 1999) a étudié 165 dessins réalisés par des élèves du secondaire. Seulement deux filles ont dessiné des femmes scientifiques ; aucun garçon n'a dessiné une femme. Aussi, 86 % des filles et 99 % des garçons ont dessiné le scientifique comme un homme ayant l'air un peu perdu, aux cheveux blancs. Fort et Varney (1989, citées par Schiebinger, 1999) ont également remarqué que les élèves du primaire dessinent des scientifiques masculins de race blanche. Rosenthal (1993) a demandé à des étudiants et étudiantes de sciences humaines et biologiques de dessiner un scientifique. De façon générale, les scientifiques sont représentés comme des personnes travaillant en laboratoire ; on peut cependant constater que quelques étudiants et étudiantes en sciences biologiques imaginent certains scientifiques travaillant sur le terrain. Il ne semble pas y avoir eu de recherches demandant explicitement aux élèves de « dessiner les maths » ou de « dessiner les sciences ».

Nous pensons que le caractère analogique des dessins produits par les élèves pour exprimer leurs représentations des mathématiques permet d'avoir un accès plus direct aux images qu'ils se sont construites à propos des mathématiques et que l'étude de ces représentations, par le biais des dessins, permettra de mieux cibler les moyens à mettre en œuvre afin de favoriser le développement de représentations positives. Aussi, nous explorons depuis quelques années différentes façons d'utiliser ces productions, souvent artistiques, exprimant les représentations des mathématiques (Lafortune, 1993, 1994 ; Lafortune, Daniel, Pallascio et Schleifer, 1999 ; Lafortune, Mongeau et Pallascio, 2000 ; Lafortune, Mongeau, Daniel et Pallascio, 2002a-b). Dans ces études, les dessins des enfants ont été utilisés comme élément déclencheur pour faire émerger les croyances (Lafortune, 1993, 1994) et susciter l'expression des croyances et des émotions (Lafortune et Massé, 2002), de même que pour l'élaboration de questionnaires portant sur les croyances à l'égard des mathématiques (Lafortune, Mongeau et Pallascio, 2000). Ces dessins ont aussi servi à reconnaître des cas types d'élèves (n'aimant pas les mathématiques, aimant plus ou moins les mathématiques ou appréciant beaucoup cette discipline) pour réaliser des entrevues et ainsi mieux comprendre et approfondir des résultats de recherche (Lafortune, Daniel, Pallascio et Schleifer, 1999 ; Lafortune, Mongeau, Daniel et Pallascio, 2002a-b).

Nous présentons, dans ce qui suit, une nouvelle approche de recherche-intervention que nous avons élaborée pour étudier les représentations des élèves en ce qui concerne les mathématiques et pour intervenir dans le processus de construction de ces représentations chez les élèves. Les bases théoriques et empiriques ayant mené à la construction de cette approche se rattachent à plusieurs de nos précédents travaux que nous résumons en première partie de ce texte. En deuxième partie, nous présentons le déroulement concret d'une séance d'utilisation des dessins pour connaître les représentations des mathématiques chez des élèves. Cette présentation de l'approche est suivie d'une analyse quantitative et qualitative de contenus de dessins produits par des élèves du primaire dans le cadre de cette approche. À la suite de ces analyses des dessins produits, nous proposons une grille de questionnement pour alimenter la période d'échanges et de discussions entre les élèves à partir de leurs dessins.

## 1. RÉFLEXIONS SUR NOS TRAVAUX

Dans nos travaux antérieurs, relatifs aux croyances et aux préjugés à l'égard des mathématiques (Lafortune, Mongeau et Pallascio, 2000 ; Lafortune, 1994, 1993, 1990 ; Lafortune et Kayler, 1992), ainsi que dans ceux portant sur les réactions affectives liées aux mathématiques (Lafortune, Mongeau, Daniel et Pallascio, 2002a-b ; Lafortune, 1997, 1992, 1992b ; Lafortune et Massé, 2002), nous nous sommes intéressés à l'attitude des élèves à l'égard des mathématiques. Différents aspects ou dimensions de cette attitude ont été pris en compte comme : les réactions affectives (anxiété, plaisir et engagement) ; le concept de soi (par rapport aux compétences en mathématiques, aux compétences scolaires et à l'acceptation par les pairs), les croyances attributionnelles de contrôle ainsi que les croyances et les préjugés. Nous avons alors bâti un questionnaire (Lafortune, Mongeau et Pallascio, 2000) permettant d'obtenir un indice quantitatif fiable et valide des croyances et des préjugés à l'égard des mathématiques. Ce questionnaire a été élaboré à partir des résultats de l'étude exploratoire menée par Lafortune (1993) sur les principales croyances et les principaux préjugés présents dans le discours des élèves lorsqu'on les interroge sur ce qu'ils pensent des mathématiques.

L'analyse des transcriptions des entrevues a permis de relever quatre grands thèmes associés aux principales croyances et préjugés pouvant affecter la représentation que les élèves se font à propos des mathématiques. Ces thèmes renvoient aux aspects suivants des mathématiques : l'ennui associé aux mathématiques, l'inutilité de celles-ci, la réussite qui tiendrait de la magie et la supériorité supposée des garçons. Le tableau ci-dessous présente un extrait des transcriptions illustrant chacun de ces grands thèmes.

TABLEAU 1
**Thèmes du questionnaire sur les croyances et les préjugés**

| *Thèmes* | *Extrait des comptes rendus* |
| --- | --- |
| Ennui | « Les maths, c'est sérieux et plate. » |
| Inutilité | « Les maths, c'est pour réussir à l'école. » |
| Réussite tenant de la magie | « Réussir, en maths, tient de la magie ! » |
| Supériorité des garçons | « Les garçons sont meilleurs en maths. » |

Pour chacun de ces thèmes, plusieurs courts énoncés ont été rédigés directement à l'aide des transcriptions mot à mot des entrevues. Le niveau de langage de ces premiers énoncés était donc délibérément près du langage parlé des enfants.

Le coefficient « alpha » de consistance interne de cette première version est de 0,64, ce qui apparaît satisfaisant considérant le fait qu'il s'agit d'un nouvel instrument de mesure (Lafortune, Mongeau et Pallascio, 2000). Aussi, et compte tenu de l'inexistence d'instruments similaires qui auraient pu faciliter une validation critériée, nous avons établi la validité de construit de l'instrument à l'aide d'une analyse factorielle confirmatoire et d'une analyse de validité discriminante. Ces analyses ont permis de construire une version du test (annexe 4.1) comportant 26 items partagés en quatre sous-échelles.

À l'aide de cet instrument, et d'un autre instrument mesurant les réactions affectives des élèves à l'égard des mathématiques, nous avons étudié les corrélations entre les croyances et les préjugés et les autres composantes de l'attitude à l'égard des mathématiques. L'instrument mesurant les réactions affectives est une adaptation des trois sous-échelles «anxiété», «plaisir» et «engagement» du questionnaire sur l'attitude à l'égard des mathématiques de Fennema et Sherman (1976). Le coefficient de consistance interne de cette adaptation est de 0,84. Nous avons observé les corrélations suivantes : 0,32 entre les croyances et préjugés et les réactions affectives ; 0,23 entre les croyances et préjugés et le concept de soi ; 0,37 entre les croyances et préjugés et les croyances attributionnelles de contrôle. Si l'on considère les corrélations entre les autres dimensions de l'attitude, les corrélations sont toujours plus élevées que 0,37. Par exemple, la corrélation entre le concept de soi et les croyances attributionnelles de contrôle est de 0,61, entre les réactions affectives et les croyances attributionnelles de contrôle, elle est de 0,64 et entre les réactions affectives et le concept de soi, elle est de 0,44. Ces corrélations permettent de penser que des interventions portant sur différents aspects de l'attitude peuvent influencer les sous-composantes que nous lui associons. En effet, ces interrelations appuient l'idée que les croyances et représentations reflètent globalement l'ensemble des composantes interreliées de l'attitude de l'élève à l'égard des mathématiques et confirment l'importance de mieux connaître ces représentations.

## 2. APPROCHE DES MATHÉMATIQUES PAR LE DESSIN

À partir des expériences menées par le passé, nous avons élaboré une approche de recherche-intervention permettant de recueillir des données relatives autant aux réactions affectives, au concept de soi et aux croyances attributionnelles de contrôle qu'aux croyances et préjugés des élèves à l'égard des mathématiques. Cette approche de recherche-intervention consiste essentiellement à faire en sorte que les élèves dessinent et discutent à propos des mathématiques, autant à partir de leur propre dessin des mathématiques que de ceux réalisés par d'autres élèves. Cette approche permet aux élèves de s'exprimer à propos de leurs croyances ou sur les émotions qu'ils ressentent à l'égard de cette discipline. Elle favorise donc une meilleure connaissance des idées que les élèves entretiennent à propos des mathématiques et leurs réactions affectives à l'égard de celles-ci.

Nous avons pensé recourir à ce moyen facilement utilisable par les enseignants et enseignantes pour les aider à mieux connaître leurs élèves relativement à leurs représentations et à leur attitude, traduisant leurs croyances et leurs préjugés, à l'égard des mathématiques ; pour les aider aussi à mieux intervenir auprès de leurs élèves de manière à favoriser le développement de représentations et d'une attitude positives à l'égard des mathématiques.

Nous avons élaboré une procédure permettant de susciter la discussion et la réflexion des élèves sur leurs réactions à l'égard des mathématiques à partir de leurs dessins des mathématiques. L'approche des mathématiques par le dessin associée à une méthode de discussion que nous développons comporte quatre étapes.

## 2.1. PREMIÈRE ÉTAPE

Dans une première étape, les élèves ont à réaliser un dessin représentant les mathématiques. La consigne qui leur a été donnée est de « Dessiner les mathématiques ». On cherche alors à les mettre très à l'aise quant à ce qu'ils pourraient avoir le goût de dessiner. Cette étape permet à l'élève de se centrer sur lui-même quant à ses émotions et à ses croyances à l'égard des mathématiques et d'être ainsi mieux préparé à en parler aux autres. Les élèves doivent sentir que toutes leurs idées sont bonnes et être encouragés dans leur production, qu'on trouve celle-ci intéressante ou pas, pertinente ou non, bizarre ou simple.

Dans ce que nous présentons ici, il est demandé aux élèves de « Dessiner les mathématiques ». Toutefois, il est parfois intéressant de varier cette consigne. Ainsi, dans le cadre d'autres projets, nous avons plutôt demandé : « Dessine comment tu te sens lorsque tu fais des mathématiques » ou « Dessine comment tu te vois en train de faire des mathématiques ».

Dans cette première étape, nous demandons également aux élèves d'écrire une ou deux phrases expliquant leur dessin. Nous avons constaté que ces quelques mots donnent des indications précieuses quant à la représentation des mathématiques donnée par le dessin.

## 2.2. DEUXIÈME ÉTAPE

Dans une deuxième étape, les élèves affichent leur dessin afin de l'expliquer aux autres, qui peuvent leur poser des questions. L'élève qui présente son dessin répond aux questions de ses pairs et aussi aux questions de l'animateur ou de l'animatrice. Les élèves peuvent alors exprimer ce qu'ils ressentent et croient à propos des mathématiques. En s'exprimant à voix haute devant les autres, ils doivent articuler leur pensée, ce qui peut les aider à mieux connaître leurs propres réactions.

Dans cette étape, on peut demander aux élèves : « Explique-nous ton dessin, ce qu'il veut dire, ce qu'il représente, les raisons pour lesquelles tu as décidé de représenter les mathématiques de cette façon. » Les autres élèves sont invités à poser des questions. On peut également demander aux élèves d'expliquer la phrase qu'ils ont écrite en lien avec leur dessin. On cherche à ce que la discussion s'engage autour du sens à donner aux éléments relevés et des réactions des différents élèves à l'égard des mathématiques.

## 2.3. TROISIÈME ÉTAPE

Dans une troisième étape, on présente aux élèves des affiches représentant des dessins réalisés par d'autres élèves, des jeunes qu'ils ne connaissent pas. Ces différents dessins ont été choisis comme élément déclencheur de la discussion. Ils représentent les mathématiques de façon plutôt négative, comme « un coup de marteau sur la tête », plutôt ambivalente, comme « un ange et un démon », ou plutôt positive, comme « des nombres qui flottent sur des nuages ».

Des questions formulées par les autres élèves ou par l'animateur ou l'animatrice à partir des éléments significatifs permettent à l'ensemble des élèves de s'exprimer sur ces dessins. On peut aussi demander aux élèves de choisir le dessin qui représente le mieux ou qui ne représente pas du tout ce qu'ils pensent des mathématiques. Ou, encore, on peut demander aux élèves ce qu'ils feraient s'ils pouvaient refaire leur dessin et, enfin, leur proposer d'associer une phrase à un dessin en particulier.

## 2.4. QUATRIÈME ÉTAPE

Dans une quatrième étape, lors de cette même rencontre ou d'une rencontre ultérieure, les élèves discutent de façon générale de ce qu'ils pensent des mathématiques et de la façon dont ils réagissent affectivement aux mathématiques. On s'inspire d'idées qu'ils ont déjà émises afin de les approfondir. Lorsque plusieurs idées différentes sont exprimées, une ou deux d'entre elles sont approfondies afin d'éviter que la discussion ne soit trop superficielle. Les autres sont notées pour des discussions ultérieures. La personne responsable peut tenter de conclure les échanges par la définition des besoins des élèves et par les pistes d'action suggérées par les élèves eux-mêmes lors de cette réflexion collective.

Cette approche des mathématiques par le dessin apparaît novatrice et prometteuse, car elle rejoint plusieurs préoccupations actuelles associées à l'apprentissage des mathématiques. En effet, cette approche permet aux élèves d'échanger avec les autres en communiquant leurs idées et opinions. En confrontant leurs croyances, ils peuvent réfléchir en groupe, à la manière des groupes de philosophie pour enfants (Daniel, Lafortune, Pallascio et Sykes, 1995). Toutefois, la présente approche permet l'expression des émotions, favorisant ainsi le changement et le développement d'une attitude positive à l'égard des mathématiques.

## 3.  MÉTHODES D'ANALYSE DES DESSINS

Afin d'approfondir la grille de questionnement visant à stimuler la discussion, nous avons procédé à une analyse qualitative de 70 dessins et à une analyse quantitative des contenus de 198 dessins (2 × 99), tous produits dans le cadre d'intervention utilisant le dessin à des fins d'analyse et de discussion de l'attitude à l'égard des mathématiques. Cependant, les éléments relevés ne constituent pas une grille d'analyse de dessins qui permettrait de catégoriser les élèves. Nous avons sciemment cherché à éviter que des jeunes puissent être catégorisés uniquement à partir de dessins. Nous nous inspirerons des travaux de Jourdan-Ionescu et Lachance (2000) pour qui ce n'est pas seulement le dessin qui est examiné, mais aussi le contenu des échanges qu'on peut avoir avec les enfants.

### 3.1. ANALYSE QUALITATIVE DES DESSINS

Pour faire émerger la grille de questionnement visant à susciter la réflexion des élèves, nous avons procédé à une analyse qualitative de 70 dessins selon trois niveaux :

#### Niveau 1 : Vision globale affective
Au premier niveau, le codage tente de donner une vision globale affective du dessin en considérant la phrase donnée par l'élève.

Les cinq possibilités sont :

« – – » signifie que le dessin et la phrase qui y est associée montrent que l'élève déteste les mathématiques, les a en aversion et y associe, selon le cas, de la peur et de l'anxiété.

« – » signifie que le dessin et la phrase qui y est associée montrent que l'élève n'aime pas trop les mathématiques. Il ne démontre pas une réelle aversion à l'égard des mathématiques, mais ne les apprécie pas vraiment.

« +/– » signifie que le dessin et la phrase qui est associée montrent que l'élève apprécie les mathématiques de façon inégale. Cela est souvent représenté par une situation où l'élève aime les mathématiques dans certaines situations et les déteste dans d'autres contextes. Aussi, l'élève peut montrer une certaine indifférence à l'égard des mathématiques.

« + » signifie que le dessin et la phrase qui y est associée montrent une représentation favorable aux mathématiques. Dans ce cas-ci, l'élève signale qu'il peut y avoir du plaisir à faire des mathématiques, mais il ne semble pas éprouver de passion à en faire.

« + + » signifie que le dessin et la phrase qui y est associée montrent une représentation très positive des mathématiques. L'élève montre qu'il aime les mathématiques, qu'il les apprécie, qu'il a du plaisir à en faire.

Ce codage permet d'étudier les dessins par familles (logiciel Atlas/ti) selon que l'élève aime ou n'aime pas les mathématiques ou qu'il se situe dans une situation plutôt ambivalente. S'il est difficile de classer le dessin parce que la phrase semble en contradiction avec ce dernier, c'est le dessin qui a la priorité dans ce classement.

## Niveau 2 : Description du dessin à partir des objets représentés

Au deuxième niveau, le codage fournit une description du dessin à partir des objets représentés. Ces objets peuvent être les suivants : fleurs, nombres, figures géométriques, instruments de géométrie, nuage, éclair, personnage, ange, démon, cœur, haltères, soleil, feu, opérations mathématiques, calculatrice ou ordinateur…

Ce niveau de codage permet de savoir par quoi l'élève représente sa vision des mathématiques. Ce niveau est plutôt de nature descriptive, sans être quantitative.

## Niveau 3 : Thème par lequel l'élève représente les mathématiques

Au troisième niveau, le codage fournit le thème par lequel l'élève représente les mathématiques. Ce thème peut être : la dualité ou la relation amour-haine, la complexité, la frustration, le plaisir-amour et la tradition… Pas plus de deux thèmes ne sont attribués à un même dessin.

Ce codage permet de ressortir les différents thèmes choisis par l'élève et de les associer à des aspects positifs ou négatifs des mathématiques. Il permet également de connaître la fréquence du choix de ces thèmes.

Nous présentons ici quelques résultats associés aux niveaux 1 et 3 du codage, qui relèvent plutôt d'une analyse qualitative interprétative tout en fournissant des fréquences. Les 70 dessins ont été partagés en trois catégories :

++ **et** + :      Représentation favorable aux mathématiques

+/– :      Représentation ambivalente des mathématiques

– – **et** – :      Représentation défavorable aux mathématiques

Voici quelques thèmes – les plus souvent utilisés – associés à ces trois catégories de dessins.

TABLEAU 2
**Thèmes les plus souvent utilisés dans les dessins**

| *Représentation*<br><br>*Thèmes* | *Négative*<br>*(– – et –)*<br>*20 dessins* | *Ambivalente*<br>*(+/–)*<br>*27 dessins* | *Positive*<br>*(+ et ++)*<br>*23 dessins* |
|---|---|---|---|
| Amour-haine ou dualité | 3 | 11 | 1 |
| Aversion | 15 | – | – |
| Complexité | 10 | 16 | 6 |
| Détachement | – | 8 | – |
| Extase | – | – | 3 |
| Frustration | 13 | – | – |
| Plaisir-amour | – | – | 22 |
| Tradition | 1 | 13 | 14 |

On remarquera que, dans les trois types de représentations des mathématiques, il y a des thèmes qui appartiennent à une seule catégorie, comme le « plaisir-amour » associé à une représentation positive, le « détachement » associé à une représentation ambivalente et l'« aversion » ou la « frustration » associées à une représentation négative. Dans les trois catégories, on peut remarquer que la « complexité » peut être un thème représentant le mieux le dessin. La « tradition » (où apparaissent des nombres et des figures géométriques) appartient principalement aux catégories relevant des représentations positives et ambivalentes.

## 3.2. *ANALYSE QUANTITATIVE DES DESSINS*

L'hypothèse de départ qui a guidé l'analyse de contenu des dessins produits par les élèves était que certains éléments utilisés dans les dessins pour représenter les mathématiques reflétaient en partie leurs croyances et leurs réactions affectives à l'égard des mathématiques, de même que leur concept de soi en mathématiques.

Pour vérifier cette hypothèse, nous avons demandé à 120 élèves de 4e, 5e ou 6e année, 49,5 % de garçons et 50,5 % de filles, de produire un dessin exprimant leurs représentations des mathématiques. Les dessins produits ont été soumis à une analyse de contenu afin de déterminer les principaux éléments permettant de les catégoriser et de les classer. On a aussi demandé à ces mêmes élèves de répondre à deux questionnaires visant à mesurer leurs réactions affectives à l'égard des mathématiques et leur concept de soi en mathématiques. L'instrument de mesure des réactions affectives à l'égard des mathématiques est une adaptation, déjà citée, des trois sous-échelles « anxiété », « plaisir » et « engagement » du questionnaire sur l'attitude à l'égard des mathématiques de Fennema et Sherman (1976). Le coefficient alpha de Cronbach mesurant la consistance interne de cet instrument est de 0,84. Pour la mesure du concept de soi en mathématiques, le questionnaire Harter (1982) sur le concept de soi, traduit et adapté par Boivin, Vitaro et Gagnon (1995), a été modifié de façon à lier explicitement aux mathématiques le contenu de certains items. Par exemple, dans un item qui se lisait originellement « Certains enfants pensent qu'ils sont très bons en classe », le mot « classe » a été remplacé par « mathématiques ». Le coefficient de consistance interne de cette nouvelle version du questionnaire sur le concept de soi est de 0,90. Ensuite, les résultats des élèves à ces deux instruments de mesure ont été comparés en fonction de la présence ou non de chacun de ces éléments de contenu dans leurs dessins.

L'analyse de contenu a été effectuée à partir de 219 dessins produits par les 120 élèves au début de l'année scolaire 2000 et sur 99 dessins produits à la fin de l'année scolaire par ces mêmes élèves, soit au printemps 2001. L'écart de 21 dessins s'explique par des absences ou des déménagements d'élèves. La production des dessins a été effectuée à la suite de la batterie de tests visant à mesurer les croyances et les réactions affectives des élèves à l'égard des mathématiques. Les corrélations et les comparaisons entre le début et la fin de l'année scolaire ont donc été calculées sur 198 dessins, c'est-à-dire 99 paires de dessins réalisés par des élèves ayant répondu à l'ensemble des questionnaires.

Chaque dessin a fait l'objet d'une codification en fonction de la présence des éléments les plus évidents. Ainsi, dès qu'un élément apparaissait sur un dessin, il faisait l'objet d'une catégorie :

- ➤ couleurs,
- ➤ lettres (mots, phrases, onomatopées, bulles de texte, ponctuations, etc.),
- ➤ objets (bureaux, corbeilles, fenêtres, fleurs, fruits, livres, nuages, horloges, soleils, etc.),

> personnages (parties du corps : main, tête, jambe, etc. ; homme, femme, enseignant ou enseignante, élèves),
> symboles divers (flèches, cœurs, etc.),
> symboles mathématiques (chiffres, équations, symboles d'opération, etc.).

Certaines caractéristiques globales ont aussi été notées, comme l'orientation verticale ou horizontale du dessin, le degré de saturation de l'espace occupé. Au total, la présence de 54 éléments ou caractéristiques a été prise en compte[2].

Toutefois, l'objectif de la présente analyse étant d'examiner l'existence d'éventuelles relations significatives entre ces éléments des dessins et les résultats aux deux instruments de mesure concernant les réactions affectives à l'égard des mathématiques et le concept de soi en mathématiques, nous avons limité l'analyse de ces relations aux éléments communs à au moins 15 % de l'ensemble des dessins de manière à pouvoir effectuer des comparaisons minimalement significatives. Aussi, puisque 93 % des dessins comportent des représentations de personnes, cet élément n'a pas été retenu aux fins de l'analyse des relations possibles avec les résultats obtenus aux tests administrés lors de la production des dessins. Par contre, nous avons retenu la présence de l'élément sourires, puisque la présence de ceux-ci permet de catégoriser ou de regrouper les dessins en deux classes relativement consistantes. En effet, les sourires sont présents dans 42 % des dessins et absents de 38 %.

L'analyse descriptive des éléments présents dans les dessins des élèves permet de dégager 14 éléments ou caractéristiques regroupant au moins 15 % des dessins produits (voir le tableau à l'annexe 2).

***Lettres et mots*** – Les lettres et les mots sont présents dans la presque totalité (99 %) des dessins. Leur présence ne varie pas de façon significative entre le début et la fin de l'année et elle ne change pas selon le sexe. Toutefois, le nombre de mots présents dans les dessins augmente de façon significative avec le niveau scolaire : 17 mots en 4e année, 23 en 5e et 28 en 6e.

---

2. Nombre de couleurs, présence de bleu, de brun, de gris, de jaune, de mauve, de noir, d'orange, de rose, de vert, de rouge ; présence et nombre de symboles mathématiques : flèches, signes -, +, * et /, équations, chiffres ; présence et nombre de personnages, d'enseignants ou d'enseignantes, d'élèves, de têtes, de visages, de bouches, de sourires, d'yeux, de nez, d'oreilles, de cheveux, de bras, de mains, de doigts, de jambes (une), de paires de jambes (deux), de pieds ; présence et nombre de mots, de lettres, de signes de ponctuation, de livres ; présence et nombre d'objets et de symboles divers : animaux, bouteilles, bulles de texte, cœurs, cornets, fleurs, fruits, gommes à effacer, maisons, verres ; orientation verticale (portrait) ou horizontale (paysage) ; degré de saturation de la feuille.

*Personnages, bouches et sourires* – La présence de personnages ne varie pas de façon significative entre le début et la fin de l'année et elle ne change pas selon le sexe : 69 % des dessins ne montrent qu'un élève seul et seulement 15 % représentent l'enseignante. Par ailleurs, 80 % des dessins incluent au moins une représentation d'une bouche et l'on voit un sourire dans 42 % des dessins (sourire absent dans 38 % des dessins). La présence de bouches et de sourires ne varie pas de façon significative entre le début et la fin de l'année et elle ne change pas selon le sexe.

Par contre, la présence de sourires varie de façon significative selon le niveau scolaire : 45 % des dessins produits par des élèves de 4ᵉ année comportent au moins un sourire, 70 % des dessins produits par des élèves de 5ᵉ année montrent au moins un sourire, mais c'est le cas pour seulement 30,6 % des dessins produits par des élèves de 6ᵉ année.

*Signes de ponctuation* – Les signes de ponctuation (point, virgule, exclamation, etc.) sont présents dans une très forte majorité de dessins (87 %). Leur présence ne varie pas selon le sexe ou les niveaux scolaires, mais augmente significativement à la fin de l'année : 82 % en comportent au début de l'année comparativement à 93 % à la fin de l'année.

*Orientation du dessin* – La plupart des dessins (83 %) se présentent horizontalement (orientation paysage), 17 % étant à la verticale. Cette caractéristique ne varie pas de façon significative entre le début et la fin de l'année.

Globalement, c'est-à-dire pour les garçons et filles considérés ensemble, l'orientation des dessins varie de façon significative selon le niveau scolaire. Le nombre de dessins orientés verticalement diminue avec les années : alors que 28,6 % des dessins de 4ᵉ année sont orientés verticalement, 14,3 % de ceux de 5ᵉ année et 10,3 % de ceux de 6ᵉ année le sont. Cependant, les garçons sont significativement plus nombreux à orienter leur dessin verticalement : 24 % des garçons contre 10 % des filles. Aussi, l'analyse séparée selon les sexes montre que la proportion de dessins orientés verticalement ne change pas de façon significative chez les garçons ; elle se maintient autour d'une moyenne de 24 % des dessins. Par contre, chez les filles, la proportion de dessins orientés verticalement diminue dramatiquement avec l'augmentation du niveau scolaire : alors que 22 % des dessins des filles de 4ᵉ année sont orientés verticalement, 8 % de ceux des filles de 5ᵉ année et seulement 3 % de ceux de 6ᵉ année montrent cette orientation.

*Couleurs* – Au total, 65 % des dessins sont composés d'au moins deux couleurs. Le noir a été exclu pour bien refléter le choix de l'élève d'introduire de la couleur. En effet, puisque 35 % ne sont que tracés à la mine, il devenait difficile de déterminer si certains éléments du dessin étaient de simples traits ou un objet colorié en « noir ». Les filles utilisent plus de couleurs (5 couleurs en moyenne) que les garçons (3 couleurs en moyenne) ; 64,5 % des filles utilisent au moins deux couleurs et seulement 35,5 % des garçons font de même.

Par ailleurs, l'utilisation des couleurs varie selon le niveau scolaire. Le nombre de couleurs utilisées augmente en 5ᵉ année, puis baisse en 6ᵉ année : 3,6 couleurs en moyenne pour les 4ᵉ année, 5 couleurs pour les 5ᵉ année et seulement 3 couleurs pour les 6ᵉ année. De plus, les dessins du début sont significativement moins colorés que ceux de la fin de l'année : 70 % des dessins du début de l'année sont composés de deux couleurs ou moins, tandis que 51 % des dessins de la fin de l'année sont composés de deux couleurs ou moins.

*Livres* – Les deux tiers des dessins analysés (66 %) comportent au moins une représentation d'un livre et ni cette proportion ni le nombre ne varient de façon significative entre le début et la fin de l'année, pas plus qu'ils ne varient selon le sexe et le niveau scolaire.

*Symboles mathématiques* – Un peu plus de la moitié des dessins (54 %) comportent au moins un chiffre ou un symbole mathématique. Les chiffres sont présents dans 52 % des dessins et 41 % des dessins comportent au moins une équation. Chacun des symboles +,-,/,*, est présent pour 18 % à 25 % des dessins. La présence de ces symboles mathématiques (chiffres et équations inclus) augmente de façon significative entre la 3ᵉ et la 4ᵉ année scolaire : 1,3 symbole mathématique en 4ᵉ ; 4 en 5ᵉ et 4,3 en 6ᵉ année. Toutefois, cette présence ne varie pas de façon significative entre le début et la fin de l'année, ni globalement, ni pour les élèves de 4ᵉ année pris seuls ; ni pour les élèves de 5ᵉ et de 6ᵉ année considérés ensemble.

Les garçons de 4ᵉ année utilisent significativement moins de symboles mathématiques que les filles : on relève une moyenne de 0,55 symbole par dessin pour les garçons et une moyenne de 2,11 pour les filles. Par contre, cette différence s'estompe complètement en 5ᵉ et en 6ᵉ année où il n'y a plus de différence entre les garçons et les filles quant à l'utilisation de symboles mathématiques.

Remarquons que, alors même qu'il était demandé de représenter les mathématiques, près de la moitié des dessins analysés ne comportent aucune référence mathématique : 46 % des dessins ne comportent pas de symboles, 47 % des dessins ne comportent pas de chiffres, 59 % des dessins ne comportent pas d'équations.

*Bulles de texte* – La moitié des dessins (51 %) comportent au moins une bulle de texte (du style des bandes dessinées). Leur présence ne varie pas selon le sexe ou le niveau scolaire, mais elle augmente significativement à la fin de l'année : 44 % des dessins comportent au moins une bulle de texte au début de l'année, alors que 61 % en ont à la fin de l'année.

*Saturation du dessin* – Sur le plan de la saturation de l'espace occupé, les dessins se répartissent en trois groupes à peu près égaux : 38 % de peu saturés, 26 % de moyennement saturés et 36 % de très saturés. Ces proportions ne varient pas significativement en fonction du niveau scolaire.

Globalement, garçons et filles pris ensemble, la saturation des dessins varie entre le début et la fin de l'année. Relativement équilibrés au début, les groupes se répartissent différemment à la fin : alors qu'au début de l'année 32 % des dessins sont peu saturés, 47 % le sont à la fin de l'année ; 33 % des dessins sont moyennement saturés au début de l'année et 17,5 % à la fin de l'année ; tandis que les très saturés se maintiennent à 34 %. Ces différences disparaissent lorsqu'on observe les garçons et les filles séparément.

Par ailleurs, les filles sont significativement plus nombreuses à produire un dessin peu saturé : 29 % des garçons contre 49 % des filles ont produit un dessin peu saturé, 31 % des garçons ont produit un dessin moyennement saturé et 39 % très saturé, tandis que 22 % des filles ont produit un dessin moyennement saturé et 29 % très saturé.

### 3.3. ANALYSE DES RELATIONS : ÉLÉMENTS ET CARACTÉRISTIQUES DES DESSINS ET COMPOSANTES DE L'ATTITUDE ET DU CONCEPT DE SOI

Avant d'examiner les éventuelles relations entre la présence des divers éléments des dessins et les résultats aux instruments de mesure de l'attitude et du concept de soi en mathématiques, nous avons vérifié si les résultats relatifs aux diverses composantes de l'attitude et du concept de soi en mathématiques variaient selon le sexe ou selon le niveau scolaire. Deux résultats ont été notés :

> ➤ Les réactions affectives à l'égard des mathématiques des garçons sont stables au long des trois années et toujours significativement plus favorables que celles des filles. Par contre, les réactions des filles restent aussi stables en 4e et en 5e année, mais deviennent significativement plus défavorables en 6e année. L'analyse des relations possibles entre les éléments des dessins et la mesure des réactions affectives à l'égard des mathématiques sera donc effectuée

distinctement en fonction des résultats obtenus par les garçons et par les filles. De plus, elle distinguera chez les filles entre celles de 4e et de 5e année, d'une part, et celles de 6e année, d'autre part.

> Les résultats à l'instrument de mesure du concept de soi en mathématiques ne varient pas significativement en fonction du sexe ou du milieu scolaire.

### 3.3.1. Relations entre les éléments du dessin et les réactions affectives

L'analyse des relations entre la présence de divers éléments des dessins et les résultats aux instruments de mesure de l'attitude et du concept de soi en mathématiques a consisté en une analyse statistique des variations de moyennes observées aux différents instruments de mesure selon la présence ou l'absence de certains éléments ou caractéristiques des dessins. Lorsque les éléments des dessins étaient dénombrables, comme la quantité de mots présents dans le dessin, nous avons procédé à une analyse des corrélations entre ces éléments et les résultats aux questionnaires.

*Lettres et mots* – Le nombre de mots (et de lettres) utilisé augmentant avec le niveau scolaire, nous avons examiné les relations possibles entre ces éléments et les réactions affectives des élèves de façon distincte pour chacun des groupes. En 4e année, il existe une corrélation négative et modérée, mais significative (r = –0,30) entre le nombre de mots utilisés et les réactions affectives à l'égard des mathématiques. Cette relation disparaît chez les élèves de 5e et de 6e année.

*Personnages, bouches et sourires* – La présence de l'élément « sourire » variant de façon significative selon le niveau scolaire, l'analyse des relations entre cet élément des dessins et les résultats à l'instrument de mesure des réactions affectives à l'égard des mathématiques a donc été effectuée distinctement selon la classe des élèves. Ainsi, en 4e et en 5e année, la présence de sourires est, d'un point de vue statistique, significativement associée à des réactions affectives positives à l'égard des mathématiques. Par contre, cette relation disparaît pour les élèves de 6e année.

*Signes de ponctuation* – L'utilisation de signes de ponctuation variant entre le début et la fin de l'année scolaire, nous avons procédé à des analyses distinctes pour ces deux temps. Toutefois, la présence de signes de ponctuation n'est aucunement reliée aux résultats à l'instrument de mesure des réactions affectives à l'égard des mathématiques, tant au début qu'à la fin de l'année scolaire.

*Orientation du dessin* – La proportion de dessins orientés verticalement (orientation portrait) variant de manière significative selon le sexe (elle reste constante dans les trois niveaux chez les garçons et baisse chez les filles),

nous avons procédé à une analyse distincte selon les sexes. Chez les garçons, quel que soit le niveau scolaire, il n'existe aucune relation entre l'orientation du dessin et les réactions affectives des élèves. Chez les filles, au
contraire, il existe une relation significative entre l'orientation du dessin et
les réactions affectives à l'égard des mathématiques. Cette relation est aussi
influencée par le niveau scolaire. En 4e année, les filles qui orientent leur
dessin verticalement (portrait) manifestent des réactions affectives plus
positives à l'égard des mathématiques que celles qui orientent leur dessin
horizontalement (paysage). Cette relation disparaît en 5e et en 6e année.

*Couleurs* – Pour analyser la possibilité d'une relation entre le nombre de
couleurs utilisées et les résultats aux tests, nous avons effectué des analyses
différenciées selon le sexe, car, comme nous l'avons vu, les garçons et les
filles n'utilisent pas les couleurs à la même fréquence. Toutefois, malgré
cette analyse différenciée, nous n'avons décelé aucune différence significative entre les réactions affectives des filles et celles des garçons en fonction
du nombre de couleurs utilisées.

L'analyse en fonction du niveau scolaire montre qu'il existe, chez les
élèves de 4e année, une relation inverse significative entre le nombre de
couleurs qu'ils utilisent et leurs réactions affectives à l'égard des mathématiques. Ainsi, les élèves qui ont utilisé plusieurs couleurs ont une réaction
plus négative à l'égard des mathématiques. Toutefois, cette relation
disparaît chez les élèves de 5e et de 6e année.

Malgré la différence qui existe entre l'utilisation des couleurs en début
et en fin d'année, on n'observe aucune différence significative dans les
réactions affectives des élèves qui utilisent ou non plusieurs couleurs.

*Livres* – Le nombre de livres illustrés dans les dessins est inversement, mais
faiblement corrélé ($r = -0,15$) aux réactions affectives des élèves : plus il y a
de livres illustrés, plus les élèves ont une légère tendance à manifester des
réactions affectives négatives à l'égard des mathématiques. Mais l'analyse
détaillée par niveau scolaire montre que cette relation n'est en fait relativement forte ($r = -0,28$) que pour les élèves de 4e année et qu'elle est non
significative pour ceux de 5e et de 6e année.

*Symboles mathématiques* – Les élèves de 4e année utilisant significativement moins de symboles mathématiques que ceux de 5e et de 6e année,
nous avons examiné les résultats de ces groupes de façon distincte. Pour
les élèves de 4e année, la présence de symboles mathématiques dans leurs
dessins est significativement associée à une réaction affective à l'égard des
mathématiques plus négative que celle des élèves qui n'utilisent pas de tels
symboles. Chez les élèves de 5e et de 6e année, il n'y a plus de relation significative entre l'utilisation de symboles mathématiques et leurs réactions
affectives à l'égard des mathématiques.

*Bulles de texte* – La présence de bulles de texte dans les dessins variant significativement entre le début et la fin de l'année, nous avons examiné les résultats obtenus de façon distincte pour ces groupes en fonction de la période de l'année où le dessin a été fait. Toutefois, l'utilisation de bulles de texte dans le dessin n'est pas reliée aux réactions affectives à l'égard des mathématiques tant au début qu'à la fin de l'année.

*Saturation du dessin* – La saturation diffère selon les sexes. Aussi avons-nous procédé à une analyse distincte selon les sexes. Toutefois, il n'existe aucune relation entre le degré de saturation de dessin et les réactions affectives à l'égard des mathématiques, tant pour les garçons que pour les filles.

### 3.3.2. Relations entre les éléments du dessin et le concept de soi

L'hypothèse selon laquelle il existerait une relation entre la présence de certains éléments dans les dessins et le concept de soi en mathématiques des élèves n'est pas confirmée par les résultats. En effet, nous n'avons observé aucune différence de moyennes entre les élèves en fonction de la présence ou de l'absence d'éléments du dessin et les résultats enregistrés à l'aide de notre adaptation du test de Harter (1982).

L'examen des résultats montre qu'il existe pour certains groupes d'élèves et pour certains éléments une relation significative entre la présence ou le nombre de ces éléments des dessins et les réactions affectives des élèves. Notamment, pour les élèves de 4e année, six éléments sont significativement associés aux réactions affectives des élèves : l'absence de sourire, la présence et le nombre de couleurs, la présence et le nombre de symboles mathématiques, le nombre de mots (le nombre seulement, car 99 % des dessins comportent au moins un mot), l'orientation horizontale (pour les filles seulement) et le nombre de livres. Par contre, pour les élèves de 5e et de 6e année, aucun élément des dessins n'est significativement associé aux réactions affectives. On peut donc conclure que les résultats de l'analyse confortent l'hypothèse de départ, mais en limitent la portée aux élèves de 4e année.

## 3.4. ANALYSE DU CUMUL D'ÉLÉMENTS

Nous avons aussi voulu explorer dans quelle mesure le cumul de certains éléments dénombrables pouvait correspondre pour les élèves de 4e année à une variation de leurs réactions affectives à l'égard des mathématiques. Nous avons donc transformé les variables « nombre de mots » et « nombre de livres » en des variables dichotomiques (0 ou 1) où le point de rupture a été fixé selon le même critère (c'est-à-dire obtenir une classe regroupant au moins 15 % des dessins). Ainsi, 18 % des dessins comportent huit mots ou moins. De plus, tous les dessins avec huit mots ou moins ont été regroupés, de même que tous les dessins ayant neuf mots ou plus. Par ailleurs, 50 % des dessins des élèves de 4e année comportent plus de deux livres. Tous les dessins avec aucun ou un livre ont donc été regroupés, ainsi que tous les dessins ayant plus de deux livres. Le cumul de ces différents éléments est alors significativement (p = 0,01) corrélé (r = –0,41) aux réactions affectives des élèves à l'égard des mathématiques. L'examen de cette corrélation en fonction du cumul de ces éléments montre clairement que la présence de trois ou plus de ces éléments, mots ou livres, est associée à une baisse des réactions affectives positives (voir figure 1).

FIGURE 1

**Relation entre le nombre de mots ou de livres
et les réactions affectives à l'égard des mathématiques**

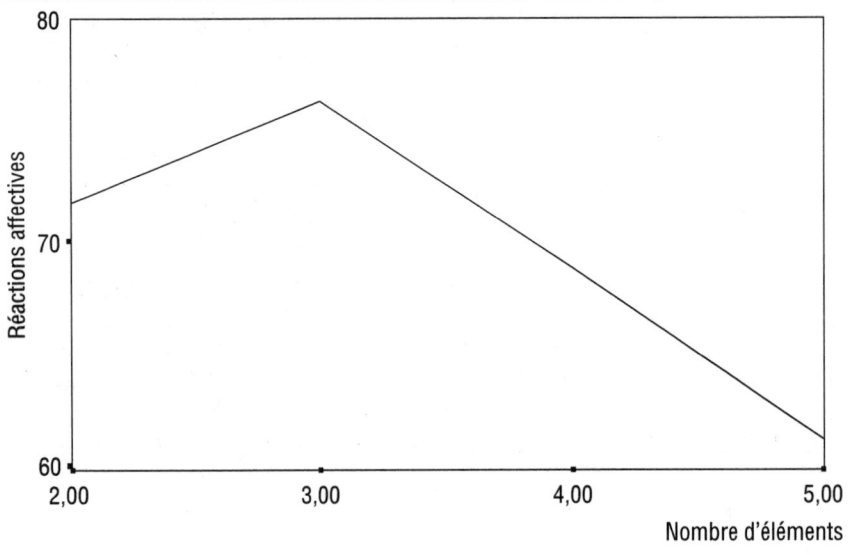

Nombre d'éléments

## *CONCLUSION*

En conclusion, rappelons que les résultats montrent qu'environ le tiers des élèves ont une attitude positive, le tiers une attitude ambivalente et le dernier tiers une attitude négative à l'égard des mathématiques. Par ailleurs, les relations observées semblent plus particulièrement appropriées à l'interprétation de dessins des plus jeunes, car les résultats montrent une relation toujours plus forte ou présente entre les éléments et caractéristiques des dessins chez les élèves de 4e année et leur attitude à l'égard des mathématiques : le nombre de mots, de livres et de symboles mathématiques semble inversement proportionnel à une attitude positive envers les mathématiques ; la présence de sourires est significative chez eux et ne l'est plus chez les élèves de 6e année ; l'orientation du dessin chez les filles, significative en 4e année, ne l'est plus par la suite. Selon les résultats de la présente analyse, le dessin peut s'avérer un instrument révélateur des réactions affectives à l'égard des mathématiques des jeunes élèves de 4e année, mais ne devrait pas être employé, à ce titre, au-delà de ce niveau scolaire.

Certains éléments et caractéristiques des dessins ne peuvent pas être considérés comme des indicateurs de l'attitude des enfants dans la mesure où aucune relation statistiquement significative n'a pu être observée entre eux et les différents résultats aux instruments de mesure de l'attitude. Ainsi, certains éléments comme le nombre de couleurs utilisées, la présence et le nombre de bulles de texte, le degré de saturation du dessin ne peuvent aucunement être considérés comme des indicateurs de l'attitude à l'égard des mathématiques. De même, rien dans les dessins produits ne semble être un bon indicateur du concept de soi en mathématiques tel qu'il est mesuré par notre adaptation du test de Harter (1982).

En pratique, l'enseignant ou l'enseignante de 4e année qui demanderait à ses élèves de produire un dessin représentant les mathématiques pourrait vraisemblablement porter une attention particulière aux dessins des élèves comportant les éléments qui peuvent être considérés comme des « indicateurs » des réactions affectives de ces élèves à l'égard des mathématiques et chercher à entraîner la discussion sur ces éléments.

## CONSIDÉRATIONS PÉDAGOGIQUES

Nous considérons que l'utilisation d'une approche des réactions des élèves à l'égard des mathématiques par le dessin peut se révéler très utile pour susciter des discussions avec les élèves à propos de croyances à l'égard des mathématiques telles que la « bosse des maths » existe ou les mathématiques sont inutiles ou de réactions affectives à l'égard de cette discipline (anxiété, plaisir, etc. ; voir aussi Lafortune et Massé, 2002 ; Lafortune et Lafortune, 2002). Cependant, nous voulons apporter des nuances quant à la possibilité de mieux connaître des élèves en particulier uniquement à partir de leur dessin des mathématiques. Nous ne voulons pas que les élèves soient placés dans des catégories en fonction de leurs dessins. Cela ne pourrait que nous mener à adopter des attitudes vis-à-vis des élèves qui pourraient nuire à ceux-ci dans leur apprentissage des mathématiques. Le recours au dessin est pour nous un moyen de susciter l'expression des émotions et des croyances à propos des mathématiques.

Dans le cadre de l'approche de discussion des mathématiques par le dessin, les éléments cernés à l'aide des analyses quantitative et qualitative constituent des points sur lesquels la personne responsable de la discussion peut susciter la réflexion des élèves :

> ➤ Impression globale dégagée par le dessin (thématique).
> ➤ Présence et forme des bouches des personnages (moue, indifférence, sourire).
> ➤ Présence de symboles mathématiques.
> ➤ Signification de la présence simultanée de la thématique, des bouches avec leur forme particulière et des symboles mathématiques s'il y a lieu.

Les échanges pourraient se terminer par une question sur ce qui serait de nature à aider le personnage du dessin (ou à aider directement l'élève). Ce serait une façon de faire en sorte que les élèves dégagent les stratégies qui les aident en mathématiques ou de faire en sorte que les élèves modifient leurs stratégies à la lumière de celles proposées par d'autres élèves.

## CONSIDÉRATIONS DE RECHERCHE

Sur le plan de la recherche, les relations significatives, mais décroissantes de la 4e à la 5e année, observées par cette première étude exploratoire indiquent qu'il serait intéressant de reprendre l'étude auprès des plus jeunes de 1re, 2e et 3e année pour qui le dessin est peut-être un mode d'expression encore relativement peu assimilé au monde scolaire. En plus d'étendre la recherche aux élèves du début du primaire, on pourrait l'adresser aux élèves du secondaire.

## BIBLIOGRAPHIE

Anderson, E. (1999). *Comprendre les dessins d'enfants*, Belgique-France, Chanteclerc.

Boivin, M., R. Vitaro et C. Gagnon (1995). *L'évaluation d'un programme de réadaptation en milieu scolaire et familial*, Trois-Rivières, Université du Québec à Trois-Rivières, traduit de M. Boivin, R. Vitaro et C. Gagnon (1992). *A Reassessment of the Self-perception Profile for Children : Factor Structure, Rehability and Convergent Validity of a French Version Among Second through Sixth Grade Children*,

Montréal, Research Unit on Children's Social Maladjustment, Université de Montréal et LARIPE (Laboratoire de recherche en intervention psycho-éducative).

Boivin, M., R. Vitaro et C. Gagnon (1992). *A Reassessment of the Self-perception Profile for Children : Factor Structure, Rehability and Convergent Validity of a French Version Among Second through Sixth Grade Children,* Montréal, Research Unit on Children's Social Maladjustment, Université de Montréal et LARIPE (Laboratoire de recherche en intervention psychoéducative).

Daniel, M.-F., L. Lafortune, R. Pallascio et P. Sykes (1995). « A primary school curriculum to foster thinking about mathematics », *Analytic Teaching, 15*(1), p. 29-40.

Fennema, E. et J.A. Sherman (1976). « Fennema-Sherman mathematics attitude scales : Intruments designed to measure attitudes toward the learning of mathematics by females and males », *JSAS Catalog of Selected Documents in Psychology* (Reprinted by Wisconsin Center for Education Research, University of Wisconsin-Madison), *1225*(6), p. 31.

Finson, K., I.M. Riggs et J. Jesunathadas (2000). « The relationship of science teaching self efficacy and outcome expectancy to the draw-a-science-teacher-teaching checklist », document Eric ED442642.

Gardner, H. (1997). *Gribouillages et dessins d'enfants,* Liège, Mardaga.

Harris, J. (1999). « Interweaving language and mathematics literacy through a story », *Teaching Children Mathematics, 5*(9), p. 520-524.

Harrison, L. et B. Matthews (1998). « Are we treating science and scientists fairly ? », *Primary Science Review,* janvier-février, *51*, p. 22-25.

Harter, S. (1982). « The perceived competence scale for children », *Child Development, 53*(1), p. 87-97.

Jourdan-Ionescu, C. et J. Lachance (2000). *Le dessin de la famille,* Paris, Éditions et applications psychologiques.

Lafortune, L. (1990), *Démythification de la mathématique, matériel didactique : opération boules à mythes,* Québec, ministère de l'Éducation du Québec, 190 p.

Lafortune, L. (1992a). *Élaboration, implantation et évaluation d'implantation à l'ordre collégial d'un plan d'intervention andragogique en mathématiques portant sur la dimension affective en mathématiques.* Thèse de doctorat, Montréal, Université du Québec à Montréal.

Lafortune, L. (1992b). *Dimension affective en mathématiques, Recherche-action et matériel didactique,* Mont-Royal, Modulo Éditeur et Bruxelles, DeBoeck (1997).

Lafortune, L. (1993). *Affectivité et démythification des mathématiques pour les enfants du primaire.* Document inédit, Montréal, Radio-Québec.

Lafortune, L. (1994). *Des maths au-delà des mythes,* Montréal, CECM.

Lafortune, L. (1997), *Dimension affective en mathématiques,* Bruxelles, De Boeck.

Lafortune, L, M.-F. Daniel, R. Pallascio et M. Schleifer (1999), « Evolution of pupils' attitudes to mathematics when using a philosophical approach », *Analytic Teaching*, 20(1), p. 33-44.

Lafortune, L. et H. Kayler (dir.) avec la collaboration de M. Barrette, R. Caron, L. Paquin et C. Solar (1992). *Les femmes font des maths*, Montréal, Éditions du Remue-ménage.

Lafortune, L. et S. Lafortune (2002). *Chères mathématiques. Susciter l'expression des émotions en mathématiques. Huit capsules vidéo*, Sainte-Foy, Presses de l'Université du Québec.

Lafortune, L. et B. Massé avec la collaboration de Serge Lafortune (2002). *Chères mathématiques. Susciter l'expression des émotions en mathématiques*, Sainte-Foy, Presses de l'Université du Québec.

Lafortune, L., P. Mongeau, M.-F. Daniel et R. Pallascio (2002a). « Philosopher sur les mathématiques : évolution du concept de soi et des croyances attributionnelles de contrôle », dans L. Lafortune et P. Mongeau (dir.), *L'affectivité dans l'apprentissage*, Sainte-Foy, Presses de l'Université du Québec, p. 27-48.

Lafortune, L., P. Mongeau, M.-F. Daniel et R. Pallascio (2002b). « Anxiété à l'égard des mathématiques : applications et mise à l'essai d'une approche philosophique », dans L. Lafortune et P. Mongeau (dir.), *L'affectivité dans l'apprentissage*, Sainte-Foy, Presses de l'Université du Québec, p. 49-79.

Lafortune, L., P. Mongeau et R. Pallascio (2000). « Une mesure des croyances et préjugés à l'égard des mathématiques », dans R. Pallascio et L. Lafortune (dir.), *Pour une pensée réflexive et éducation*, Sainte-Foy, Presses de l'Université du Québec, p. 209-232.

Malchiodi, C.A. (1998). *Understanding Children's Drawings*, New York, The Guilford Press.

Rosenthal, D.B. (1993). « Images of scientists : A comparison of biology and liberal studies majors », *School Science and Mathematics*, 93(4), p. 212-216.

Schack, J. (2000). *Comprendre les dessins d'enfants*, Paris, Marabout.

Schiebinger, L. (1999). *Has Feminism Changed Science?*, Cambridge, Harvard University Press.

Wallon, P. (2001). *Le dessin d'enfant*, Paris, Presses universitaires de France.

Wallon, P., A. Cambier et D. Engelhart (1990). *Le dessin de l'enfant*, Paris, Presses universitaires de France.

## *ANNEXE 4.1*

### Test : Croyances et préjugés à l'égard des mathématiques

| | Fortement en désaccord | | Neutre | | Fortement en accord |
|---|---|---|---|---|---|
| 1. Les maths sont souvent inutiles dans la vie de tous les jours. | 1 | 2 | 3 | 4 | 5 |
| 2. C'est agréable de faire des maths. | 1 | 2 | 3 | 4 | 5 |
| 3. Ceux qui ont de la difficulté en maths peuvent quand même réussir en maths. | 1 | 2 | 3 | 4 | 5 |
| 4. Étudier ou travailler plus fort ne change jamais mes résultats en maths. | 1 | 2 | 3 | 4 | 5 |
| 5. Faire des calculs est la partie la plus agréable des maths. | 1 | 2 | 3 | 4 | 5 |
| 6. On n'a jamais le droit de faire d'erreurs lorsqu'on fait des maths. | 1 | 2 | 3 | 4 | 5 |
| 7. Il faut travailler fort pour réussir en géométrie. | 1 | 2 | 3 | 4 | 5 |
| 8. Il faut toujours être parmi les meilleurs en maths p our réussir dans la vie. | 1 | 2 | 3 | 4 | 5 |
| 9. La géométrie, ça ne sert jamais à rien. | 1 | 2 | 3 | 4 | 5 |
| 10. J'aurai toujours besoin de me servir des maths dans ma vie. | 1 | 2 | 3 | 4 | 5 |
| 11. Apprendre les maths, c'est magique, ça ne peut absolument pas s'étudier. | 1 | 2 | 3 | 4 | 5 |
| 12. Les gars et les filles n'ont jamais les mêmes succès en maths. | 1 | 2 | 3 | 4 | 5 |
| 13. Même les plus faibles en maths peuvent adorer les maths. | 1 | 2 | 3 | 4 | 5 |
| 14. La géométrie est ce qu'il y a de plus amusant en maths. | 1 | 2 | 3 | 4 | 5 |
| 15. Les filles et les gars sont également bons en calcul. | 1 | 2 | 3 | 4 | 5 |
| 16. Les « bollés » en maths sont ennuyants. | 1 | 2 | 3 | 4 | 5 |

|  | Fortement en désaccord | | Neutre | | Fortement en accord |
|---|---|---|---|---|---|
| 17. C'est obligatoire de savoir faire des calculs. | 1 | 2 | 3 | 4 | 5 |
| 18. Il n'y a jamais de plaisir à apprendre les maths. | 1 | 2 | 3 | 4 | 5 |
| 19. Apprendre à calculer, ça se fait sans effort. | 1 | 2 | 3 | 4 | 5 |
| 20. Il n'y a jamais de différence entre les gars et les filles en maths. | 1 | 2 | 3 | 4 | 5 |
| 21. Il faut être très intelligent pour réussir en maths. | 1 | 2 | 3 | 4 | 5 |
| 22. Résoudre des problèmes de maths, c'est toujours ennuyant. | 1 | 2 | 3 | 4 | 5 |
| 23. Dans la vie d'un « bollé », seules les maths comptent. | 1 | 2 | 3 | 4 | 5 |
| 24. En géométrie, les résultats des gars et des filles sont différents. | 1 | 2 | 3 | 4 | 5 |
| 25. Ça ne servira peut-être à rien de savoir résoudre des problèmes de maths. | 1 | 2 | 3 | 4 | 5 |
| 26. Il faut réfléchir beaucoup pour réussir à résoudre les problèmes de maths. | 1 | 2 | 3 | 4 | 5 |

## ANNEXE 4.2

### Tableau de fréquence d'apparition des éléments

| Éléments | Pourcentage de présence | Différence début / fin | Différence selon le sexe | Différence selon le niveau scolaire |
|---|---|---|---|---|
| Lettres et mots | 99 % | Non | Non | Oui. On compte 17 mots en 4e année ; 23 en 5e année et 28 en 6e année. |
| Personnages | 93 % (69 % : 1 élève ; 15 % : l'enseignante) | Non | Non | Non |
| Bouches | 80 % | Non | Non | Non |
| Sourires | 42 % | Non | Non | Oui. 45 % des dessins des élèves de 4e année comportent au moins un sourire, comparativement à 70 % des dessins des élèves de 5e année et à seulement 30,6 % des dessins des élèves de 6e année. |
| Signes de ponctuation (points, virgules, exclamations, etc.) | 87 % | Oui (82 % en comportent au début de l'année, contre 93 % à la fin de l'année). | Non | Non |

**Tableau de fréquence d'apparition des éléments** (suite)

| Éléments | Pourcentage de présence | Différence début / fin | Différence selon le sexe | Différence selon le niveau scolaire |
|---|---|---|---|---|
| Orientation | 83 % orientation horizontale 17 % orientation verticale | Non | Oui. Les garçons sont plus nombreux à orienter leur dessin verticalement (24 % contre 10 % des filles). | Non. Chez les garçons, la proportion se maintient autour de 24 %. Oui. Chez les filles : 22 % des dessins des filles de 4e année sont orientés verticalement, 8 % de ceux des filles de 5e année et seulement 3 % de ceux de 6e année. Oui. Sexes confondus : 28,6 % en 4e année, 14,3 % en 5e année et 10,3 % en 6e année. |
| Couleurs (au moins 2 ; noir exclu) | 65 % | Oui. Les dessins du début sont moins colorés que ceux de la fin de l'année : 70 % sont composés au début de l'année de deux couleurs ou moins, comparativement à 51 % à la fin de l'année. | Oui. Les filles utilisent significativement plus de couleurs (5 couleurs en moyenne) que les garçons (3 couleurs en moyenne). | Oui. Le nombre de couleurs augmente en 5e, puis baisse en 6e année : 3,6 couleurs en moyenne pour les 4e année, 5 couleurs pour les 5e année et seulement 3 couleurs pour les 6e année. |
| À la mine | 35 % | Non | Non | Non |
| Livres | 66 % | Non | Non | Non |
| Symboles mathématiques | 54 % (chaque symbole +, −, /, * ou équation est présent dans 18 % à 25 % des dessins) | Non | Non | Non |
| Chiffres | 52 % | Non | Non | Non |

| | | | |
|---|---|---|---|
| **Équations** | 41 % (Note : Alors qu'il était demandé de représenter les mathématiques, près de la moitié des dessins ne comportent aucune référence mathématique : aucun symbole, 46 % ; aucun chiffre, 47 % ; aucune équation, 59 %.) | Non. Ni globalement, ni pour les élèves de 4e année pris seuls, ni pour les élèves de 5e et de 6e année pris ensemble. | Oui. Les garçons de 4e année utilisent moins de symboles mathématiques que les filles (moyenne de 0,55 symbole par dessin pour les garçons contre 2,11 pour les filles). Par contre, il n'y a plus de différence entre les garçons et les filles en 5e et en 6e année. | Oui. L'utilisation des symboles mathématiques (chiffres et équations inclus) augmente de façon significative ($p < 0,05$) entre la 3e et la 4e : 1,3 symbole mathématique en 4e année ; 4 en 5e année et 4,3 en 6e année. |
| **Bulles de texte (genre BD)** | 51 % | Oui. En 4e année, 44 % en début d'année contre 61 % en fin d'année. | Non | Non |
| **Saturation (trois catégories : peu, moyennement et très saturés)** | 38 % de dessins peu saturés, 26 % de moyennement saturés et 36 % de très saturés. | Oui. Alors que les proportions sont relativement équilibrées au début (32 % de dessins peu saturés, 33 % de moyennement saturés et 34 % de très saturés), à la fin de l'année la proportion de dessins peu saturés augmente à 47 %, les moyennement saturés baissent à 17,5 %, tandis que les très saturés se maintiennent à 34 %. Non. Les différences entre le début et la fin de l'année disparaissent lorsqu'on observe les garçons et les filles séparément. | Oui. Les filles sont plus nombreuses à produire un dessin peu saturé : 49 % des filles contre 29 % des garçons ; 22 % des filles et 31 % des garçons ont un dessin moyennement saturé ; et 29 % des filles ont un dessin très saturé comparativement à 39 % des garçons. | Non |

## *ANNEXE 4.3*

### *Analyse de contenu de l'ensemble des dessins*

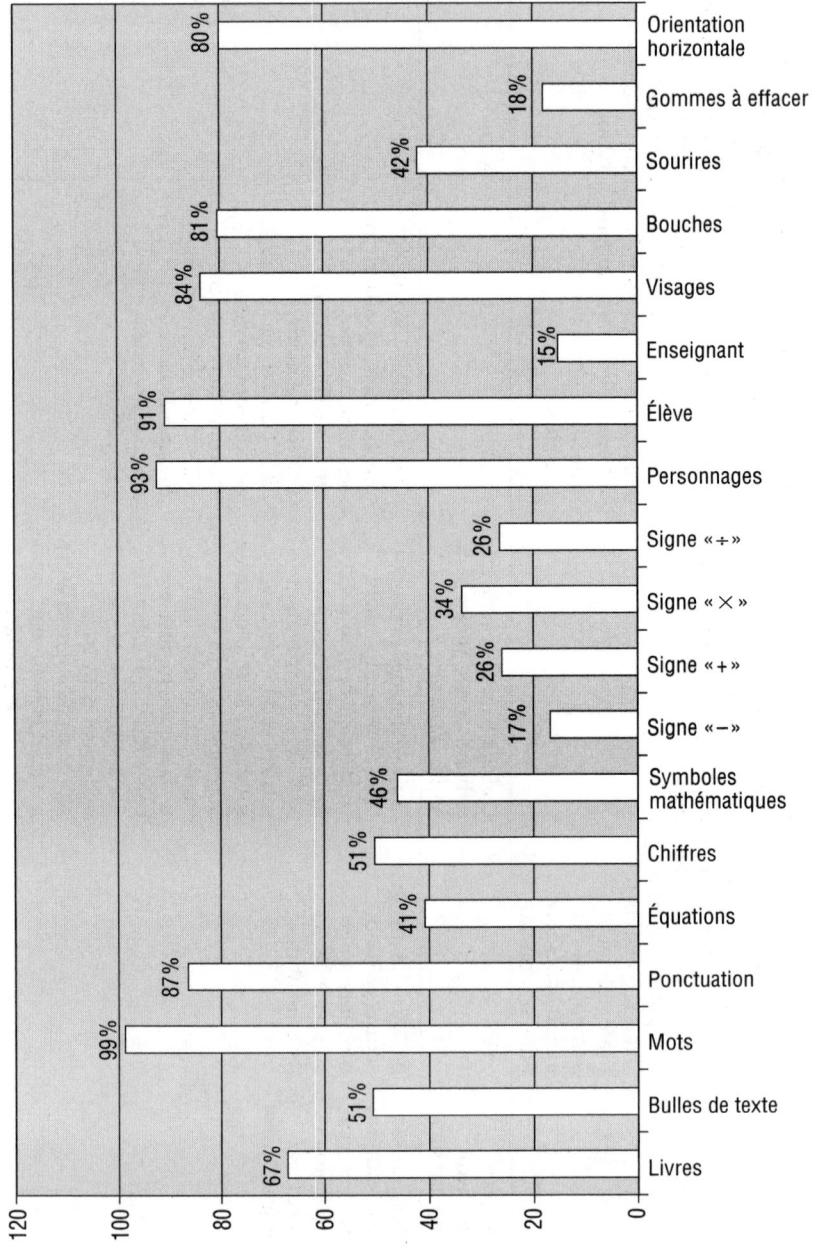

# CHAPITRE 5

# Le suivi parental en mathématiques
## Intervenir sur les croyances

*Louise Lafortune*
*Université du Québec à Trois-Rivières*
*louise_lafortune@uqtr.ca*

### Résumé

*Les changements actuels en éducation qui exigent le développement de compétences réflexives en mathématiques suscitent la réflexion quant à l'aide à fournir aux parents pour assurer le suivi scolaire en mathématiques à la maison. L'auteure de ce chapitre présente les résultats de deux recherches : l'une expose la perception des jeunes quant aux réactions de leurs parents à l'égard des mathématiques et l'autre porte sur la validation d'activités interactives-réflexives pour le suivi scolaire en mathématiques à la maison. Les résultats de ces deux recherches sont discutés et débouchent sur des pistes d'intervention.*

*Ces études cherchent à approfondir qualitativement ce qui peut être fait pour favoriser les relations parents-enfants lorsqu'il s'agit de faire des mathématiques à la maison tout en respectant les fondements de la réforme au Québec et les compétences mathématiques à développer, telles que la résolution de situations-problèmes, le raisonnement et la communication dans le langage mathématique. De plus, en connaissant les perceptions des élèves quant aux croyances de leurs parents à propos des mathématiques, il sera possible de mieux comprendre les attitudes des jeunes et d'éviter que les attitudes négatives à l'égard des mathématiques se perpétuent tout au long de leurs études.*

Dans le programme de formation de l'école québécoise dont l'implantation a débuté en septembre 2000, on vise à ce que les jeunes développent des compétences transversales parmi lesquelles on considère l'exercice du jugement critique, la mise en œuvre de la pensée créatrice et la communication (MEQ, 2001). Le développement de ces compétences est généralement peu reconnu pour l'apprentissage des mathématiques. De plus, les parents sont peu ou pas enclins à percevoir qu'il leur est possible d'exercer un esprit critique ou leur créativité lorsque leur enfant fait des mathématiques. Les compétences mathématiques à développer vont dans le même sens : résoudre une situation-problème, raisonner à l'aide de concepts et de processus mathématiques et communiquer au moyen du langage mathématique. Les mathématiques sont trop souvent perçues comme l'apprentissage de techniques et de formules qu'on applique dans des situations précises. La mémorisation y prend trop de place. Les changements de la réforme en éducation proposent une approche centrée sur les compétences, ce qui laisse supposer que la perception de l'apprentissage centrée sur l'utilisation de formules et de techniques changera pour une image de cet apprentissage plus axé sur la réflexion et les mises en relation entre les concepts, les raisonnements, les explications et les situations-problèmes. Comme plusieurs parents se sentent déjà démunis quand il s'agit d'aider leurs enfants en mathématiques, on peut penser que ce sentiment d'inefficacité parentale risque de s'accentuer. Les changements en cours commandent en effet que les élèves développent davantage des compétences réflexives (métacognition, argumentation, pensée critique) en mathématiques (Lafortune, 1998) qui débordent du cadre scolaire. Ces approches différant le plus souvent de celles dans lesquelles les parents ont appris, il est possible de croire que ces derniers craignent que les méthodes de résolution de problèmes qu'ils utilisent nuisent à l'apprentissage de leur enfant. Ces observations mettent en évidence la nécessité pour l'école de proposer des stratégies qui favorisent une participation parentale accrue dans une perspective de plus grande cohérence entre les apprentissages réalisés à l'école et ceux réalisés à la maison (Dauber et Epstein, 1993 ; Hoover-Dempsey et Sandler, 1997). Cette préoccupation est d'autant plus importante que Dodd et Konzal (1999) soulignent la nécessité d'inviter les parents à travailler avec les enseignantes et enseignants lorsqu'une réforme est en cours. C'est pour répondre à ce manque de stratégies que nous avons réalisé deux études : l'une vise à connaître les perceptions des jeunes quant aux croyances de leurs parents à l'égard des mathématiques, tandis que l'autre vise à valider des activités interactives-réflexives pour favoriser le suivi parental en mathématiques à la maison[1].

---

1. Ces deux recherches sont respectivement subventionnées par le ministère du Développement régional et économique (MDER ; Lafortune, 2001-2003) et par le Conseil de la recherche en sciences humaines du Canada (CRSH ; Lafortune et Deslandes, 2000-2003).

Pour présenter les éléments relatifs aux croyances et aux préjugés à l'égard des mathématiques exploités dans cette recherche, nous exposerons brièvement le contexte général lié à la réalisation de ce projet. Nous préciserons le cadre théorique en nous attardant à deux études américaines (Epstein, Salinas et Jackson, 1995 ; Lehrer et Shumow, 1997) qui ont particulièrement influencé notre travail. Nous rapporterons ensuite les résultats de deux recherches : l'une expose la perception des jeunes quant aux réactions de leurs parents à l'égard des mathématiques et l'autre porte sur la validation d'activités interactives-réflexives pour le suivi scolaire en mathématiques à la maison. Les résultats de ces deux recherches sont précédés des objectifs poursuivis et de la méthode de recherche utilisée. Avant de conclure, nous discuterons des résultats et indiquerons des pistes d'intervention.

## 1. CONTEXTE GÉNÉRAL

Le phénomène de l'abandon scolaire suscite de vives inquiétudes, car on estime à environ 30 % le pourcentage de la population scolaire qui ne termine pas ses études secondaires (MEQ, 1996). De plus, la probabilité d'abandonner ses études serait fortement liée aux échecs en classe de mathématiques (Fortin, Potvin, Royer et Marcotte, 1998). Pour favoriser la réussite scolaire, le soutien aux parents est souvent avancé en tant que mesure pédagogique à préconiser (Epstein, 1992 ; MEQ, 1996). Malgré ces constatations, un grand nombre de parents s'interrogent sur les moyens qu'ils pourraient utiliser pour aider leurs enfants à mieux réussir dans leurs apprentissages à la maison (Epstein, 1996). Par rapport aux mathématiques, cette inquiétude est d'autant plus pertinente que des modifications en cours dans les programmes proposent des démarches de réflexion différentes de celles que l'on retrouve dans les approches dites traditionnelles (MEQ, 2001). D'une façon plus marquée, les jeunes du secondaire les plus performants en mathématiques ont des parents qui les encouragent et les félicitent pour leurs réalisations, qui les aident dans les travaux à la maison et discutent avec eux de l'école, des cours à choisir et de leurs projets d'avenir (Deslandes et Lafortune, 2001).

De plus, plusieurs élèves éprouvent des difficultés d'apprentissage en mathématiques. Ces difficultés les conduisent très souvent à adopter des attitudes négatives à l'égard des mathématiques (Lafortune, Mongeau, Daniel et Pallascio, 2002a-b). De leur côté, les parents ne savent pas trop comment réagir lorsque leur enfant montre des signes de découragement et même d'anxiété à l'égard de cette discipline. Une autre source de difficulté est liée aux croyances et aux préjugés que les parents entretiennent chez leur enfant à partir de commentaires comme « tu peux bien avoir de la difficulté en mathématiques, j'en avais aussi ». Un tel commentaire laisse supposer que la réussite en mathématiques est héréditaire. Et il n'y a rien que l'on puisse faire contre l'hérédité. Un commentaire comme « je ne comprends pas tes méthodes » laisse supposer que faire des mathématiques se résume à l'utilisation d'une méthode précise et que la créativité et la réflexion n'ont pas leur place dans cette activité.

## 2. CONTEXTE THÉORIQUE[2]

Pour aborder le contexte théorique, nous présentons d'abord la perspective socioconstructiviste dans laquelle nous nous situons en accordant une importance particulière à la métacognition. Ensuite, nous décrivons plus en détail deux recherches ayant trait à l'implantation d'activités ou de programmes pour favoriser le suivi scolaire en mathématiques à la maison.

### 2.1. UNE PERSPECTIVE SOCIOCONSTRUCTIVISTE

De plus en plus, les recherches portant sur l'enseignement des mathématiques explorent des approches qui rendent les élèves actifs dans leurs apprentissages. Au lieu d'être des récepteurs de connaissances, ceux-ci ont la possibilité de s'interroger sur leur compréhension des mathématiques. Plusieurs recherches (Anthony, 1996 ; Goos et Galbraith, 1996 ; Jitendra et Xin, 1997 ; Meravech et Kramarski, 1997 ; Petit et Zawojwoski, 1997) ont montré que des interventions utilisant des approches non traditionnelles (activités métacognitives, interactions entre pairs, résolution de problèmes, utilisation appropriée des technologies) ont permis aux élèves de développer des attitudes positives à l'égard des mathématiques ou d'obtenir de meilleurs résultats scolaires. Les résultats des recherches de Brush (1997) et de Leikin et Zaslavsky (1997) qui ont expérimenté l'apprentissage coopératif, celles de Choi et Hannafin (1997) qui ont utilisé des contextes en résolution de problèmes et de Di Pillo, Sovchik et Moss (1997) qui ont conçu un journal d'apprentissage révèlent que les élèves ont pu partager leurs idées en mathématiques, mieux intégrer leurs apprentissages et trouver un moyen pour communiquer avec leur enseignante ou enseignant. Daniel, Lafortune, Pallascio et Schleifer (2000) montrent que l'utilisation d'une

---

2. Pour plus de détails concernant les éléments de cette section, on peut se reporter à Deslandes et Lafortune (2000, 2001) ainsi qu'à Lafortune et Deaudelin (2001).

approche philosophique des mathématiques a permis aux élèves de développer des habiletés de pensée complexe. Les résultats de ces recherches illustrent bien la nécessité de poursuivre l'exploration d'approches pédagogiques où les mathématiques sont explorées de différentes façons, de telle sorte que les élèves communiquent autant leur démarche de résolution de problèmes que leurs réflexions sur les mathématiques. Comme l'implantation d'un nouveau programme de formation semble s'inspirer des résultats de recherches de ce type, on peut penser que des discussions sur les mathématiques se feront en dehors de l'école, avec les parents.

Pour les parents, justement, Develay (1998) souligne qu'il importe : 1) au moyen d'un questionnement, de conduire progressivement l'enfant à se rendre compte que certains environnements ou circonstances facilitent son apprentissage, 2) d'amener l'enfant à construire des ponts entre les savoirs et à faire des liens entre les différentes connaissances et 3) d'amener l'enfant à discerner comment il procède quand il apprend. Pour cette dernière piste de solution, il précise que des « activités métacognitives permettent à un élève de prendre conscience de son activité de penser » (Develay, 1998, p. 93). Cette dernière piste nous oriente vers la métacognition qu'il importe de définir avant de poursuivre.

La métacognition est le regard qu'une personne porte sur sa démarche mentale dans un but d'action afin de planifier, d'évaluer, d'ajuster et de vérifier son processus d'apprentissage (Lafortune et Deaudelin, 2001). Elle comporte deux composantes (Brown, 1987 ; Flavell, 1979, 1987 ; Lafortune et St-Pierre, 1994a-b, 1996, 1998) : la connaissance de ses propres processus mentaux (par rapport à soi, à la tâche et aux stratégies) et l'utilisation de cette connaissance pour gérer les différents processus par une planification, un contrôle et une régulation. Lafortune et St-Pierre (1994a-b, 1996, 1998) soulignent que la prise de conscience est nécessaire pour favoriser l'amélioration de la gestion de son activité mentale. Cette prise de conscience est importante si l'on veut aider les élèves à améliorer leur processus d'apprentissage. C'est par la verbalisation des élèves qu'on a accès à leurs processus mentaux et qu'on peut les aider à faire des ajustements.

La dernière piste proposée par Develay (1998) rejoint les préoccupations de Lafortune (1998) qui décrit les caractéristiques d'une approche dans une optique métacognitive. Par exemple, dans cette approche, l'enseignante ou l'enseignant, mais aussi les parents :

1)  incitent l'élève ou leur enfant à *se poser* des questions au lieu de se limiter à poser des questions, ce qui favorise l'élaboration de stratégies d'autoévaluation et l'utilisation de la régulation d'une démarche d'apprentissage qui mène à l'autonomie ;

2) utilisent des moyens pour inciter l'élève ou leur enfant à structurer ses connaissances de façon active en suscitant des conflits sociocognitifs pour stimuler la construction des connaissances ;

3) proposent des moyens pour amener l'élève ou leur enfant à bâtir ses propres stratégies par une prise de conscience de celles qu'il utilise déjà, par une réflexion sur les améliorations qu'il peut apporter et par une mise en application des ajustements qu'il considère comme efficaces ;

4) suscitent des moments d'autoévaluation des progrès de l'enfant, de l'efficacité de ses stratégies, des moyens à mettre en œuvre pour s'améliorer, des compétences qu'il a développées, des transformations prévues pour différents contextes, etc. ;

5) font découvrir à l'élève ou à leur enfant ce que signifie comprendre, car ce mot sous-tend différentes significations ; par exemple, comprendre est trop souvent associé à mémoriser et à répéter, à pouvoir reproduire un exemple ou un modèle, à s'exercer pour l'application d'une technique. Ces conceptions n'encouragent pas la recherche de sa propre démarche mentale pour la comprendre et l'ajuster ; le sens donné à la compréhension est trop associé à l'application d'automatismes.

Cette approche se situe dans une perspective constructiviste, ce qui signifie que « le sujet apprend en organisant son monde en même temps qu'il s'organise lui-même » (Jonnaert et Vander Borght, 1999, p. 29). Le sujet construit ses connaissances à travers sa propre activité et l'objet manipulé est sa propre connaissance. Fourez, Englebert-Lecomte et Mathy (1997) précisent que c'est le sujet qui structure lui-même ses connaissances. Dans cette perspective, la personne a un rôle actif dans son apprentissage, elle en est responsable. On peut penser que plusieurs parents n'ont pas intégré une telle perspective, surtout en ce qui concerne les mathématiques.

Dans une perspective constructiviste, il importe de favoriser des conflits cognitifs en proposant aux élèves des activités conçues pour être potentiellement problématiques pour les personnes apprenantes. Bien qu'ils puissent concevoir la pertinence ou la vraisemblance d'une telle façon d'apprendre, les parents voient difficilement comment ils pourront susciter des conflits cognitifs auprès de leur enfant. Surtout en mathématiques, ils ont besoin d'aide pour le faire.

Comme les parents sont particulièrement en interaction avec leurs enfants, la perspective de l'apprentissage qu'on peut leur soumettre est plutôt socioconstructiviste. L'apprentissage y est pressenti comme un processus social et interpersonnel (Vygotsky, 1978). Dans cette perspective, l'enfant vit une expérience au sujet de laquelle il échange avec ses parents et réciproquement. Les interactions sociales peuvent ainsi contribuer à ébranler les croyances et les préjugés et, ainsi, susciter la justification des interprétations d'une situation et de démarches de résolution de problèmes (Cobb, Perlwitz et Underwood, 1994). Par exemple, lorsqu'un élève présente une démarche de résolution de problèmes à un parent, ce dernier peut la transformer en sujet de discussion afin d'en faire émerger les idées ainsi que leur cohérence ou incohérence. Cela permet d'ébranler les croyances, surtout lorsque le jeune est convaincu de la justesse de sa façon de faire ou de penser. Dans une perspective socioconstructiviste, ces interactions sont essentielles et s'opposent à une approche où l'on dit au jeune ou au parent quoi faire et comment faire. Cette façon de concevoir l'apprentissage rejoint les orientations de la réforme du curriculum.

## 2.2. DEUX RECHERCHES PORTANT SUR LE SUIVI PARENTAL EN MATHÉMATIQUES

Pour favoriser le suivi parental dans les activités d'apprentissage à la maison, Develay (1998) suggère des pistes d'intervention afin d'amener les jeunes à expliciter leur démarche, c'est-à-dire à expliquer comment ils s'y sont pris pour faire ce qu'ils ont fait. Cinq programmes reliés à l'apprentissage des mathématiques et qui s'inscrivent dans une démarche métacognitive ont été relevés dans la littérature (Clark Kenschaft, 1997 ; Epstein, Salinas et Jackson, 1995 ; Lehrer et Shumow, 1997 ; Merttens, 1999 ; Thompson et Ingram, 1998). Ils ont tous pour objectif de faciliter les interactions entre parents et enfants en lien avec l'apprentissage des mathématiques et ils requièrent de la part des enfants une verbalisation de leur raisonnement. Deux de ces programmes ont fait l'objet de recherches et retiennent plus particulièrement notre attention.

Lehrer et Shumow (1997) ont réalisé une recherche portant sur la collaboration parentale à l'enseignement et à l'apprentissage des mathématiques par leurs enfants. La première étude de cette recherche en trois volets vise à connaître les croyances des parents relativement aux diverses approches des mathématiques suggérées dans la réforme de l'enseignement de cette discipline aux États-Unis. Par la deuxième, on cherchait à comparer la façon dont les parents et les enseignantes ou enseignants guident les enfants dans la résolution de problèmes écrits en mathématiques. La troisième découle des deux premières, car elle porte sur l'expérimentation d'un programme destiné à amener les parents à intervenir auprès de leurs enfants de façon à respecter davantage les réformes de l'enseignement.

Dans la première étude qui porte sur les croyances des parents à propos de pratiques de l'enseignement des mathématiques, 42 parents (33 mères et 9 pères) d'élèves du primaire ont visionné un document où on leur présentait huit modèles d'enseignement utilisant divers aspects de la réforme de l'enseignement des mathématiques. Les résultats montrent que les parents croient qu'il est important d'enseigner des notions de géométrie, de travailler à partir des connaissances des enfants et d'amener ceux-ci à inventer des algorithmes. Les plus grandes oppositions des parents, en ce qui concerne certaines approches de l'enseignement des mathématiques respectant les réformes, visent celles qui accordent une aide indirecte aux enfants, celles où l'apprentissage des mathématiques se fait à l'intérieur de petites équipes sans la supervision constante d'un adulte et où l'apprentissage de cette discipline se réalise par la discussion à propos des mathématiques. Ces résultats laissent penser que les parents favorisent une intervention directe auprès des élèves, c'est-à-dire une intervention où le contrôle d'un adulte est assez présent.

Ces résultats sont en lien avec ceux de la deuxième étude, qui compare la façon dont les parents et les enseignantes et enseignants dirigent les enfants au moment de la résolution de problèmes écrits en arithmétique. En tout, c'est 11 enfants (8 garçons, 3 filles), 11 parents (6 mères, 5 pères) et 2 enseignantes ou enseignants (en deuxième année) qui ont participé à cette étude. Pour réaliser celle-ci, les parents et les enseignantes ou enseignants ont eu à expliquer aux enfants quatre problèmes à texte de quatre niveaux différents de difficulté. Les quatre problèmes proposés aux parents avaient la même structure que ceux qui ont été proposés aux enseignantes et enseignants. Les résultats montrent que les parents sont plutôt portés à définir le problème et à contrôler la stratégie de résolution de problèmes utilisée par leur enfant. Les enseignantes et enseignants ont davantage tendance à amener les élèves à se représenter le problème et à y donner un sens. S'appuyant sur ces résultats, les auteurs proposent la conjecture suivante : si les parents possédaient la même information que les enseignantes et enseignants sur la manière dont leur enfant réfléchit en mathématiques, ils pourraient aider celui-ci d'une façon qui s'accorde mieux avec les approches suggérées par la réforme.

La troisième étude porte sur l'implantation et l'évaluation d'un programme établissant une collaboration parents-enseignants pour l'apprentissage des mathématiques. Dix parents ont fait partie d'un groupe expérimental auquel on proposait un programme comportant 10 documents d'information accompagnés de devoirs en résolution de problèmes pour amener les parents à faire réfléchir les enfants. Les documents d'information sont une version simplifiée de ce que les enseignantes et enseignants connaissent relativement à la réforme. Ils traitent de divers aspects, par exemple : l'apprentissage des mathématiques centré sur la compréhension, des explications à propos de stratégies utilisées par les enfants ou les conceptions des enfants relativement aux formes et aux solides. S'inspirant de ces documents qui donnent des exemples de stratégies ou de réponses d'élèves, les parents sont encouragés à écouter les réponses de leur enfant et à les comparer à des modèles proposés. Dans la section concernant les devoirs, et à partir d'une liste de situations-problèmes, les parents en choisissent deux à faire résoudre par leur enfant en fonction des intérêts qu'ils perçoivent chez celui-ci. Ces situations-problèmes peuvent porter sur une collection de pièces de monnaie ou de timbres, la réalisation d'une recette ou l'estimation du kilométrage ou de la moyenne de vitesse lors d'une balade en auto. Les parents sont même invités à inventer d'autres situations-problèmes. À la suite de cette étude, on constate que l'utilisation de documents d'information accompagnés de devoirs change la nature de l'interaction parents-jeunes lorsque les élèves ont à résoudre des problèmes à texte en mathématiques. Le modèle « contrôlant » des parents change pour devenir un modèle qui se rapproche davantage de celui de l'enseignant ou de l'enseignante. Il semble donc que ce type d'intervention favorise la cohérence entre ce qui se fait en mathématiques à la maison et ce qui se passe à l'école.

La recherche portant sur les « devoirs interactifs en mathématiques au secondaire » (*TIPS : Teachers Involve Parents in Schoolwork*) exige de l'élève qu'il interagisse avec des membres de sa famille en montrant comment il procède pour effectuer une opération donnée (Epstein, Salinas et Jackson, 1995). Les élèves effectuent à la maison des travaux semblables à ceux qui sont demandés habituellement à l'école. À ces travaux s'ajoute un moyen de créer un lien entre la famille et l'école. Cela prend la forme de questions auxquelles les parents doivent répondre. Par exemple, en s'adressant à eux, on demande : « Faites-nous connaître votre réaction face au travail réalisé par votre enfant pour faire l'activité proposée. » Les parents ont des choix de réponse comme « mon enfant semble comprendre », « mon enfant a besoin d'aide, mais semble comprendre » ou « mon enfant a encore besoin d'apprendre à ce propos ». Dans un exercice d'un autre type, les enfants doivent expliquer un problème à un membre de leur famille. Aussi, des fiches à remplir par les parents peuvent porter sur le plaisir ressenti à réaliser l'activité.

Selon les auteurs, cette façon de procéder diminue les appréhensions des parents qui craignent de susciter de l'incompréhension chez leur enfant avec leur propre méthode, elle responsabilise les jeunes dans leur travail à la maison et suppose des interactions sous différentes formes comme montrer, partager, interroger... Dans les résultats obtenus, les parents déclarent être davantage au courant des apprentissages de leur enfant et avoir des interactions plus positives qu'à l'habitude avec celui-ci en ce qui regarde les mathématiques.

Nous avons réalisé deux recherches dont la première, plutôt exploratoire, fournit des renseignements à propos de ce que les jeunes pensent des croyances de leurs parents à l'égard des mathématiques. La deuxième mène plutôt à l'action et porte sur la validation d'activités interactives-réflexives assurant le suivi scolaire à la maison dans cette discipline. Les résultats de ces deux études ont permis d'envisager l'implantation de programmes d'intervention dont l'analyse des données est en cours.

## 3. PREMIÈRE ÉTUDE : PERCEPTIONS DES ÉLÈVES À PROPOS DES CROYANCES DE LEURS PARENTS À L'ÉGARD DES MATHÉMATIQUES

À titre exploratoire, à la fin d'entrevues auprès de jeunes de la fin du primaire, nous avons voulu savoir ce que des élèves pensaient que leurs parents dessineraient si on leur demandait de *Dessiner les mathématiques*, de *Dessiner les sciences* et de *Dessiner Internet*. Par cette question, nous visions à connaître la perception que des enfants ont des croyances de leurs parents relativement aux mathématiques, aux sciences et aux technologies. Dans le présent texte, nous nous limitons à présenter les résultats de ces perceptions en ce qui concerne les mathématiques. Cette connaissance des perceptions des jeunes vise à alimenter nos pistes d'intervention.

### 3.1. MÉTHODE DE RECHERCHE

Dans une recherche portant sur les croyances des élèves à propos des mathématiques, des sciences et des technologies (voir chapitre 3 de Lafortune et Mongeau, 2003 et chapitre 10 de Deaudelin, Lafortune et Gagnon, 2003), nous avons mené des entrevues en cinq étapes. La cinquième étape posait aux élèves les questions suivantes : « Si tes parents avaient eu à dessiner les mathématiques, qu'auraient-ils dessiné ? Pourquoi auraient-ils fait ces dessins ? » et « Qu'est-ce que tes parents disent à propos des mathématiques à la maison ? ». Pour recueillir les perceptions à propos des mathématiques, nous avons réalisé quatre entrevues avec 36 élèves de 5ᵉ et de 6ᵉ année de quatre écoles différentes de la région de Trois-Rivières. Cette exploration devrait servir à approfondir éventuellement les répercussions sur les croyances des élèves à partir de leurs perceptions quant aux croyances de leurs parents à l'égard des mathématiques. Nous jugeons pertinent d'interroger ainsi les élèves, car les jeunes construisent leurs croyances sur ces perceptions même si celles-ci ne correspondent pas tout à fait à ce que leurs parents pensent. Nous rapportons les résultats concernant les mathématiques afin de fournir des indices sur les interventions à réaliser auprès des élèves pour des discussions à la maison.

## *3.2. RÉSULTATS*

Les résultats sont issus du codage émergeant de la transcription des entrevues. Dans les perceptions que les jeunes ont des croyances de leurs parents à propos des mathématiques, on remarque que plusieurs pensent que leur mère ferait un dessin représentant les mathématiques de façon assez négative. Voici un aperçu de leurs commentaires :

> Je suis à peu près sûre que [...ma mère se dessinerait] en train de m'aider parce qu'elle a vraiment de la misère à m'aider. Elle ne comprend rien vraiment parce qu'elle ne l'a pas appris de la même façon.

> Ma mère aurait dessiné quelqu'un qui est dans la misère. Une bulle, [...] un point d'interrogation, un point d'interrogation, un point d'interrogation. Parce que ma mère elle n'a pas beaucoup appris les maths. Elle a de la misère.

> Elle dessinerait un gros nuage noir, parce qu'elle n'aime pas les maths et les problèmes, ce n'est pas vraiment son fort.

> Ma mère, je pense que ce serait confus parce qu'elle travaille un peu avec les chiffres, mais je n'ai jamais su si elle aimait ça.

D'autres élèves auraient plutôt eu une perception moins marquée affectivement de la représentation de leur mère qui se serait dessinée *en train de chercher. Elle me dit tout le temps de chercher.* Une autre *aurait dessiné des phrases mathématiques.*

Enfin, certaines mères suscitent des perceptions positives exprimées par des phrases comme :

> Ma mère, [comme] elle a étudié en maths et en informatique, je pense qu'elle aurait représenté ses variables et ce qu'elle apprend. Je pense qu'elle aurait représenté le système, le système avec des variables dedans.

> Ma mère dessinerait quelqu'un [...] qui aime les maths. Elle aime tellement les chiffres qu'elle est devenue comptable.

> Ma mère, ce serait [...] un gros cœur avec maths écrit dedans.

Selon les élèves, quelques pères semblent avoir une représentation négative, car un père aurait dessiné *un gros nuage gris avec des éclairs dedans* et un autre *aurait dessiné [quelque chose] de confus.* Cependant, d'autres pères sont perçus comme ayant une représentation plutôt positive :

> Mon père dessinerait quelqu'un en train de faire un problème [...] Il serait concentré.

> Mon père, lui, il inventerait sûrement un problème ou bien il marquerait plein de réponses parce que mon père est vraiment bon en mathématiques, puis quand j'ai des problèmes, je lui demande, il peut m'aider.

> Mon père, [...], je pense qu'il marquerait toutes les tables qu'il sait sur une feuille.

On peut remarquer que les manifestations négatives des mères semblent plus axées sur la difficulté des mères à faire des mathématiques, ajoutée au fait que certaines d'entre elles n'aiment pas les mathématiques, comme certains pères. Les mères considérées comme aimant les mathématiques sont celles qui ont un métier associé à ce domaine. Enfin, aucun élève ne souligne le fait qu'il consulte sa mère pour obtenir de l'aide en mathématiques.

Il serait intéressant d'approfondir le contenu de ce type d'entrevues, dans un projet où l'on demanderait aux élèves de faire dessiner les mathématiques à leurs parents et de discuter avec eux de ce qu'ils pensent des mathématiques. Cela rejoindrait l'étude suivante, où l'on propose des activités interactives-réflexives à réaliser avec les parents à la maison.

## 4. DEUXIÈME ÉTUDE : VALIDATION D'ACTIVITÉS INTERACTIVES-RÉFLEXIVES EN MATHÉMATIQUES

Dans une autre recherche, nous visons trois objectifs qui consistent : à valider des propositions d'activités interactives-réflexives (AIR) en mathématiques auprès d'enseignantes et d'enseignants, de quelques-uns de leurs élèves (des volontaires) et des parents de ces mêmes jeunes ; à implanter des programmes d'intervention comportant de telles activités et à en évaluer l'implantation. Nous présentons ici l'étape de validation de propositions d'activités interactives-réflexives. L'étape d'implantation donnera lieu à des programmes d'intervention, qui comportent généralement huit activités mises à l'essai par des enseignantes et enseignants, ainsi qu'à leur évaluation.

## 4.1. *MÉTHODE DE RECHERCHE*

Dans l'étape de validation, nous avons proposé des idées d'activités interactives-réflexives à 16 parents de quatre écoles différentes, aux enfants de ces parents et à 10 enseignantes et enseignants (8 femmes et 2 hommes) intervenant auprès de ces enfants. Nous cherchions alors à connaître leurs réactions face à des propositions quant à l'aide qui peut être apportée en dehors de l'école pour favoriser l'apprentissage des mathématiques. Il était important de réaliser ces entrevues auprès d'enseignantes et d'enseignants, de parents et d'élèves afin de recueillir les commentaires de différents types de personnes engagées dans le suivi scolaire en mathématiques à la maison afin que les activités produites pour la phase d'implantation (non décrites dans ce texte) soient utilisables et efficaces. Au cours de ces entrevues, nous avons exploré différents moyens pour que les parents et leurs enfants entrent en interaction à propos des mathématiques. Ces entrevues servent à rencontrer les trois types de personnes (élèves, parents et enseignants) visées par le suivi scolaire en mathématiques qui pourrait se faire à la maison en assurant une continuité avec l'école. Les activités proposées portent sur les aspects suivants : les croyances et les préjugés, la prise en compte de la dimension affective, la prise de conscience des processus mentaux, la pratique de discussions philosophiques en mathématiques, la réalisation de liens entre les mathématiques et des activités quotidiennes ainsi que des projets intégrateurs.

Cette étape a mené à l'élaboration d'activités interactives-réflexives favorisant le suivi scolaire en mathématiques à la maison. Dans cette étape, nous avons élaboré 29 activités dans trois grandes catégories : 1) croyances et préjugés, 2) métacognition et réflexion et 3) dimension affective.

Ces activités ont servi de base à l'implantation de programmes d'intervention favorisant la participation aux activités mathématiques à réaliser à la maison. Cette étape d'implantation est actuellement en démarche d'analyse. Elle a été réalisée par 13 enseignants et enseignantes (10 femmes et 3 hommes) de sept écoles différentes, de la 3e année du primaire à la 4e du secondaire. Les programmes d'intervention implantés comprennent 5 à 8 activités élaborées à partir des 29 activités issues du processus de validation.

## 4.2. *RÉSULTATS DE L'ÉTAPE DE VALIDATION*

Les entrevues revêtaient une grande importance dans ce projet, car elles permettaient de recueillir de l'information quant aux réactions de différentes personnes à une approche des mathématiques à la maison différente de ce qu'on trouve habituellement. Par exemple, certaines activités demandent aux élèves de relever les aspects mathématiques dans leur entourage, d'expliquer un problème à un membre de la famille et de mentionner en classe les difficultés à se faire comprendre ou de discuter de questions philosophico-mathématiques et de rapporter un résumé de l'échange en classe. Ces activités sont donc plutôt axées sur l'utilité des mathématiques, sur la réflexion à propos de cette discipline ou sur le processus plutôt que sur la recherche d'une réponse. En ce sens, elles sont différentes des activités habituelles. De plus, nous considérions que nous devions tenir compte des points de vue des trois catégories de personnes (parents, élèves et enseignants) en interaction si nous voulions que l'implantation des activités réflexives-interactives soit réussie. Nous rapportons ici les commentaires généraux concernant ce type d'intervention qui relie ce qui se fait en classe à ce qui se fait à la maison. Les commentaires propres à chacune des activités font partie de la description des activités interactives-réflexives et seront traités dans un autre texte.

Les enseignantes et enseignants font remarquer qu'il est essentiel qu'une préparation soit faite en classe et que l'activité à la maison soit suivie d'un retour en classe afin de montrer aux élèves que le travail réalisé à la maison revêt une importance aussi grande que ce qui est fait à l'école. On peut ainsi mieux faire le lien entre l'école et la maison ; particulièrement, l'échange lors du retour en classe permet d'apprendre ce qui a été réalisé à la maison afin de le réutiliser à différents moments de l'enseignement.

Lors des entrevues, nous avons remarqué qu'il était difficile pour les enseignantes et enseignants d'avoir et de garder une perspective parentale tout au long de la rencontre. Ils considéraient les activités proposées comme des moyens à utiliser en classe ; nous devions souvent souligner que ces activités devaient mener à une tâche à effectuer à la maison. On peut donc constater que l'idée d'établir un lien entre ce qui se fait en classe et ce qui se fait à la maison exige une discipline qui suppose une préoccupation où ce qui se fait à la maison n'est pas associé à une tâche répétitive et n'est pas non plus une pratique reflétant ce qui a été fait en classe au cours de la journée, mais plutôt une activité qui servira de tremplin ou d'aboutissement à une réflexion mathématique.

Enfin, les enseignantes et enseignants rencontrés ont démontré une ouverture à l'utilisation d'activités innovatrices. Il est vrai que ces personnes étaient volontaires et qu'elles ont accepté de participer au projet, parce que cela répondait à un besoin ou à un intérêt chez elles. Cependant, leur intérêt n'a pas diminué par la discussion sur les activités proposées ; au contraire, il a augmenté. Toutes les personnes qui ont participé à cette première étape ont manifesté le désir de s'intégrer à une prochaine étape. Dans la pratique, quatre enseignantes et enseignants ont poursuivi le projet. Les personnes qui se sont retirées l'ont fait pour des raisons externes comme la retraite ou un changement de région.

De leur côté, les parents sont très ouverts à ce type d'activités à la maison même si le manque de temps est souvent cité comme un frein. Ils n'en considèrent pas moins qu'ils doivent recevoir des explications afin de pouvoir bien réaliser ce type d'activités. Pour eux, ce n'est pas une activité familière. Par exemple, ils ne peuvent concevoir amorcer une discussion philosophico-mathématique avec leur enfant sans disposer d'éléments de réflexion pour alimenter leurs idées sur un sujet donné. Ils ne veulent pas se sentir démunis devant des situations embarrassantes ou trop différentes de leurs habitudes.

Nous avons également remarqué que les parents n'avaient pas toujours conscience des difficultés de leur enfant. Par exemple, au cours d'une entrevue réalisée auprès d'enfants, nous avons exploré le stress à l'examen de mathématiques. Dans ce groupe, à des degrés divers, tous les élèves exprimaient une forme de stress à l'examen de mathématiques. En particulier, un jeune garçon a souligné que ces résultats scolaires n'étaient pas à la mesure de ce qu'il pouvait faire à cause de ce stress. Lorsque nous avons rencontré les parents, nous avons constaté que ces derniers n'avaient pas conscience de cette situation. À la question « pensez-vous que votre enfant ressent du stress pour l'examen de mathématiques ? », de façon générale les parents ont répondu par la négative. Dans un autre groupe d'enfants, nous avons entendu des remarques où les jeunes préféraient ne pas parler du stress qu'ils ressentaient dans des situations d'évaluation de mathématiques, car ils ne voulaient pas entendre des propos comme « bien voyons, je ne comprends pas pourquoi tu ressens ce stress, tu es bien préparé ». S'ils ressentent du stress, ils veulent être entendus et écoutés.

Parmi les propos des jeunes, nous retenons leur ambivalence relativement à l'intervention de leurs parents lorsqu'ils ont à faire des travaux à la maison. Ces enfants signalent qu'ils aimeraient bien jouer à des jeux mathématiques avec leurs parents, mais ajoutent qu'ils pensent que leurs parents n'ont pas le temps. De plus, si leurs parents pensent les aider en leur donnant la réponse, ils se trompent. D'ailleurs, les jeunes ne veulent pas de ce type d'aide. Ils désirent qu'on leur donne des indices ou un point de départ afin de poursuivre seuls la résolution de leurs problèmes de mathématiques. Ils ne veulent pas d'une aide où leurs parents font tout pour eux. Ils sont conscients que cela ne les aide pas.

## 5.  DISCUSSION ET PISTES D'INTERVENTION

De façon générale, lorsqu'on parle de « devoirs à la maison », cela fait résonner des idées négatives dans la tête des parents. Les devoirs signifient trop souvent un fardeau ou des moments de frustration auprès de leur enfant. Cette frustration est d'autant plus appréhendée en mathématiques, car les parents se pensent souvent incapables d'aider leur enfant, ils ressentent un sentiment d'incompétence et affirment ne pas comprendre ce qu'ils appellent les « nouvelles méthodes ». Même si Meirieu (2000) soutient que le travail scolaire à la maison renvoie à des inégalités liées à l'environnement familial et culturel, il souligne que ce type de travail scolaire peut apporter des temps d'échanges authentiques entre les parents et les enfants. Pour lui, c'est « la qualité de l'environnement familial qui est véritablement déterminante » (p. 17). Meirieu ajoute que ces travaux peuvent contribuer à la fatigue scolaire des « bons élèves », mais, aussi, ils peuvent démobiliser les élèves en difficulté. Il propose des solutions afin d'aider les parents à soutenir leur enfant dans ses travaux à la maison. Ces solutions consistent, par exemple, à revoir ce qui a été fait en classe en amenant leur enfant « à trouver une "situation plausible" et correspondant à sa stratégie personnelle, à son caractère, à ses motivations du moment » (p. 92). Selon lui, cela peut aider le jeune à écouter, lire ou être attentif, car celui-ci pourra faire des liens entre ce qui se passe en classe et d'autres situations. Meirieu donne des moyens pour aider l'enfant à apprendre une leçon, à faire un exercice ou à préparer un examen. Les moyens qu'il propose sont plutôt d'ordre général et cognitif. Même si on peut sentir qu'il a une préoccupation sur les plans affectif et métacognitif, cela ne semble pas une préoccupation centrale. De plus, l'accent n'est pas mis sur une discipline en particulier. Les solutions qu'il préconise sont, selon nous, difficiles à appliquer en mathématiques, car cette discipline est souvent considérée comme étant la plus difficile quand il s'agit d'aider son enfant à la maison.

Nous proposons (Lafortune, 2002) d'assurer le suivi scolaire en mathématiques à la maison à l'aide d'activités interactives-réflexives (AIR) qui portent sur les croyances et les préjugés, sur les aspects métacognitifs et réflexifs et sur la dimension affective. Par exemple, en ce qui concerne les croyances à l'égard des mathématiques, nous proposons aux enseignantes et enseignants de donner une activité à la maison où les élèves ont à mener une enquête auprès de membres de leur famille afin de connaître ce qui est véhiculé à propos de cette matière. L'avantage de cette activité est qu'on peut, en classe, favoriser l'apprentissage de la compilation de données et la production de graphiques. En ce qui concerne les prises de conscience des enfants, les premiers résultats de l'implantation semblent montrer que les élèves apprécient le fait de connaître les idées des membres de leur famille et qu'ils sont surpris de certaines réponses. L'activité a donc l'avantage de susciter la discussion autant en classe qu'à la maison.

Un exemple portant sur les aspects réflexifs et métacognitifs invite les élèves à expliquer un problème de mathématiques à un membre de la famille (à sa grand-mère, par exemple). Ce qui est rapporté en classe, ce n'est pas la réponse, mais les explications données, la façon de résoudre le problème, les difficultés rencontrées, c'est-à-dire tout ce qui concerne la démarche ou le processus plutôt que le résultat.

En ce qui regarde la dimension affective, nous proposons de remettre aux parents de courts textes explicatifs à propos de réactions qui peuvent nuire aux attitudes de leur enfant à l'égard des mathématiques. Cela peut porter sur la confiance aux capacités de son enfant, sur la préoccupation de montrer des progrès, sur l'engagement personnel en parlant de ses propres difficultés dans une optique d'encouragement. Les premiers résultats montrent que les parents apprécient ces explications qui les font réfléchir sur leur façon d'agir auprès de leur enfant.

Considérant la dimension affective, Lafortune et Massé (2002) suggèrent des moyens de faire émerger les émotions des élèves ou d'atteindre leurs attitudes en les amenant à discuter de leurs croyances... Par exemple, en ce qui concerne la « bosse des maths », il est proposé de demander aux élèves d'associer des qualités (rapide, patient, désordonné, agréable, anxieux, intelligent...) qu'ils attribuent à des personnes considérées comme étant « bollées » en mathématiques, qu'ils s'attribuent ou qu'ils attribuent à des personnes ayant de la difficulté en mathématiques. La discussion peut susciter une prise de conscience selon laquelle les caractéristiques attribuées généralement aux personnes considérées comme « bollées » peuvent être développées chez soi ou par des personnes qui ne réussissent pas bien en mathématiques. Une autre façon de faire la réflexion sur la « bosse des maths » consiste à se pencher sur le degré d'effort exigé pour réaliser des tâches comme dessiner, écrire une lettre, faire du calcul mental, tricoter... Cette réflexion permet de se rendre compte que plusieurs tâches exigent autant d'effort que de faire des mathématiques. Il s'agit de développer le goût de l'effort et même le plaisir d'avoir à chercher une solution à un problème.

En plus de prendre en compte la dimension affective, on peut atteindre les élèves par la dimension cognitive des émotions, qu'on peut nommer la métaémotion (Gottman, Fainsilber Katz et Hooven, 1997 ; Pons, Doudin, Harris et de Rosnay, 2002), qui est « la *compréhension* que le sujet a de la nature, des causes et des possibilités de contrôle des émotions. Il s'agit donc d'une connaissance consciente et explicite qu'une personne a des émotions [...] ». De plus, « la métaémotion désigne la capacité du sujet à *réguler* l'expression d'une émotion et son ressenti émotionnel de façon plus ou moins inconsciente et implicite » (Pons, Doudin, Harris et de Rosnay, 2002, p. 9). La métaémotion est une composante de la compétence émotionnelle (Clare, 1998 ; Saarni, 1999 ; Webster-Stratton, 1999) qui se veut une conscience de ses états, de ceux des autres et de ce qui se passe sur les plans externe et interne en les différenciant ; qui se présente comme une capacité d'adapter ses émotions pour soi et dans ses relations avec les autres, mais aussi comme une acceptation de ses expériences liées à des émotions (Saarni, 1999). Cependant, à notre connaissance, aucun travail n'a été fait sur la métaémotion et la compétence émotionnelle en lien avec l'apprentissage des mathématiques. Cela pourrait être une démarche intéressante afin de mieux savoir comment les jeunes comprennent ce qu'ils ressentent en mathématiques.

Clarke Kenschaft (1997) propose des moyens pour que les parents aident leur enfant à aimer les mathématiques, même s'ils ne les apprécient pas eux-mêmes. Parmi les moyens que cette auteure propose, nous retenons ce qu'il ne faut pas faire. Par exemple, Clarke Kenschaft suggère de ne pas dire que « soustraire veut dire enlever » ; cela donne un sens trop restrictif à la soustraction qui, par exemple, peut être associée à la comparaison entre deux valeurs ou à la distance entre deux endroits. Dans un autre exemple, elle conseille de ne pas associer l'aire uniquement à la multiplication. Nous sommes tout à fait d'accord avec elle, car nous avons rencontré des adultes qui multipliaient les mesures de tous les côtés d'une figure à plusieurs côtés pour en trouver l'aire, car pour eux trouver l'aire voulait dire multiplier la longueur de chacun des côtés (côté fois côté avec des figures de 8, 10 ou 12 côtés). Cette auteure pense également qu'il ne faut pas réduire la notion de fraction à la partie d'un tout, car cette notion peut être associée à une partie d'un groupe d'objets, à une probabilité, à une proportion ou à un problème de division. Selon elle, il faut faire attention aux « trucs » qu'on donne aux élèves au début du primaire, car on leur inculque ainsi des conceptions dont ils doivent se défaire quelques années plus tard. Des interventions auprès des parents peuvent contribuer à favoriser le lien entre l'école et la famille afin de montrer la complexité des mathématiques tout en faisant valoir le plaisir d'en faire.

Lavoué (2000) propose de développer la réflexion sur la relation éducative. On pourrait donc parler de parents réflexifs comme on le fait pour le praticien réflexif, (Lafortune et Deaudelin, 2001 ; Perrenoud, 2001 ; Schön, 1994, 1996). Cela pourrait consister à susciter des moments de réflexion chez les parents au sujet de la relation éducative. Même si Lavoué (2000) n'en parle pas, on pourrait favoriser le développement chez les parents d'une réflexion en lien avec l'apprentissage des mathématiques.

## CONCLUSION

Dans ce texte, nous avons rapporté les résultats de deux études. La première étude présente une démarche exploratoire permettant de connaître la perception que les jeunes ont des croyances de leurs parents à l'égard des mathématiques. La deuxième expose la démarche de validation d'activités interactives-réflexives favorisant le suivi scolaire à la maison avant le processus d'implantation. Par ces deux études, nous cherchons à approfondir qualitativement ce qui peut être fait pour favoriser les relations parents-enfants lorsqu'il s'agit de faire des mathématiques à la maison, tout en respectant les fondements de la réforme au Québec et les compétences mathématiques à développer, telles que la résolution de situations-problèmes, le raisonnement et la communication dans le langage mathématique. De plus, en connaissant les perceptions des élèves quant aux croyances de leurs parents à propos des mathématiques, nous pensons pouvoir mieux comprendre les attitudes des jeunes et éviter ainsi que les attitudes négatives à l'égard des mathématiques se perpétuent tout au long de leurs études.

Tout en cherchant à intervenir sur les croyances à l'égard des mathématiques, nous proposons des interventions pour faire face à ces croyances, mais aussi pour favoriser des émotions plus positives et une démarche mentale plus harmonieuse. C'est pourquoi les pistes de solutions apportées sont centrées sur les dimensions sociale (croyances et prises de conscience), affective (émotions, attitudes) et métacognitive (démarche mentale) et qu'elles s'inscrivent dans une perspective socioconstructiviste (interaction et réflexion).

Afin d'approfondir les résultats présentés dans ce texte, nous pensons qu'il serait intéressant de réaliser une étude sur les différences entre les attitudes en mathématiques, en sciences et en technologies. Cette comparaison serait un moyen de mieux comprendre ce qui se passe dans la tête des élèves pour ces trois composantes d'un des domaines d'apprentissage du programme de formation de l'école québécoise (MEQ, 2001).

Dans le présent texte, nous abordons les perceptions que les jeunes ont des croyances de leurs parents. On pourrait approfondir les différences entre les attitudes des parents et celles de leurs enfants en interrogeant autant les jeunes que leurs parents. Ce serait un moyen de faire émerger les causes de certaines attitudes des jeunes à l'égard des mathématiques et de trouver des solutions adaptées aux influences des parents sur leur enfant.

On pourrait également examiner plus à fond les différences entre les attitudes des pères et celles des mères, mais aussi les perceptions des enfants à l'égard de leurs deux parents. Ce serait une façon d'aborder les parents en leur montrant ce que les enfants pensent de leurs attitudes. On pourrait ainsi favoriser des changements chez les parents qui ne savent plus quelle attitude adopter envers leur enfant.

Nous pensons qu'en plus de nous pencher sur les attitudes et les émotions à l'égard des mathématiques nous devrions étudier les métaémotions et la compétence émotionnelle des jeunes à l'égard des mathématiques. Les éléments que nous pourrions en tirer nous permettraient de trouver des solutions diversifiées afin de rejoindre les élèves différemment.

Enfin, nous espérons, par ces études et ces solutions, pouvoir contribuer à ce que les jeunes choisissent davantage les domaines scientifiques et technologiques et qu'ils ne soient pas influencés dans leur choix de carrière seulement par le nombre de cours de mathématiques à réussir (et qu'ils souhaiteraient éviter).

## *BIBLIOGRAPHIE*

Anthony, G. (1996). « Active learning in a constructivist framework », *Educational Studies in Mathematics, 31*, p. 349-369.

Brown, A. (1987). « Metacognition, executive control, self-regulation and other more mysterious mechanisms », dans F. Weinert et R. Kluwe (dir.), *Metacognition, Motivation and Understanding*, Hillsdale, NJ, Lawrence Erlbaum Associates, p. 65-116.

Brush, T.A. (1997). « The effects on student achievement and attitudes when using integrated learning systems with cooperative pairs », *Educational Technology Research and Development, 45*, p. 51-64.

Choi, J.-I. et M. Hannafin (1997). « The effects of instructional context and reasoning complexity on mathematics problem-solving », *Educational Technology Research and Development, 45*, p. 43-55.

Clare, S. (1998). *Raising the Successful Child. How to Encourage Your Child on the Road to Emotional and Learning Competence*, Oxford, How to Books.

Clark Kenschaft, P. (1997). *Math Power : How to Help your Child Love Math, even if You Don't*, Reading, MA, Addison-Wesley.

Cobb, P., M. Perlwitz et D. Underwood (1994). « Construction individuelle, acculturation mathématique et communauté scolaire », *Revue des sciences de l'éducation, XX*(1), p. 41-61.

Daniel, M.-F., L. Lafortune, R. Pallascio et M. Schleifer (1999). « La formation philosophique des jeunes du primaire dans l'apprentissage des mathématiques et son influence sur le développement de leurs habiletés de pensée complexes et de leurs comportements coopératifs », dans L. Guilbert, J. Boisvert et N. Ferguson (dir.), *Enseigner et comprendre*, Sainte-Foy, Presses de l'Université Laval, p. 212-236.

Daniel, M.-F., L. Lafortune, R. Pallascio et M. Schleifer (2000). «Communauté de recherche philosophique dans une classe du primaire. Étude des dynamiques de développement», dans R. Pallascio et L. Lafortune (dir.), *Pour une pensée réflexive en éducation*, Sainte-Foy, Presses de l'Université du Québec, p. 157-180.

Dauber, S.L. et J.L. Epstein (1993). «Parents' attitudes and practices of involvement in inner-city elementary and middle schools», dans N. Chavkin (dir.), *Families and Schools in a Pluralistic Society*, Albany, NY, Suny Press, p. 53-71.

Deaudelin, C., L. Lafortune et C. Gagnon (2003). «Le rapport à Internet chez des élèves du troisième cycle du primaire : croyances et utilisations», dans L. Lafortune, C. Deaudelin, P.-A. Doudin et D. Martin (dir.), *Conceptions, croyances et représentations en maths, sciences et technos*, Sainte-Foy, Presses de l'Université du Québec, p. 269-297.

Deslandes, R. et L. Lafortune (2001). « La collaboration école-famille dans l'apprentissage des mathématiques selon la perception des adolescentes», *Revue des sciences de l'éducation*, 27(3), p. 649-669.

Deslandes, R. et L. Lafortune (2000). «Le triangle élève-école-famille dans le cadre du renouvellement des programmes d'études à l'école», dans R. Pallascio et N. Beaudry (dir.), *L'école alternative et la réforme en éducation. Continuité ou changement ?*, Sainte-Foy, Presses de l'Université du Québec, p. 55-68.

Develay, M. (1998). *Parents, Comment aider votre enfant ?* Paris, ESF.

Di Pillo, M.L., R. Sovchik, R. et B. Moss (1997). «Exploring middle graders' mathematical thinking through journals», *Mathematics Teaching in the Middle School*, 2, p. 308-314.

Dodd, A.W. et J.L. Konzal (1999). *Making our High Schools Better*, New York, St. Martin's Press.

Epstein, J. (1992). «School and family partnerships» dans M. Alkin (dir.), *Encyclopedia of Educational Research*, New York, Macmillan, p. 1139-1151.

Epstein, J., L. Salinas et V.E. Jackson (1995). *Manual for Teachers and Prototype Activities : Teachers Involve Parents in Schoolwork (TIPS) Language Arts, Science/ Health, and Math Interactive Homework in the Middle Grades*, Baltimore, Johns Hopkins University, Center on Families, Communities, Schools and Children's Learning,

Flavell, J.H. (1979). «Metacognition and cognitive monitoring : A new area of cognitive-developmental inquiry», *American Psychologist, 34*, p. 906-911.

Flavell, J.H. (1987). «Speculations about the nature and development of metacognition», dans F. Weinert et R. Kluwe (dir.), *Metacognition, Motivation and Understanding*, Hillsdale, NJ, Lawrence Erlbaum Associates, p. 21-30.

Fortin, L., P. Potvin, É. Royer et D. Marcotte (1998). «School dropout predictive factors among teenagers». Communication présentée au 24e Congrès international de psychologie appliquée, San Francisco, CA, août.

Fourez, G., V. Englebert-Lecomte et P. Mathy (1997). *Nos savoirs sur nos savoirs. Un lexique d'épistémologie pour l'enseignement*, Bruxelles, De Boeck.

Goos, M. et P. Galbraith (1996). « Do it this way ! Metacognitive strategies in collaborative mathematical problem solving », *Educational Studies in Mathematics, 30*, p. 229-260.

Gottman, J.M., L. Fainsilber Katz et C. Hooven (1997). *Meta-Emotion. How Families Communicate Emotionally*, Mahwah, NJ, Lawrence Erlbaum Associates.

Hoover-Dempsey, K.V. et H.M. Sandler (1997). « Why do parents become involved in their children's education ? », *Review of Educational Research, 67*(1), p. 3-42.

Jitendra, A. et Y.P. Xin (1997). « Mathematical word-problem-solving instruction for students with mild disabilities and students at risk for math failure : A research synthesis », *Journal of Special Education, 30*, p. 412-438.

Jonnaert, P. et C. Vander Borght (1999). *Créer des conditions d'apprentissage. Un cadre de référence socioconstructiviste pour une formation didactique des enseignants*, Bruxelles, De Boeck Université.

Lafortune, L. (1998). « Une approche métacognitive-constructiviste en mathématiques », dans L. Lafortune, P. Mongeau et R. Pallascio (dir.), *Métacognition et compétences réflexives*, Montréal, Les Éditions Logiques, p. 313-331.

Lafortune, L. (2002). *Suivi scolaire en mathématiques à la maison. Activités interactives-réflexives*. Document inédit servant à l'implantation de programmes d'intervention.

Lafortune, L. et P. Mongeau (2003). « Les dessins des élèves : des révélateurs des croyances à l'égard des mathématiques et des sciences : les élèves s'expriment par le dessin », dans L. Lafortune, C. Deaudelin, P.-A. Doudin et D. Martin (dir.), *Conception, croyances et représentations en maths, sciences et technos*, Sainte-Foy, Presses de l'Université du Québec, p. 59-91.

Lafortune, L., P. Mongeau, M.F. Daniel et R. Pallascio (2002a). « Philosopher sur les mathématiques : évolution du concept de soi et des croyances attributionnelles de contrôle », dans L. Lafortune et P. Mongeau (dir.), *L'affectivité dans l'apprentissage*, Sainte-Foy, Presses de l'Université du Québec, p. 27-48.

Lafortune, L., P. Mongeau, M.-F. Daniel et R. Pallascio (2002b). « Anxiété à l'égard des mathématiques : applications et mise à l'essai d'une approche philosophique », dans L. Lafortune et P. Mongeau (dir.), *L'affectivité dans l'apprentissage*, Sainte-Foy, Presses de l'Université du Québec, p. 49-79.

Lafortune, L. et C. Deaudelin (2001). *Accompagnement socioconstructiviste. Pour s'approprier une réforme en éducation*, Sainte-Foy, Presses de l'Université du Québec.

Lafortune, L. et S. Lafortune (2002). *Chères mathématiques. Des stratégies pour favoriser l'expression des émotions en mathématiques*, Vidéocassette, Sainte-Foy, Presses de l'Université du Québec.

Lafortune, L. et B. Massé avec la collaboration de S. Lafortune (2002). *Chères mathématiques. Des stratégies pour favoriser l'expression des émotions en mathématiques*, Sainte-Foy, Presses de l'Université du Québec.

Lafortune, L. et L. St-Pierre (1994a). *La pensée et les émotions en mathématiques*, Montréal, Les Éditions Logiques.

Lafortune, L. et L. St-Pierre (1994b). *Les processus mentaux et les émotions dans l'apprentissage*, Montréal, Les Éditions Logiques.

Lafortune, L. et L. St-Pierre (1996). *L'affectivité et la métacognition dans la classe*, Montréal, Les Éditions Logiques.

Lafortune, L. et L. St-Pierre (1998). *L'affectivité et la métacognition dans la classe*, Bruxelles, Éditions De Boeck.

Lavoué, J. (2000). *Éduquer avec les parents. L'action éducative en milieu ouvert : Une pédagogie pour la parentalité ?*, Paris, L'Harmattan.

Lehrer, R. et L. Shumow (1997). « Aligning the construction zones of parents and teachers for mathematics reform », *Cognition and Instruction, 15*(1), p. 41-83.

Leikin, R. et O. Zaslavsky (1997). « Facilitating student interactions in mathematics education », *Journal for Research in Mathematics Education, 28*, p. 331-354.

Meirieu, P. (2000). *Les devoirs à la maison. Parents, enfants, enseignants : pour en finir avec ce casse-tête*, Paris, Syros.

Meravech, Z.R. et B. Kramarski (1997). « A multidimensional method for teaching mathematics in heterogeneous classrooms », *American Educational Research Journal, 34*, p. 365-394.

Merttens, R. (1999). *The IMPACT Project*, Londres, University of London.

Ministère de l'Éducation (1996). *Contre l'abandon au secondaire : rétablir l'appartenance scolaire*, Gouvernement du Québec, Conseil supérieur de l'éducation.

Ministère de l'Éducation (2001). *Programme de formation de l'école québécoise : éducation préscolaire, enseignement primaire*, Québec, Gouvernement du Québec, ministère de l'Éducation.

Perrenoud, P. (2001). *Développer la pratique réflexive dans le métier d'enseignant*, Paris, ESF.

Petit, M. et J.S. Zawojwoski (1997). « Teachers and students learning together about assessing problem solving », *Mathematics Teacher, 90*, p. 472-477.

Pons, F., P.-A. Doudin, P.L. Harris et M. de Rosnay (2002). « Métaémotion et intégration scolaire », dans L. Lafortune et P. Mongeau (dir.), *L'affectivité dans l'apprentissage*, Sainte-Foy, Presses de l'Université du Québec, p. 7-28.

Saarni, C. (1999). *The Development of Emotional Competence*, New York, The Guilford Press.

Schön, D.A. (1994). *Le praticien réflexif. À la recherche du savoir caché dans l'agir professionnel*, Montréal, Les Éditions Logiques.

Schön, D.A. (dir.) (1996). *Le tournant réflexif. Pratiques éducatives et études de cas*, Montréal, Les Éditions Logiques.

Thompson, V. et K. Mayfield-Ingram (1998). *Family Math. The Middle School Years. Algebraic Reasoning and Number Sense*, Berkeley, CA, The Regents of the University of California.

Vygotsky, L.S. (1978). *Mind in Society : The Development of Higher Psychosocial Processus*, Cambridge, Harvard University Press.

Webster-Stratton, C. (1999). *How to Promote Children's Social and Emotional Competence*, Londres, Paul Chapman Publishing Ltd.

PARTIE 2

CROYANCES
ET REPRÉSENTATIONS
À L'ÉGARD DES SCIENCES

# CHAPITRE 6

# Descriptions estudiantines de la nature et de la fabrication des savoirs scientifiques

*Marie Larochelle*
*Université Laval*
*marie.larochelle@fse.ulaval.ca*

*Jacques Désautels*
*Université Laval*
*jacques.desautels@fse.ulaval.ca*

### RÉSUMÉ

*En nous appuyant sur la recherche d'ici et d'ailleurs, nous effectuons dans ce chapitre une brève reconnaissance du terrain des descriptions estudiantines les plus usuelles à propos de la nature et de la fabrication des savoirs scientifiques. Nous montrons ainsi que ce que l'on peut appeler l'épistémologie estudiantine des sciences prend le plus souvent forme suivant une perspective réaliste dans laquelle le savoir scientifique est posé comme un reflet des traits essentiels de la réalité. Nous montrons également que cette tendance est une tendance lourde de l'enseignement des sciences et qu'en ce sens les élèves ont sans doute de « bonnes » raisons de discourir comme ils le font en vertu de leur propre expérience à l'école des sciences.*

En pleine canicule australienne, il faisait trop chaud cet après-midi-là dans la classe de physique de David Geelan. On était vendredi et les élèves n'avaient manifestement pas le goût de travailler, d'autant plus que la partie de soccer qui s'était déroulée à l'heure du repas en avait laissé plus d'un dans un état de torpeur proche du sommeil. David Geelan se sentait aussi fatigué et n'avait pas plus envie qu'eux d'aborder les fameuses lois de Newton. Il écrivit tout de même au tableau, en des termes qui lui semblaient limpides, l'énoncé canonique de la première loi : « Un objet demeure à l'état de repos ou maintient son mouvement rectiligne uniforme, à moins que ne s'exerce sur cet objet une force qui n'est pas contrebalancée. » Dans un sursaut d'énergie imprévu, un élève, Neil, s'oppose vivement à cet énoncé : « C'est pas le cas ! La première partie, ça va – si un objet n'est pas en mouvement, on doit exercer une force pour le faire bouger. Mais si un objet est en mouvement, il finira inévitablement par ralentir et s'arrêter » (Geelan, 2002, p. 23). C'en était fait de la torpeur, David dut faire face à la musique... et à des élèves récalcitrants.

DAVID : Non, il y a des forces qui agissent, mais on ne les remarque pas. Lorsque les objets bougent, il y a souvent des forces de friction, comme la résistance de l'air ou autre chose. C'est ce qui les ralentit.

NEIL : Ouais, mais le fait est que la loi de Newton n'est pas correcte, parce que, si un objet bouge, il va ralentir. Alors pourquoi faire des lois qui disent qu'il ne le fera pas ? À quoi peut bien servir une loi comme celle-là ?

DAVID : OK, bon... pensez à ce qui se passe dans l'espace, là où il n'y a pas de forces de friction ni de résistance de l'air. Là-bas, un objet va continuer indéfiniment sur la même trajectoire rectiligne.

KELLY : Mais comment on sait ça ? On n'a jamais été dans l'espace !

JAMES : Ouais... Et puis, vous nous dites toujours que la science tente d'expliquer nos propres expériences – eh bien, dans notre expérience, les choses ralentissent et finissent toujours par s'arrêter. Alors la loi de Newton ne permet pas d'expliquer notre expérience.

PHILIPP : Il y a plein de choses comme ça en physique. Les scientifiques ont pris beaucoup d'années avant de déterminer si la lumière est une onde ou une particule parce que tu ne peux pas la voir ou la sentir.

JILL : Ouais, c'est ça et ils ne le savent même pas encore. Et il y a d'autres choses encore en science – comme les atomes et les molécules – dont on ne peut pas faire l'expérience. Alors, à quoi ça sert ? (p. 23-24)

Était-ce la canicule qui faisait bouillir les cerveaux, David Geelan ne pouvait que spéculer, tout en se demandant comment il allait se sortir d'une situation qu'il avait lui-même contribué à créer en disant aux élèves que la physique leur permettrait d'expliquer leurs propres expériences. D'un côté, il ne pouvait que se rendre aux propos des élèves : la loi de Newton n'est effectivement pas d'un grand secours pour comprendre le monde dont nous faisons quotidiennement l'expérience. Mais, d'un autre côté, soucieux de rendre les sciences accessibles à tous, il se sentait obligé de les initier en bonne et due forme à la thèse newtonienne. De son propre aveu, il était en plein dilemme : que faire ? quoi modifier ? le savoir scientifique ? les élèves ? ses valeurs éducatives ?

Comme nous l'avons montré ailleurs, une exploration ou une discussion épistémologique de ce dilemme peut contribuer à re-cadrer celui-ci et à le rendre ainsi plus « traitable » (Larochelle, 2002). Toutefois, une telle discussion suppose que l'on se soit doté d'un portrait de ce que les jeunes, notamment, savent ou tiennent pour crédible à propos des savoirs scientifiques et de leur fabrication. C'est l'objet de ce chapitre qui s'appuie sur la recherche d'ici et d'ailleurs sur le sujet[1]. Par le truchement de discours d'élèves du secondaire et au moyen de quelques incursions du côté de ce que disent des étudiants et des étudiantes qui poursuivent des études en sciences à l'université ou qui se destinent à l'enseignement de celles-ci, nous effectuons une brève reconnaissance du terrain des descriptions que les uns et les autres produisent à propos de concepts ou d'actants classiques de l'épistémologie (tel le concept de loi) ainsi qu'à l'égard de la fabrication des savoirs scientifiques. En conclusion, nous contextualisons ces descriptions et plaidons pour leur ouverture à d'autres possibles, tout en évoquant le dilemme précité.

Auparavant, quelques remarques qui sont autant de précautions d'usage à la fois théoriques et méthodologiques de nos propos.

---

1. Ce chapitre a été rédigé en partie grâce à une subvention du Conseil de recherche en sciences humaines du Canada.

# 1. QUELQUES PRÉCAUTIONS D'USAGE

Il convient, en premier lieu, de préciser que notre propre vision ou description de l'entreprise scientifique participe d'une épistémologie qui s'inspire de différentes traditions disciplinaires (cybernétique, philosophie et sociologie des sciences, psychologie discursive, etc.). De type constructiviste, cette épistémologie repose sur l'hypothèse que les connaissances et les savoirs ne sont pas donnés dans l'expérience, mais plutôt fabriqués et finalisés, leur maintien ayant à voir avec le pouvoir qu'ils confèrent pour cheminer dans le monde et y réaliser ses projets (Désautels, 2000 ; Fourez, 2002 ; Larochelle, 2000 ; von Glasersfeld, 1995). Les connaissances et les savoirs sont ainsi dits opératoires : ils ne disent pas *ce qui est*, mais *ce qu'on peut faire*.

C'est dans une optique similaire qu'il faut comprendre notre façon de parler du « point de vue des élèves ». Car si l'usage du génitif est un raccourci linguistique utile, il est aussi ambigu et peut porter à croire que ces points de vue appartiennent bel et bien aux personnes en question ou typifient sans équivoque leurs discours. Il serait plus approprié de parler en des termes qui permettraient, chaque fois, de souligner qu'il s'agit de notre point de vue sur les points de vue à l'étude et que ceux-ci sont donc des construits analytiques tributaires du référent épistémologique adopté et du projet poursuivi. Mais c'est alors la lisibilité qui en prend pour son rhume. Nous avons donc opté pour ce raccourci, étant entendu que, pour comprendre la logique d'une description, il faut réintégrer l'option épistémologique et les projets de la personne (ou du collectif) qui décrit !

Enfin, une dernière précaution s'impose quant à l'usage que nous faisons du concept de croyance. En effet, ce concept est souvent envisagé suivant une perspective (représentationnaliste) qui en fait la cause, le substrat mental de l'action. Il est aussi utilisé parfois pour discréditer un propos, voire un système culturel, s'apparentant alors à la logique (manichéenne) du « Eux ils croient... Nous on sait » (Delbos, 1993). Ce n'est pas le sens que nous lui donnons ici. Dans la foulée des travaux du groupe de recherche sur le discours et la rhétorique de l'université de Loughborough en Grande-Bretagne (The Loughborough Discourse and Rhetoric Group)[2], nous l'appréhendons plutôt sous l'angle d'un accomplissement discursif situé, c'est-à-dire comme une explication ou une rationalisation que l'on donne lorsqu'on est sollicité à le faire, à partir du langage que l'on connaît, des ressources discursives et des récits qui nous sont familiers, et du jeu

---

2. Voir : http://info.lut.ac.uk/departments/ss/research groups [8 avril 2002].

d'interactions auquel on participe (voir chapitre 7, Bader, 2003 ; Larochelle et Désautels, 2001). Lorsque nous faisons usage de ce terme, nous désignons donc les descriptions que produisent les locuteurs, les versions du monde qu'ils jugent à propos de promouvoir dans le contexte d'échanges privilégié[3].

## 2. DESCRIPTIONS ESTUDIANTINES : RECONNAISSANCE DU TERRAIN[4]

Si l'on s'appuie sur l'épisode relaté plus haut, il semble que les élèves tendent à appréhender les connaissances ou les savoirs scientifiques en les transposant d'emblée dans le monde des faits et des matérialités quotidiennes, là où les ballons de soccer doivent composer avec les frictions, les résistances, bref, avec le sol raboteux de la vie hors du laboratoire, pourrait-on dire en pastichant Wittgenstein (1961). C'est du moins ce que suggère le propos de James (voir dialogue du début du texte), et c'est aussi ce que suggère le vaste programme de recherche qui a marqué durant plus de vingt ans le domaine de l'éducation aux sciences et qui a permis de documenter les différentes conceptions entretenues par des élèves de tout âge à l'égard des concepts, lois et théories scientifiques[5]. Mais qu'en est-il lorsqu'on invite les jeunes à discourir, d'une part, sur le statut de ces concepts, lois et théories et, d'autre part, sur leur fabrication ? Quelles descriptions mobilisent-ils alors ? selon quel répertoire ou quelle perspective épistémologique ?

C'est là l'objet des deux sections qui suivent et qui se veulent délibérément illustratives de cas qui condensent et parfois amplifient ce que l'on trouve à l'état embryonnaire dans d'autres cas. À cette fin, nous nous appuyons principalement sur les descriptions estudiantines qui ont été recueillies dans des contextes d'interlocution qui laissent place « à la parole des gens », selon l'expression de Demazière et Dubar (1997), et à la prise en charge discursive qu'ils font des objets qu'on leur soumet (tels l'entrevue

---

3. La considération du jeu du contexte d'énonciation sur ce qui est énoncé n'est évidemment pas nouvelle. Toutefois, dans le domaine de l'éducation aux sciences, elle est relativement récente. Voir notamment Leach, Millar, Ryder et Séré (2000).

4. Cette expression est bien sûr à prendre avec des pincettes, cette reconnaissance n'étant pas une sorte de reflet-miroir du terrain, mais plutôt « une mise en scène » (voir Fourez, 2002). La description de la thématique que nous proposons au début de chaque section constitue une carte utile pour cette reconnaissance.

5. Pour un retour critique sur les orientations conceptuelles et empiriques de ce programme de recherche, voir Erickson (2001).

semi-structurée ou le commentaire écrit). En d'autres termes, à quelques exceptions près, nous nous appuyons sur des travaux dans lesquels le locuteur participe à la détermination du contexte discursif, cette voie étant particulièrement indiquée lorsqu'on s'intéresse aux ressources, aux mondes ou aux répertoires que le locuteur convoque pour circonscrire et appuyer son propos.

Nous nous appuyons également sur un second ensemble de descriptions plus instantanées, c'est-à-dire moins développées, puisqu'elles ont été recueillies au moyen d'un instrument à finalités homogènes, soit le questionnaire Views on Science, Technology and Society (VOSTS) construit par Aikenhead (1987) et ses collaborateurs (Aikenhead et Ryan, 1989). Bien que ce questionnaire n'échappe pas à la critique que l'on peut faire de tout instrument fermé[6], il se distingue à plusieurs égards de la tradition dans le domaine. En effet, « cogénéré » par les chercheurs et les personnes auxquelles son application se destine, il met en scène des points de vue sur les sciences et les scientifiques qui ont été recueillis auprès de personnes généralement peu familières des discours des philosophes certifiés ; ces points de vue sont d'ailleurs rédigés suivant un langage plus « vernaculaire » que celui qui caractérise les tests classiques. De plus, ce questionnaire s'intéresse tant à la science-en-action et aux controverses qui la traversent qu'à la science achevée et à l'imagerie tranquille qui en découle, ce dont témoigne le choix des thèmes qui portent tout aussi bien sur la traditionnelle croyance en l'élégance et en la simplicité de la nature que sur la participation des scientifiques à la « Big Science » ; ce dont témoigne également la mise en forme de ces thèmes suivant la technique des « questions en éventail », qui permet d'offrir à la personne répondante une variété de points de vue sur une proposition donnée plutôt qu'une simple dichotomie[7]. Notons que l'usage que nous faisons de ces diverses descriptions diverge parfois de celui qui en est fait dans les travaux de référence.

---

6. Pour une critique de ce questionnaire mais aussi de tests plus classiques, voir Larochelle, Désautels et Turcotte (1997, chapitre 2).

7. Par exemple, dans la rubrique des items axés sur l'épistémologie, l'un d'eux stipule que « Des observations scientifiques effectuées par des scientifiques compétents seront habituellement différentes si ces scientifiques croient en des théories différentes ». Parmi les points de vue ou énoncés qui accompagnent cette proposition, deux vont dans le sens de celle-ci et présentent les concepts de théorie et d'expérimentation ou de théorie et d'observation de façon solidaire, alors que trois autres procèdent d'une perspective réaliste : observer, c'est plus ou moins décrire *ce qui est en soi*, la fidélité de cette description étant une affaire de compétence, de précision ou encore de « réalisme des faits », dirait Bachelard, selon l'énoncé en cause. Trois items supplémentaires permettent à la personne répondante de préciser, le cas échéant, ce pour quoi aucun des points de vue présentés ne lui convient.

Comme nous l'avons indiqué, nous avons retenu deux angles d'entrée pour guider cette reconnaissance du terrain, soit la nature des savoirs scientifiques (sont-ils inventés ou découverts ?) et leur fabrication (une œuvre individuelle ou collective ?).

## 3.   SAVOIR SCIENTIFIQUE : DÉCOUVERTE OU INVENTION ?

> Le savoir scientifique est là, attendant tout simplement que des personnes le découvrent. Tout ce savoir est déjà là.
>
> UN ÉLÈVE DU SECONDAIRE
> (cité dans Edmondson, 1989, p. 124)

L'intitulé de cette section fait écho au débat séculaire entre réalistes et constructivistes : les savoirs scientifiques reflètent-ils l'essence du monde ? ou fournissent-ils des modèles, des interprétations situées qui permettent de rendre intelligibles et prédictibles nos expériences dans le monde ? Pour les partisans de la première thèse, les savoirs scientifiques constituent des « découvertes » qui mettent littéralement à nu les propriétés intrinsèques du monde naturel. Ainsi, selon le physicien Weinberg (2002), qui se dit mû par une sorte d'attraction pour la découverte de vérités fondatrices, les particules élémentaires sont parties prenantes de la nature, le décryptage de celle-ci d'ailleurs, pour peu qu'on se tourne vers l'avenir, étant de plus en plus à portée de main :

> Nous avançons constamment vers une description plus complète du monde. Nous espérons que, dans le futur, nous finirons par comprendre toutes les régularités que nous observons dans la nature grâce à quelques principes simples, les lois de la nature, à partir desquelles il sera possible de déduire toutes les autres régularités. (p. 30)

Pour les partisans de la seconde thèse, les savoirs scientifiques ne sont pas dotés d'une telle immanence. Fabriqués par des collectifs de scientifiques, ils relèvent de l'invention et participent de croyances et de courants d'idées dans l'air du temps à l'égard de ce que l'on appelle nature et régularités de la nature. Selon Lévy-Leblond (1984), qui est également physicien, la notion même de loi de la physique témoigne bien de ces déterminations sociales et culturelles. Typique des civilisations sous la coupe d'un législateur divin, cette notion constituerait ainsi « l'avatar de la Loi de Dieu » :

> Cela est si vrai qu'en d'autres circonstances a pu exister une conception du savoir scientifique qui ignorait la notion de loi : ainsi la considérable somme de connaissances rationnelles qu'a produites la civilisation

chinoise. Comme le démontre Needham, ne connaissant pas de législateur divin, la culture chinoise n'a pas ordonné son savoir scientifique
en lois mais s'est donné une conception beaucoup moins discursive et
normative de la rationalité. (Lévy-Leblond, 1984, p. 26.)

C'est à dessein que nous avons grossi le trait pour présenter ces thèses
qui n'épuisent pas ce qui se dit et s'écrit sur le sujet dans les domaines de
l'épistémologie et de la sociologie des sciences. Là comme ailleurs, on trouve
une diversité de positions (empirisme, conventionnalisme, socioconstructivisme, etc.) dont la coexistence n'est pas toujours conviviale. Loin de là.
Les débats qui nourrissent ce que l'on nomme depuis quelques années « les
guerres des sciences » sont éloquents en ce sens, en plus d'illustrer la
diversité et la taille des enjeux (économiques, éthiques, politiques, etc.) qui
sous-tendent ce type de débat (Labinger et Collins, 2001). Il n'y a donc pas
unanimité quant à la nature et à la fabrication des savoirs au sein même des
collectifs de scientifiques – tout comme dans les collectifs de philosophes
et de sociologues qui font de l'étude des activités scientifiques leur pain
quotidien.

Mais qu'en est-il de l'interprétation scolaire et, plus particulièrement,
du point de vue des élèves ? Manifestement, l'élève dont nous avons cité
les propos en épigraphe s'est fait une tête sur le sujet : le savoir scientifique
est un savoir en attente de divulgation ! Mais est-ce là un cas de figure ou
un cas exemplaire ? Qu'en pensent ses condisciples ? Comment décrivent-
ils leur position à l'égard des lois et théories scientifiques ?

## 4. À PROPOS DES LOIS ET DES THÉORIES SCIENTIFIQUES[8]

> Une loi de la nature signifie qu'il s'agit, mettons, de phénomènes
> (événements) pour lesquels l'humain en principe ne peut rien faire.
>
> UN ÉLÈVE DU SECONDAIRE
>
> (cité dans Engeström, 1981, p. 50)

Comme dans l'étude d'Engeström (1981) de laquelle provient la citation en
épigraphe, les discours que nous avons pu repérer sur le sujet témoignent
d'une variabilité sur le plan des descriptions associées au concept de loi.
Toutefois, les attaches ou affinités épistémologiques de celles-ci divergent

---

8. Dans cette section ainsi que dans la suivante, nous reprenons certains passages
   parus dans Désautels et Larochelle (1998).

peu et paraissent entretenir des plages communes avec l'option métaphysique qui stipule que c'est en « regardant l'univers par le trou de la serrure » (Foerster, 1992) que les scientifiques décryptent le « réel voilé » et les lois implacables qui le constitueraient. Cette notion d'implacabilité est d'ailleurs un thème récurrent. Parfois, elle s'appuie sur une configuration essentialiste de l'idée de nature : « Une loi de la nature, c'est ce qu'il y a. Tu n'as pas le choix de croire ou non, c'est ça. Les lois de la nature, ce sont les choses comme elles sont réellement [...] On ne peut pas changer ça. C'est la réalité, en fait » (Désautels et Larochelle, 1989, p. 123). D'autres fois, elle conjugue immanence et intemporalité, comme l'illustrent ces écrits de deux élèves :

> Longtemps avant les premiers scientifiques, les lois naturelles, telle la loi de la gravité, existaient. Par exemple, c'est évident que la loi de la gravité existait avant que Newton la découvre. Les scientifiques en découvrent davantage chaque jour sur ces lois, mais ils ne les changent pas. (Lucas et Roth, 1996, p. 109.)

> Je pense que les lois scientifiques sont absolues et ne changeront pas. Les scientifiques comme Newton ont réalisé que la nature a des lois. Comment ces lois auraient-elles pu ne pas exister ? Pour moi, ça n'a pas de sens de penser qu'elles n'auraient pas existé avant lui. Il a été tout simplement la première personne à réfléchir sur ces lois, à en discuter et à conduire des expériences sur ce sujet. (Lucas et Roth, 1996, p. 117.)

Mais, quelle que soit la description privilégiée, une loi a indéniablement des corrélats ontologiques. Elle est inscrite dans la nature des choses, elle se constate ; qui plus est, elle a force de loi : il faut s'y soumettre !

> Les lois sont définitives, elles ne peuvent pas changer ; elles nous guident dans la vie quotidienne exactement comme le font les lois gouvernementales. (Griffiths et Barman, 1995, p. 252.)

> [C'est] le contraire de la théorie d'après moi, une loi c'est quelque chose que tu ne peux pas nier. Une loi, c'est une loi et t'as des lois qui sont là. D'après moi, une loi c'est beaucoup plus évident. Tu sais c'est évident. C'est plus évident qu'une théorie. Tu le vois, ça ne peut pas être d'autre chose [...] Comme la gravité d'après moi, tu le vois : ton crayon tombe. Il tombe. Ça fait que tu te dis O.K., il y a une attraction, ça ne peut pas être d'autre chose. En tout cas, d'après moi, une loi c'est une loi. [...] Une loi, le terme loi c'est ça. Tu obéis à une loi. (Désautels et Larochelle, 1989, p. 117.)

Par ailleurs, comme le laisse transparaître cette citation, le statut qu'imputent nombre d'élèves aux théories scientifiques concourt à établir, voire à accentuer, cette conception naturaliste des lois. En effet, si les lois jouissent d'un statut qui les met à l'abri des vicissitudes humaines, il en va tout autrement des théories : elles sont contingentes et, donc, sujettes à changement. En l'absence de discours qui permettent de connoter cette mouvance des théories, on pourrait penser qu'il s'agit bel et bien là d'une reconnaissance du caractère conjectural du savoir scientifique. Toutefois, l'examen des descriptions élaborées par les élèves porte à penser qu'il s'agit bien plus d'une reconnaissance « par dépit » que d'une reconnaissance de l'impossibilité logique que représente toute tentative d'établir une correspondance terme à terme entre une connaissance et la réalité qu'elle est censée dépeindre (von Glasersfeld, 1995). C'est ainsi que, pour nombre d'entre eux, cet inachèvement des théories est là aussi une question de nature, mais humaine cette fois, puisqu'il tiendrait aux limites de l'appareil sensoriel humain et des technologies utilisées (Waterman, 1983). Parfois, c'est plutôt le caractère spéculatif des théories qui est incriminé, celles-ci étant alors chargées d'une volatilité que ne présenteraient pas les lois ni les formules ou mesures qui en tiennent lieu. Comme le résume de façon un peu abrupte un élève du secondaire, « Théorie et vérité sont deux choses distinctes » (Edmondson, 1989, p. 136). Les commentaires d'un étudiant et de deux étudiantes fréquentant l'université sont également instructifs à ce propos, en plus de suggérer que c'est là une description, une croyance, qui n'est guère affectée par la poursuite d'études spécialisées dans le domaine :

> La gravité, je ne pense pas que c'est une théorie. [...] sinon comment expliquer qu'on ait les deux pieds bien sur Terre ? Tu comprends ? Autrement, on serait en train de flotter autour et des choses comme ça. Je pense que ça a été prouvé. Sinon, comment expliquer que des choses soient attirées vers la Terre, comme les planètes ? (Brickhouse, Dagher, Shipman et Letts, 2000, p. 16.)

> Eh bien, je pense que la gravité, vraiment, ce n'est pas une théorie. C'est plus une mesure. La gravité en soi est... ils ont une mesure précise pour cela, comme 9,8 ; peu importe c'est quoi la mesure, je ne suis pas sûre que je classifierais cela comme une théorie. Ça existe. (Brickhouse, Dagher, Shipman et Letts, 2000, p. 16.)

> Le Big Bang est une théorie scientifique. [...] Parce que ça concerne le temps, les planètes et des choses comme ça. Mais, tu sais, ce n'est pas prouvé. Personne n'était là quand c'est arrivé. (Brickhouse, Dagher, Shipman et Letts, 2000, p. 21.)

Ce traitement par la négative des théories est particulièrement éloquent dans la forme de raisonnement qui suit et qui témoignerait d'ailleurs d'une modalité de description répandue dans la population scolaire (Lin, 1998 ; Ryan et Aikenhead, 1992 ; Waterman, 1983). En effet, selon plusieurs élèves, les différentes composantes des savoirs scientifiques peuvent être ordonnées suivant une « hiérarchie de crédibilité », comme la désignent Lederman et O'Malley (1990), au sein de laquelle les théories représentent en quelque sorte la prime jeunesse des lois. Ainsi, tout comme une idée ou une hypothèse peut, selon les élèves, devenir une théorie, cette théorie peut aspirer à un statut plus prestigieux si elle fait la preuve empirique et visuelle de ce qu'elle suggère, auquel cas elle subit une mutation inédite : elle n'est alors plus une théorie, elle devient une loi ou une vérité. Comme l'exprime cet élève, « En premier lieu, il y a les théories et puis, lorsqu'elles sont suffisamment prouvées, elles deviennent des lois » (Griffiths et Barman, 1995, p. 252), ces lois, selon l'un de ses pairs, représentant bien un « ordre supérieur car on peut toujours s'y fier » (Edmondson, 1989, p. 136). La description qui suit illustre bien cette hiérarchie et ses accointances avec la croyance en l'évidence empirique ou visuelle :

> [La théorie] va rester théorie tant que tu n'as pu la vérifier. […] après plusieurs expériences, si ta théorie tient, ça devient une loi […] Quand on parle de théorie atomique, ça reste encore une théorie… c'est parce qu'il faut qu'on soit capable de vérifier si c'est vrai ou pas. Les atomes, c'est petit, c'est peut-être plus compliqué… je ne crois pas que l'on soit capable de voir ça, c'est pour ça qu'ils ne sont pas capables de vérifier. (Désautels et Larochelle, 1989, p. 125 et 133.)

Cependant, comme le suggèrent les descriptions qui suivent, l'attachement à une telle croyance est un attachement risqué, pourrait-on dire en paraphrasant Latour (1999). Certes, on peut y voir une tentative des élèves pour donner du sens aux savoirs enseignés, pour se les rendre digestes en quelque sorte, en les transposant ainsi dans le monde qui leur est familier. C'est du moins l'une des façons de comprendre les propos qui suivent et qui illustrent, par ailleurs, les difficultés importantes que soulève une telle tentative pour son auteure, puisqu'elle implique ni plus ni moins la transformation d'un monde d'idées et de relations (tel le tableau périodique) en un monde de choses et de qualités, tel le monde des tables et des chaises :

> C'est comme sur le tableau périodique, cet électron va se déplacer dans cette direction pour former une couche externe complète. Tu peux te faire une image dans ta tête. O.K., parfait, tu comprends ça. Puis tu as une chaise et tu ne comprends pas qu'il y a des électrons dans la chaise ni où, mettons, ils font ces déplacements et comment cela peut avoir un sens dans un portrait global. […] Comme dans les tables et dans les chaises, c'est difficile de voir s'il y a un électron et c'est difficile d'imaginer comment ils se mettent ensemble. (Rop, 1999, p. 229.)

De même, on peut voir dans cet attachement à l'empirie l'expression du quant-à-soi des élèves, de leur capacité à tester la viabilité de ce qu'on leur présente, à soumettre « le monde à des épreuves », selon le mot de Boltanski et Thévenot (1991), comme le font aussi les scientifiques. C'est du moins, là encore, l'une des façons de comprendre la description de cet étudiant qui fréquente l'université, et qui n'est pas sans rappeler celles exprimées par les élèves de David Geelan, puisque pour lui, comme pour eux, la théorie scientifique en cause tient d'un monde qu'il ne peut éprouver :

> J'ai de la difficulté à croire dans la relativité parce que c'est une sorte d'idée abstraite. Je veux dire que je ne comprends tout simplement pas l'intérêt qu'il y a à en parler parce que ça a à voir avec le fait de se déplacer à la vitesse de la lumière et tout, et que ce n'est pas concret pour moi. J'ai des problèmes à visualiser cela parce que je ne me déplace pas à la vitesse de la lumière et que rien de ce que je connais le fait, excepté la lumière ; aussi c'est difficile à visualiser. (Brickhouse, Dagher, Shipman et Letts, 2000, p. 22.)

Toutefois, selon les travaux de Driver, Leach, Millar et Scott (1996), si certaines descriptions estudiantines (comme celle précitée) participent bien d'un souci de mise à l'épreuve et même de réfutation, ce serait là une tendance minoritaire. Le plus souvent, ce questionnement ou cette remise en cause irait de pair avec une conception a-théorique de la pratique des sciences, c'est-à-dire une conception qui fait des sciences une pratique de collecte et d'accumulation de données, comme si celles-ci étaient non problématiques, comme si elles constituaient des preuves directes, comme si elles étaient bel et bien *données* et non pas *obtenues*, selon l'expression de Latour (2001). Examinons brièvement les descriptions des élèves à ce propos.

## 5. PRODUCTION DU SAVOIR SCIENTIFIQUE

> Lorsqu'on observe quelque chose, on ne peut décrire que ce que l'on voit. On ne peut rien inventer. Il s'agit de faits.
>
> Un futur enseignant de sciences
>
> (cité dans Désautels et Larochelle, 1994, p. 106)

Les descriptions de la production des savoirs scientifiques sont, au même titre que celles des concepts de loi et de théorie, tributaires du répertoire ou de la perspective épistémologique adoptée. Par exemple, dans une perspective réaliste et essentialiste, l'observation est conçue comme un enregistrement des choses *telles qu'elles sont* par le biais de l'appareil sensoriel. Observer signifie alors rendre compte de ce qui existe indépendamment de l'observateur qui réalise l'observation, celle-ci constituant un jugement direct sur la réalité : voir, c'est croire ! Dans cette même perspective, les divergences entre les résultats ne sont pas vues comme une question d'affinité paradigmatique ou de règles méthodologiques. Elles sont plutôt interprétées en termes de maladresse expérimentale, de données insuffisantes ou encore comme la manifestation des intérêts privés ou des biais personnels de l'observateur.

Cette conception de l'observateur et de l'observation a depuis un bon moment été remise en question par de nombreux philosophes des sciences, comme Hanson (1958), qui ont montré que toute observation était théoriquement ancrée, la notion de fait brut ou de monde prélinguistique relevant de l'image d'Épinal. Sans arrière-pensée théorique, sans projet, l'observateur ne saurait où jeter son dévolu ni distinguer ce qui est pertinent et ce qui est accessoire : pour voir, il faut d'abord croire[9] !

Par ailleurs, dans la foulée des travaux en histoire et en sociologie des sciences, c'est la conception cette fois d'un observateur autonome, c'est-à-dire indépendant de tout collectif de scientifiques, qui a été déconstruite (Biagioli, 1999). En effet, pour mener à bien ses activités, l'observateur s'appuie non seulement sur un stock de théories, de savoir-faire explicites et tacites développés dans son champ d'études, mais aussi sur le savoir et l'expertise de nombreux autres scientifiques qui sont incarnés dans l'instrumentation dont il fait usage (Barnes, 1990). De même, il doit soumettre les énoncés qu'il produit au jugement de ses pairs, non sans avoir paré leurs éventuelles objections, car, dès qu'ils revêtent le statut d'arbitre, les pairs jouissent d'un pouvoir politique redoutable, pouvant faire exister ou inexister un concept, une théorie, mais aussi une ou un chercheur (Larochelle et Désautels, 2002). Bref, les autres, les « chers collègues », comme les désigne ironiquement Latour (2001), sont parties prenantes de l'activité d'observation. C'est pourquoi, dans cette perspective, l'observation est conçue sous le mode d'un collectif, d'un système observant (fait de personnes, de techniques et d'alliances diverses) plutôt que d'un observateur extérieur au monde et au temps. Mais qu'en disent les élèves ? Comment décrivent-ils l'activité de production ou de fabrication des savoirs scientifiques ?

---

9. Pour une illustration du jeu de ces deux perspectives (réaliste et constructiviste) dans la conduite d'une observation scientifique, voir notamment l'analyse que propose Chia (1998) des commentaires de scientifiques confrontés à des données qui mettent en péril leurs croyances et hypothèses.

# 6. À PROPOS DE LA FABRICATION DES SAVOIRS SCIENTIFIQUES

C'est regarder attentivement. Si un scientifique est là et je suis là, et qu'on regarde tous les deux attentivement, je peux voir les mêmes choses que lui mais on ne les verra pas de la même manière.

UN ÉLÈVE DU SECONDAIRE

(cité dans Désautels et Larochelle, 1989, p. 100)

La description en épigraphe résume bien les deux aspects les plus souvent évoqués dans la population scolaire : observer, c'est percevoir un objet ou un phénomène qui est posé en extériorité, donné à voir, bien que, selon plusieurs élèves, cette activité soit motivée, c'est-à-dire guidée par les idées ou les connaissances préalables de l'observateur. À première vue, il semble donc que la description estudiantine qui occupe le devant de la scène privilégie le mélange des genres et participe en partie du répertoire réaliste, en partie du répertoire constructiviste.

Si les résultats de la recherche confortent le réalisme de cette description, il n'en est pas de même pour sa composante constructiviste. Comme dans le cas de la mouvance des théories évoquée plus haut, il semble s'agir d'un constructivisme « par dépit ». De manière générale, les recherches suggèrent en effet que si, pour les élèves, l'observateur a à voir avec le processus d'observation, c'est à titre d'élément périphérique et même d'entrave, plutôt qu'à titre d'élément central et constitutif de ce qui est observé. C'est ce que remarquent Aikenhead et Ryan (1989) au terme de la vaste enquête pancanadienne qu'ils ont effectuée auprès de plus de 2 000 élèves du secondaire au moyen du questionnaire VOSTS. Invités à se prononcer sur le rapport théorie-observation (voir note 6), seulement 35 % d'entre eux ont retenu des énoncés suivant lesquels l'observation est redevable aux affinités paradigmatiques, ces affinités amenant les scientifiques à réaliser des expériences différentes et à noter, dès lors, des choses différentes[10].

---

10. Le point de vue des futurs enseignants et enseignantes auxquels nous avons soumis ce thème de réflexion suivant ce même questionnaire ne diverge guère de celui des élèves du secondaire (Larochelle, Désautels et Ruel, 1995). On note un parallèle remarquable entre leurs préférences et celles exprimées par les quelque 600 élèves québécois francophones de 5e secondaire qui ont participé à l'étude d'Aikenhead et de Ryan (1989). Moins du quart d'entre eux (7 sur 26) ont ainsi choisi les énoncés dans lesquels les concepts d'observation et de théorie sont présentés de façon solidaire, 70 % d'entre eux optant pour l'un ou l'autre des énoncés qui stipulent que l'observation est dénuée de toute théorie. C'est un pattern de choix similaire que nous avons observé dans une population composée cette fois de scientifiques et de conseillers et conseillères d'orientation. Voir Larochelle et Désautels (1998).

Les travaux de Waterman (1983) tout comme ceux de Ryder et Leach (2000) sont également éloquents à cet égard. Et, malgré la différence du protocole d'enquête privilégié dans ces études, il est remarquable que, là aussi, très peu d'élèves envisagent l'activité de l'observateur et ses connaissances en termes de modèles, d'affinités paradigmatiques qui contribuent à définir ce qui compte comme phénomène, sa mise en forme, les conditions opératoires de son observation, etc. Certes, de l'avis de plusieurs, ce stock de connaissances peut infléchir cette activité et les assertions qui s'ensuivent, et donner lieu à des interprétations différentes et même « biaisées », comme le résume cette élève citée par Tsai (1999, p. 1214) : « Les scientifiques devraient avoir un esprit vierge quand ils effectuent des observations. Sinon, ils auront des biais et cela influencera la fidélité de leurs observations. » Mais si tel est le cas, c'est vers l'empirie qu'il faut se tourner afin de collecter des données et résoudre ces divergences ou aplanir les différences[11], comme l'illustrent les échanges qui suivent et qui représentent la description la plus répandue dans les populations étudiées :

### *Échange 1*

ÉLÈVE :   Avec plus de données, on pourrait probablement avoir un meilleur modèle des supraconducteurs.

INTERVIEWEUR :   ... Plus de données conduit à un meilleur modèle. Peux-tu m'en dire davantage là-dessus ? Qu'entends-tu par modèle ?

ÉLÈVE :   Eh bien, tu as deux graphiques et... chacun dit des choses différentes. Alors, si tu as plus de données, tu pourras probablement avoir un graphique plus exact. (Ryder et Leach, 2000, p. 1077.)

---

11. Les propos que tiennent les élèves sur l'objectivité des observations et des données en disent long sur cette emprise des données. Car c'est justement parce que les connaissances antérieures des observateurs (et parfois leurs intentions malhonnêtes) interfèrent que la captation des données sera biaisée ou que leur interprétation, qui est conçue comme une étape ultérieure, différera d'un observateur à l'autre. Notons que cette tendance à situer l'interprétation au terme du processus d'observation est éloquente de l'aspect a-théorique que les élèves imputent à l'observation. Et, comme la hiérarchie de crédibilité soulignée dans la section antérieure et dont elle emprunte d'ailleurs le caractère linéaire, cette tendance semble répandue dans la population scolaire : « On commence par l'observation [...] je commence à regarder ça. Je ne commencerai pas à donner la signification, tout ça, [c'est] la dernière partie, la dernière chose à faire [...] Si je ne l'ai pas encore regardé [le phénomène], je ne sais pas comment ça marche » (Désautels et Larochelle, 1989, p. 92). Bien plus, comme le soutient avec candeur cet autre élève, « quand tu regardes, tu vois et, après ça, tu penses » (Désautels et Larochelle, 1989, p. 92).

## Échange 2

INTERVIEWEUR : Comment les conflits d'idées sont-ils résolus en sciences ?

ÉLÈVE : Comment ils les résolvent, c'est en conduisant des expériences qui prouvent qu'une théorie est correcte, qui prouvent sans l'ombre d'un doute que la théorie est la théorie correcte. (Ryder, Leach et Driver, 1999, p. 209.)

Les conversations de groupe d'élèves du secondaire recueillies par Driver, Leach, Millar et Scott (1996) quant aux raisons du désaccord entre scientifiques sur la dérive des continents vont également en ce sens. Là encore, les divergences d'interprétations sont vues comme conjoncturelles, c'est-à-dire tenant à la plus ou moins grande expérience professionnelle ou habileté en la matière, à la piètre qualité des technologies utilisées, mais, surtout, au manque de données, notamment visuelles :

ÉLÈVE : Leurs preuves, ce n'était pas solide comme du roc [rires].

INTERVIEWEUR : Quel type de preuve serait solide comme du roc ? Qu'est-ce qui pourrait convaincre une personne ?

ÉLÈVE : Des mesures exactes.

ÉLÈVE : Le mouvement du sol.

ÉLÈVE : Voir que c'est en train de bouger.

ÉLÈVE : […] comme ils n'avaient pas d'images fournies par des satellites, ils ne pouvaient pas voir comment cela changeait. (p. 124)

En l'occurrence, il semble que la description ou la croyance qui rallie la faveur des diverses populations scolaires situe l'observation dans un face-à-face entre un sujet et un objet, la résultante de ce face-à-face n'étant pas d'emblée valide, puisque les caractéristiques personnelles des observateurs peuvent en biaiser le déroulement ou encore l'interprétation subséquente. En ce sens, on peut penser que les descriptions des élèves constituent un répertoire à la fois réaliste et personnaliste (ou individualiste) de l'observateur. Mais en est-il ainsi d'autres aspects de la production des savoirs scientifiques ?

Pour une foule de raisons, les élèves n'ignorent pas que les scientifiques travaillent en équipe et participent à des rencontres au cours desquelles ils discutent des résultats de leurs travaux respectifs. Toutefois, si l'on se fie une fois de plus à l'étude d'Aikenhead et de Ryan (1989), cela ne semble guère mettre en péril leurs conceptions personnalistes, comme si les diverses contingences (sociopolitiques, économiques, etc.) qui traversent les pratiques scientifiques et qui sont souvent plus manifestes lors des discussions et débats entre scientifiques n'étaient encore là que des éléments en périphérie de ces pratiques. Par exemple, pour près de 70 % des élèves qui ont participé à cette étude, la décision des scientifiques d'adopter une théorie plutôt qu'une autre repose sur les aspects suivants : les faits, la logique de la théorie retenue, la manière dont cette théorie explique simplement tous les faits, de même que le nombre de fois où cette théorie a été mise à l'épreuve. Seulement une minorité d'entre eux mentionnent que les intérêts des scientifiques, leurs façons d'interpréter la théorie, l'appât du gain ou du prestige peuvent habiter cette décision. Dans la même veine, si plusieurs élèves admettent que les précurseurs d'une nouvelle théorie doivent persuader leurs pairs de l'à-propos de celle-ci, 30 % d'entre eux attribuent le succès de cette persuasion à la présentation de données prouvant que la théorie est vraie, alors que 45 % l'envisagent plutôt comme la formation d'un consensus qui permettra de réviser la théorie ou encore de la rendre plus précise. Dans cette optique pour le moins conviviale, faut-il se surprendre que plus de 80 % de ces élèves entrevoient les « découvertes » scientifiques comme une suite cumulative d'investigations s'appuyant logiquement les unes sur les autres, même si, à l'occasion, le hasard peut jouer un rôle ?

En somme, si les élèves n'ignorent pas ce que l'on appelle le caractère collectif de la fabrication des savoirs scientifiques, ils semblent l'envisager comme une simple collection d'individus, un agrégat de cogitos, plutôt que comme une pratique sociale qui met en jeu un réseau d'acteurs et d'alliances à la fois théoriques, techniques, politiques, etc. En conformité avec cette perspective à saveur psychologique, ils reconnaissent bel et bien que les projets personnels des scientifiques peuvent affecter cette production, mais leurs conceptions à l'égard des lois et théories notamment portent à croire que ce sont là des contingences, des scories qui seront progressivement éliminées au profit du phénomène, de la divulgation de la réalité.

## CONCLUSION

Nous avons vu dans les pages précédentes que les descriptions estudiantines à l'égard de la nature et de la fabrication des savoirs scientifiques se déclinent, le plus souvent, suivant une rhétorique qui participe du répertoire ou de la perspective réaliste dans lequel le savoir scientifique est posé comme un reflet des traits essentiels de la réalité. Par là, les élèves se montrent les fidèles héritiers de la tradition épistémologique dominante en Occident, telle que décrite par Rorty (1990).

Par ailleurs, si l'on s'appuie sur les travaux qui s'intéressent aux descriptions des sciences promues par les manuels et les programmes (Gaskell, 1992 ; Hughes, 2000 ; Lemke, 1993 ; Mathy, 1997), ils se montrent aussi de « bons élèves », ayant bien assimilé la leçon épistémologique qui sous-tend la forme scolaire[12] et, plus spécifiquement, l'école des sciences : les données parlent d'elles-mêmes, les connaissances décrivent une réalité ontologique, et, bien sûr, savoir scientifique et vérité ne font qu'un grâce au recours massif à l'empirie et à l'immunité idéologique que ce recours assurerait. Les études relatives aux descriptions des sciences que favorisent nombre d'enseignants et d'enseignantes dans divers pays[13] pointent également dans la même direction tant et si bien que l'on pourrait sans doute parler, en paraphrasant Bourdieu (2001), d'une sorte de « communisme épistémologique ». C'est d'ailleurs ce que laissent entendre les propos de Cross (1997), qui insiste sur cette uniformité de l'épistémologie scolaire des sciences ainsi que sur la contrainte (lourde) qu'elle exerce sur les pratiques pédagogiques, les enseignants et les enseignantes tendant à enseigner comme on leur a enseigné et suivant une même mystique des sciences et de leur fabrication. Certains d'entre eux souhaiteraient pourtant qu'il en soit autrement, comme l'illustre cet échange qui n'est pas sans évoquer le dilemme de David Geelan :

INTERVIEWEUR : Quelle est la relation entre les enseignants et enseignantes de sciences et la communauté scientifique ?

ENSEIGNANT : Je la vois comme une relation paradoxale, parce que, d'un côté, nous dépendons d'eux pour une sorte de support et d'intérêt ; et, de l'autre côté, ils représentent exactement ce que nous ne voulons pas pour nos élèves ou ce dans quoi nous ne voulons pas être pris nous-mêmes. C'est une relation très difficile, du type « Catch-22 » [paradoxale]. (Cross, 1997, p. 612.)

Cette uniformité des pratiques pédagogiques est particulièrement manifeste dans les travaux pratiques du laboratoire qui constitue, faut-il le souligner, le lieu par excellence de la leçon (implicite) d'épistémologie des sciences. Ainsi, à la suite d'une enquête internationale réalisée auprès de

---

12. Issu de la sociologie de l'éducation, le concept de forme scolaire a été inventé pour rendre compte de la forme particulière que prennent les relations sociales d'apprentissage dans les sociétés européennes à la fin du XVIIe siècle, avec l'avènement de l'urbanisation (Vincent, Lahire et Thin, 1994). La particularité de cette forme tient dans le rapport à l'impersonnel qui la caractérise : centralisation de l'apprentissage dans un lieu spécifique, instauration du temps scolaire, codification (et donc décontextualisation) des savoirs, etc.

13. Voir aussi Guilbert et Mujawamariya (2003, chapitre 8 de ce livre).

516 élèves représentant 56 classes dans 31 écoles de six pays (Royaume-Uni, Australie, Canada, Israël, Nigeria et États-Unis), Fraser, Giddings et McRobbie (1995) soulignent, entre autres résultats, que les élèves estiment en très grande majorité que les activités en laboratoire ne présentent pas le caractère d'ouverture qui leur permettrait de résoudre des problèmes qu'ils auraient eux-mêmes conçus et formulés. Ils concluent en insistant sur la parenté des résultats de leur enquête avec ceux des études et enquêtes antérieures, y compris en ce qui concerne le maintien, à l'échelle internationale, d'un pattern qui fait des activités de laboratoire, tant au secondaire qu'à l'université, des activités fermées dans lesquelles la tâche principale est de (re)trouver ce qui a déjà été trouvé, ce que corroborent également les études descriptives sur le terrain ainsi que les analyses de cahiers de laboratoire (Hodson, 1996 ; Knain, 2001). Bref, dans le cadre d'un enseignement des sciences qui est demeuré traditionnel, dogmatique et autoritaire, malgré les multiples tentatives pour le réformer au cours des quarante dernières années (Aikenhead, 2002), faut-il s'étonner que les élèves fournissent des descriptions des sciences qui sont au diapason de celles qui ont cours à l'école des sciences, comme en témoignent d'ailleurs ces commentaires plutôt cyniques d'élèves du secondaire ?

> En histoire, je veux dire, certains événements, tu peux demander pourquoi ils sont arrivés et [les professeurs] retracent vraiment leur parcours. En sciences, je veux dire, c'est seulement « C'est arrivé, accepte-le, tu n'as pas besoin de savoir cela d'ici la fin du secondaire ».
>
> [...] [Les cours de sciences], c'est plus un test de ta capacité à apprendre que de ta capacité à faire des sciences. (Osborne et Collins, 2001, p. 454.)

Pourtant, une telle situation n'est pas inéluctable. On pourrait fort bien opter pour des finalités et des formats éducatifs qui encouragent la « multiplication des descriptions », en permettant aux jeunes notamment de s'exercer, de se faire la main avec les façons de fabriquer les savoirs qui leur sont enseignés et les façons de discourir sur les jeux, enjeux et suppositions qui marquent cette fabrication, tant en amont qu'en aval. N'est-ce pas, en outre, une façon intéressante de re-cadrer le dilemme de David Geelan et d'échapper à sa logique quelque peu manichéenne ?

Ce n'est pas là d'ailleurs une simple vue de l'esprit, si l'on se réfère aux travaux de plus en plus nombreux qui illustrent bien que les élèves, même tout jeunes, peuvent dans des circonstances différentes produire d'autres types de descriptions, d'autres types de discours sur les savoirs scientifiques. Par exemple, Fasulo, Girardet et Pontecorvo (1998) ont montré comment de jeunes élèves du primaire pouvaient discuter de façon avertie des conditions de production des savoirs historiques, notamment de ce qu'il est possible d'inférer sur la vie des Vikings à partir d'une photographie représentant l'intérieur d'une maison reconstituée. Toujours à l'école primaire, Smith, Maclin, Houghton et Hennessey (2000) montrent bien que des élèves de 6ᵉ année, habitués à s'interroger sur le statut épistémologique des savoirs, fabriquent d'autres types de descriptions de la pratique des sciences (notamment des concepts de découverte et d'invention), éventuellement plus émancipatoires :

> Je veux dire… tu ne feras pas juste *trouver* quelque chose. Je veux dire que tu dois faire des recherches et des choses comme ça, et non pas découvrir, mais plutôt avoir une réponse dans ta tête. Ce n'est pas juste là et tu le ramasses ; c'est plus que tu dois l'avoir dans l'esprit et puis, après, tu dois le mettre à l'essai. (Smith, Maclin, Houghton et Hennessey 2000, p. 386.)

> O.K. Ils ne sortent pas dehors et trouvent des choses. C'est comme une idée, elle n'est pas, elle n'est pas là-bas. Alors, ils ne vont pas la trouver. Ils doivent comme prendre leurs idées et celles des autres et les mettre ensemble, puis ils vont arriver à une théorie. Et puis, quelquefois ils essaient et font des modèles qui peuvent les aider. C'est ça. (Smith, Maclin, Houghton et Hennessey, 2000, p. 386.)

Au secondaire, Désautels et Roth (1999) ont aussi montré comment des jeunes pouvaient fort bien s'adonner à la délibération épistémologique dans la classe de physique notamment et négocier ainsi leurs points de vue sur le concept de champ magnétique. De même, Richmond et Kurth (1999) relatent une étude de cas au cours de laquelle des jeunes, dans le cadre d'un camp d'été d'une durée de sept semaines, ont travaillé, de façon réflexive, avec des scientifiques et développé ainsi de tout autres ressources discursives que celles qu'ils mobilisaient jusque-là et qui faisaient du ou de la scientifique un être « inspiré » qui expérimente le matin, rédige un article l'après-midi et le publie le lendemain, si l'on peut dire.

> La science n'est pas aussi idéale qu'elle semble l'être dans – Je pense que les chercheurs doivent surmonter un tas de problèmes pour obtenir ces faits qui sont présentés dans nos manuels. [Dans nos manuels], ça semble comme une inspiration soudaine dans leur tête puis, le jour suivant, ils expérimentent et l'expérience fonctionne à merveille et, le jour qui suit, ils publient là-dessus. […] je suis venu ici en pensant qu'un scientifique comprenait tout, avait le choix de poursuivre le projet qu'il voulait, qu'un scientifique pouvait choisir le projet le plus idéal ou le plus difficile possible et qu'il serait capable d'en prendre une partie, mais ce n'est pas vrai. (p. 686-687)

En somme, malgré l'uniformité de l'école des sciences, des brèches se dessinent ici et là, permettant de penser qu'un jour les élèves pourront avoir le loisir de multiplier leurs descriptions, de s'ouvrir à d'autres possibles et d'accroître ainsi leurs potentiels d'action, « deux descriptions valant mieux qu'une », comme l'a montré à maintes reprises Bateson (1984). C'est d'ailleurs, si l'on en croit les physiciens et les physiciennes, une maxime qui a trouvé preneur puisqu'ils trouvent intéressant de considérer la lumière parfois comme une onde, parfois comme un corpuscule. C'est sans doute aussi une maxime à laquelle souscriraient les vignerons, puisque, pour juger de la qualité de la récolte, ils ont recours non seulement au chromatographe, mais également au palais raffiné des dégustateurs ! Comme quoi deux descriptions valent assurément mieux qu'une...

## *BIBLIOGRAPHIE*

Aikenhead, G.S. (1987). « High-school graduates' beliefs about science-technology-society, III. Characteristics and limitations of scientific knowledge », *Science Education*, 71(4), p. 459-487.

Aikenhead, G.S. (2002). « The educo-politics of curriculum development », *Canadian Journal of Science, Mathematics and Technology Education / Revue canadienne de l'enseignement des sciences, des mathématiques et de la technologie*, 2(1), p. 49-57.

Aikenhead, G.S. et A. Ryan (1989). *The Development of a Multiple Choice Instrument for Monitoring Views on Science-Technology-Society Topics*. Rapport de recherche, Ottawa, CND, Social Sciences and Humanities Research Council of Canada.

Bader, B. (2003). « Controverse scientifique et expression rhétorique de croyances sur les sciences : une proposition didactique au secondaire », dans L. Lafortune, C. Deaudelin, P.-A. Doudin et D. Martin (dir.), *Conceptions, croyances et représentations en maths, sciences et technos*, Sainte-Foy, Presses de l'Université du Québec, p. 179-201.

Barnes, B. (1990). « Sociological theories of scientific knowledge », dans R.C. Olby, G.N. Cantor, J.R.R. Christie et M.J.S. Hodge (dir.), *Companion to the History of Modern Science*, Londres, Routledge, p. 60-73.

Bateson, G. (1984). *La nature et la pensée* (traduit par A. Cardoën, M.-C. Chiarieri et J.-L. Giribone), Paris, Seuil.

Biagioli, M. (dir.) (1999). *The Science Studies Reader*, New York, Routledge.

Boltanski, L. et L. Thévenot (1991). *De la justification : les économies de la grandeur*, Paris, Gallimard.

Bourdieu, P. (2001). « La production et la reproduction de la langue légitime », dans P. Bourdieu, *Langage et pouvoir symbolique*, Paris, Seuil, p. 67-98.

Brickhouse, N., Z.R. Dagher, H.L. Shipman et W.J. Letts (2000). « Why things fall : Evidence and warrants for belief in a college astronomy course », dans R. Millar, J. Leach et J. Osborne (dir.), *Improving Science Education. The Contribution of Research*, Buckingham, UK, Open University Press, p. 11-26.

Chia, A. (1998). « Seeing and believing. The variety of scientists' responses to contrary data », *Science Communication*, 19(4), p. 366-391.

Cross, R.T. (1997). « Ideology and science teaching : Teachers, discourse », *International Journal of Science Education*, 19(5), p. 607-616.

Delbos, G. (1993). « Eux ils croient... Nous on sait... », *Ethnologie française*, 23(3), p. 367-383.

Demazière, D. et C. Dubar (1997). *Analyser les entretiens biographiques. L'exemple des récits d'insertion*, Paris, Nathan.

Désautels, J. (2000). « Science teacher preparation : An attempt at breaking the reproduction cycle of the traditional model of teaching », dans L.P. Steffe et P. Thompson (dir.), *Radical Constructivism in Action : Building on the Pioneering Work of Ernst von Glasersfeld*, Londres, The Falmer Press, p. 195-212.

Désautels, J. et M. Larochelle (1989). *Qu'est-ce que le savoir scientifique ? Points de vue d'adolescents et d'adolescentes*, Québec, Les Presses de l'Université Laval.

Désautels, J. et M. Larochelle (1998). « The epistemology of students : The 'thingified' nature of scientific knowledge », dans B.J. Fraser et K. Tobin (dir.), *International Handbook of Science Education*, Vol. 1, Dordrecht, Pays-Bas, Kluwer Academic Publishers, p. 115-126.

Désautels, J. et M. Larochelle avec la collaboration de Y. Pépin (1994). *Étude de la pertinence et de la viabilité d'une stratégie de formation à l'enseignement des sciences*. Rapport de recherche, Ottawa, Conseil de recherche en sciences humaines du Canada.

Désautels, J. et W.M. Roth (1999). « Demystifying epistemological practice », *Cybernetics and Human Knowing*, 6(1), p. 33-45.

Driver, R., J. Leach, R. Millar et P. Scott (1996). *Young People's Images of Science*, Buckingham, UK, Open University Press.

Edmondson, K. (1989). « College students' conceptions of the nature of scientific knowledge », dans D.E. Herget (dir.) *The History and Philosophy of Science in Science Teaching*, Tallahassee, FL, Florida State University, Science Education and Department of Philosophy, p. 132-142.

Engeström, Y. (1981). « The laws of nature and the origin of life in pupils' consciousness : A study of contradictory modes of thought », *Scandinavian Journal of Educational Research*, 25, p. 39-61.

Erickson, G. (2001). « Programmes de recherches et apprentissage des sciences », *DIDASKALIA*, 19, p. 101-126.

Fasulo, A., H. Girardet et C. Pontecorvo (1998). « Historical practices in school through photographical reconstruction », *Mind, Culture, and Activity*, 5(4), p. 253-271.

Foerster, H. (1992). « Ethics and second-order cybernetics », *Cybernetics and Human Knowing*, 1(1), p. 9-19.

Fourez, G. (2002). *La construction des sciences*, 4e édition revue et augmentée, Bruxelles, De Boeck Université.

Fraser, B.J., G.J. Giddings et C.J. McRobbie (1995). « Evolution and validation of a personal form of an instrument for assessing science laboratory classroom environments », *Journal of Research in Science Teaching*, *32*, p. 399-422.

Gaskell, J.P. (1992). « Authentic science and school science », *International Journal of Science Education*, *14*(3), p. 265-272.

Geelan, D. (2002). « Newton's Zeroth Law », dans J. Wallace et W. Louden (dir.), *Dilemmas of Science Teaching : Perspectives on Problems of Practice*, Londres, The Falmer Press, p. 23-26.

Griffiths, A.K. et C.R. Barman (1995). « High school students' views about the nature of science : Results from three countries », *School Science and Mathematics*, *95*, p. 248-255.

Guilbert, L. et D. Mujawamariya (2003). « Les représentations de futurs enseignants et enseignantes de sciences à propos des scientifiques et de leurs tâches », dans L. Lafortune, C. Deaudelin, P.-A. Doudin et D. Martin (dir.), *Conceptions, croyances et représentations en maths, sciences et technos*, Sainte-Foy, Presses de l'Université du Québec, p. 203-240.

Hanson, N.R. (1958). *Patterns of Discovery*, Cambridge, UK, Cambridge University Press.

Hodson, D. (1996). « Laboratory work as scientific method : Three decades of confusion and distortion », *Journal of Curriculum Studies*, *28*(2), p. 15-135.

Hughes, G. (2000). « Marginalization of socioscientific materials in science-technology-society science curricula : Some implications for gender inclusivity and curriculum reform », *Journal of Research in Science Teaching*, *37*(5), p. 426-440.

Knain, E. (2001). « Ideologies in school science textbooks », *International Journal of Science Education*, *23*(3), p. 319-329.

Labinger, J.A. et H. Collins (dir.) (2001). *The One Culture ? A Conversation about Science*, Chicago, The University of Chicago Press.

Larochelle, M. (2000). « Radical constructivism : Notes on viability, ethics and other educational issues », dans L.P. Steffe et P. Thompson (dir.), *Radical Constructivism in Action : Building on the Pioneering Work of Ernst von Glasersfeld*, Londres, The Falmer Press, p. 55-68.

Larochelle, M. (2002). « From picture to window », dans J. Wallace et W. Louden (dir.), *Dilemmas of Science Teaching : Perspectives on Problems of Practice*, Londres, The Falmer Press, p. 27-31.

Larochelle, M. et J. Désautels (1998). « The sovereignty of school rhetoric : Representations of science among scientists and guidance counsellors », *Research in Science Education*, *28*(1), p. 91-106.

Larochelle, M. et J. Désautels (2001). « Les enjeux socioéthiques des désaccords entre scientifiques : un aperçu de la construction discursive d'étudiants et étudiantes », *Canadian Journal of Science, Mathematics and Technology Education/ Revue canadienne de l'enseignement des sciences, des mathématiques et de la technologie, 1*(1), p. 39-60.

Larochelle, M. et J. Désautels (2002). « On peers, "those particular friends" », *Research in Science Education, 32*(2), p. 181-189.

Larochelle, M., J. Désautels et F. Ruel (1995). « Les sciences à l'école : portrait d'une fiction », *Recherches sociographiques, 36*(3), p. 527–555.

Larochelle, M., J. Désautels et C. Turcotte, avec la collaboration de Y. Pépin (1997). *Qu'est-ce que les sciences et les techniques ? Points de vue de conseillers et conseillères d'orientation scolaire, de scientifiques et de technologues.* Rapport de recherche, Ottawa, Conseil de recherche en sciences humaines du Canada.

Latour, B. (1999). *Politiques de la nature. Comment faire entrer les sciences en démocratie,* Paris, La Découverte.

Latour, B. (2001). *L'espoir de Pandore. Pour une version réaliste de l'activité scientifique* (traduit par D. Gille), Paris, La Découverte.

Leach, J., R. Millar, J. Ryder et M.-G. Séré (2000). « Epistemological understanding in science learning : The consistency of representations across contexts », *Learning and Instruction, 10*, p. 497-527.

Lederman, N. et M. O'Malley (1990). « Students' perceptions of tentativeness in science : Development, use, and sources of change », *Science Education, 74*(2), p. 225-239.

Lemke, J.L. (1993). *Talking Science. Language, Learning and Values,* Norwood, NJ, Ablex.

Lévy-Leblond, J.-M. (1984). *L'esprit de sel,* Paris, Seuil.

Lin, C.-Y. (1998). « Understanding of the nature of science of senior high school students », *Proceedings of the National Science Council, Republic of China, 8*(1), p. 33-43.

Lucas, K.B. et W.M. Roth (1996). « The nature of scientific knowledge and student learning : Two longitudinal case studies », *Research in Science Education, 26*(1), p. 103-127.

Mathy, P. (1997). *Donner du sens aux cours de sciences. Des outils pour la formation éthique et épistémologique des enseignants,* Bruxelles, De Boeck.

Osborne, J. et S. Collins (2001). « Pupils' views of the role and value of the science curriculum : A focus-group study », *International Journal of Science Education, 23*(5), p. 441-467.

Richmond, G. et L.A. Kurth (1999). « Moving from outside to inside : High school students' use of apprenticeships as vehicles for entering the culture and practice of science », *Journal of Research in Science Teaching, 36*(6), p. 677-697.

Rop, C.J. (1999). « Student perspectives on success in high school chemistry », *Journal of Research in Science Teaching, 36*(2), p. 221-237.

Rorty, R. (1990). *L'homme spéculaire*, Paris, Seuil.

Ryan, A.G. et G.S. Aikenhead (1992). « Students' preconceptions about the epistemology of science », *Science Education, 76*(6), p. 559-580.

Ryder, J., J. Leach et R. Driver (1999). « Undergraduate students' images of science », *Journal of Research in Science Teaching, 36*(2), p. 201-219.

Ryder, J. et J. Leach (2000). « Interpreting experimental data : The view of upper secondary school and university science students », *International Journal of Science Education, 22*(10), p. 1069-1084.

Smith, C.L., D. Maclin, C. Houghton et M.G. Hennessey (2000). « Sixth-grade students' epistemology of science : The impact of school science experiences on epistemological development », *Cognition and Instruction, 18*(3), p. 349-422.

Tsai, C.-C. (1999). « The progression toward constructivist epistemological views of science : A case study of the STS instruction of Taiwanese high school female students », *International Journal of Science Education, 21*(11), p. 1201-1222.

Vincent, G., B. Lahire et D. Thin (1994). « Sur l'histoire et la théorie de la forme scolaire », dans G. Vincent (dir.), *L'éducation prisonnière de la forme scolaire ? Scolarisation et socialisation dans les sociétés industrielles*, Lyon, Presses universitaires de Lyon, p. 11-48.

von Glasersfeld, E. (1995). *Radical Constructivism : A Way of Knowing and Learning*, Londres, The Falmer Press.

Waterman, M. (1983). « Alternative conceptions of the tentative nature of scientific knowledge », dans H. Helm et J.D. Novak (dir.), *Proceedings of the International Seminar « Misconceptions in Science and Mathematics »*, Ithaca, NY, Cornell University, p. 300-309.

Weinberg, S. (2002). « La physique peut-elle tout expliquer ? », *La Recherche*, 349, p. 25-31.

Wittgenstein, L. (1961). *Investigations philosophiques* (traduit par P. Klossowski), Paris, Gallimard.

# CHAPITRE 7

# Controverse scientifique et expression rhétorique de croyances sur les sciences

## Une proposition didactique au secondaire

*Barbara Bader*
*Université de Sherbrookeà*
*barbara.bader@fse.ulaval.ca*

*RÉSUMÉ*

*La méthode d'analyse argumentative présentée par l'auteure illustre comment des jeunes de 17 ans qui interprètent un désaccord entre deux scientifiques sur la question du réchauffement climatique débattent autour de considérations d'épistémologie. Ils se montrent, ce faisant, capables de remettre en question la validité de certaines idées courantes sur les sciences. Leur conception empiriste et réaliste des sciences rend cependant difficilement admissible l'idée même de controverse scientifique. Leur croyance en un progrès inéluctable des sciences semble les amener à considérer, en fin de discussion, qu'avec le temps et plus de données empiriques la polémique sera forcément résolue. L'outil de collecte de données utilisé pour cette étude consiste en une vignette mettant en scène une discussion entre deux scientifiques qui ne partagent pas les mêmes vues sur la question du réchauffement climatique. Cette vignette a également été utilisée lors d'une stratégie didactique afin d'interroger et d'enrichir la conception des sciences de futurs enseignants et enseignantes de sciences.*

Depuis plusieurs années, les travaux de la nouvelle sociologie des sciences ont mis en évidence comment les controverses et les négociations que l'on attribuait traditionnellement aux seuls savoirs dits communs faisaient aussi partie de la pratique des sciences (Collins et Pinch, 2001 ; Latour, 1995). Dans le domaine de l'éducation aux sciences, la rhétorique scolaire qui prédomine continue néanmoins à présenter les sciences sur le mode des faits établis, peu négociables, et éclaire rarement les pratiques de recherche et les ancrages contextuels qui les rendent possibles. Cette rhétorique renforcerait ainsi une image des sciences en tant que savoirs détachés de toute subjectivité, désincarnés, jouissant d'un statut particulier, ce qui contribuerait à renforcer la croyance en une science orientée forcément vers le progrès des connaissances et leur décryptage empirique (Driver, Newton et Osborne, 2000 ; Latour, 1999). L'une des conséquences d'une telle image des sciences est que l'idée même de controverse scientifique devient difficilement admissible pour les jeunes qui fréquentent l'école secondaire, si l'on en croit certains résultats de recherches en éducation aux sciences.

Cette situation soulève des questions importantes pour qui s'intéresse à l'éducation aux sciences dans un contexte où, de plus en plus, les sciences sont associées à des questions de risque et de précaution dans les domaines de la santé publique et de l'environnement. Leurs limites de validité sont remises en question au sein même des communautés d'experts et se trouvent soumises également à des débats publics plus larges. Il paraît donc important que l'école actualise la rhétorique scolaire courante sur les sciences. C'est pour documenter ce projet à plus long terme que nous nous sommes intéressée à la manière dont des jeunes de la fin du secondaire argumentent autour d'une controverse scientifique. Selon la logique socioconstructiviste qui orientait cette recherche, il s'agissait de dresser une sorte de portrait argumentatif afin de cerner comment des jeunes de 17 ans discutent à propos d'une controverse scientifique, portrait pouvant servir par la suite de point de départ à des stratégies didactiques plus informées quant aux jeux de langage privilégiés par ces jeunes lorsqu'il s'agit de polémique scientifique.

Aux fins de ce chapitre, nous éclairerons plus particulièrement les points suivants de notre étude. Dans la première section, nous présenterons brièvement certains résultats de recherches qui se sont penchées sur l'image courante des sciences chez des jeunes du secondaire, tout en soulignant comment celle-ci semble traversée par certaines croyances sur les sciences, les aspects controversés des sciences y étant peu présents. Des considérations méthodologiques suivront. Il sera question de notre outil de collecte de données, à savoir une vignette qui met en scène une polémique fictive entre deux scientifiques sur la question du réchauffement climatique. Dans un deuxième temps, nous nous pencherons sur l'analyse argumentative que nous avons menée et sur son intérêt pour cerner l'expression rhétorique de certaines croyances qui peuvent être mobilisées en cours de conversation. Enfin, nous présenterons quelques résultats de notre recherche. Nous soulignerons la perplexité exprimée par différents sujets face à la possibilité que deux scientifiques soient en désaccord autour d'un même objet d'étude. Puis nous illustrerons comment une position minoritaire (Billig, 1996) – qui remet en question ce qui est généralement considéré comme de l'ordre de l'évidence dans un contexte donné – a émergé dans le contexte de collecte de données que nous avons mis en place. Cette prise de position a eu pour effet d'expliciter certaines croyances sur les sciences et de les soumettre à discussion. Nous évoquerons enfin, dans la quatrième et dernière section, une stratégie didactique mise en œuvre lors d'un cours de didactique des sciences destiné à de futurs enseignants et enseignantes de sciences au collégial et au cours duquel nous avons intégré l'utilisation de la vignette sur le réchauffement climatique. Mais situons tout d'abord notre propos dans le cadre de travaux similaires en éducation aux sciences.

## 1. IMAGE SCOLAIRE DES SCIENCES AU SECONDAIRE

Différents aspects peuvent être étudiés lorsqu'on s'intéresse à l'image scolaire des sciences. Un premier type de recherches vise les conceptions initiales des élèves quant à des théories scientifiques et à des concepts particuliers, et ce, en vue d'orienter l'enseignement de ces notions en conséquence. Un deuxième ensemble de travaux concerne la manière d'aborder les méthodes d'investigation mises en œuvre en sciences. Enfin, un troisième volet approfondit, comme nous le faisons ici, le caractère social des sciences (Cunningham et Helms, 1998 ; Driver, Leach, Millar et Scott, 1996 ; Roth et McGinn, 1998).

### 1.1. IDÉE DE SOCIALITÉ DES SCIENCES

Soulignons qu'il n'y a pas consensus autour de cette notion de socialité des sciences. Pour notre part, nous associons étroitement cette dimension des sciences à leur caractère négocié et contextuel, de même qu'à l'inscription de plus en plus marquée de la production des savoirs scientifiques dans l'économie de marché (Jenkins, 1999). L'importance de la publication de résultats de recherche, la reconnaissance par les pairs et la recherche de financement dans un contexte de technicisation des pratiques de recherche constituent pour nous des points importants de cette dimension sociale des sciences. Les choix épistémologiques et les orientations de recherche conséquentes sont ainsi considérés en lien étroit avec des enjeux politiques, économiques et éthiques (Callon, 1989 ; Latour, 1995). Or, ce caractère social des sciences tendait jusqu'à tout récemment à être négligé, tant dans les programmes scolaires que dans les recherches s'intéressant à l'image scolaire des sciences (Millar, Driver, Leach et Scott, 1993).

## *1.2. Quelques résultats de recherche récents*

Donnons-nous quelques points de repère quant à la manière dont de jeunes Canadiens et Canadiennes envisagent les sciences. Une conception des sciences de type empirico-réaliste serait dominante chez les jeunes de la fin du secondaire au Canada (Aikenhead et Ryan, 1992). En ce sens, parmi les 600 élèves québécois qui ont été interrogés, 70 % considèrent que l'observation d'un phénomène n'est pas tributaire de l'orientation théorique du chercheur, mais qu'elle est avant tout une affaire de lecture empirique du réel (Désautels et Larochelle, 1998). Pour un bon nombre de sujets, les sciences seraient une description exacte de la nature, sans médiation théorique. Soulignons que près de la moitié des sujets croient en une méthode scientifique unique (Aikenhead, 1988).

Les étudiants et les étudiantes auraient également tendance à s'en remettre d'emblée aux décisions des experts dans le cas d'enjeux sociotechniques. En ce sens, ces jeunes reconnaissent s'appuyer sur leurs valeurs ou sur des motifs personnels pour prendre des décisions autour de tels enjeux, mais la moitié d'entre eux considèrent que les scientifiques se basent avant tout sur des « faits » pour y arriver. Cette croyance en la neutralité des scientifiques censés se baser sur des données « objectives », sans être également motivés par des considérations plus contextuelles, conduirait ainsi à une certaine survalorisation de l'expertise scientifique. Selon la même logique, 86 % des sujets ont rejeté massivement la possibilité que les scientifiques soient motivés par des gains financiers.

De la même manière, moins d'un sujet sur deux serait conscient que le consensus entre pairs joue un rôle primordial dans la production des connaissances scientifiques. Les sujets seraient donc portés à sous-estimer le caractère négocié et contextuel de l'élaboration des sciences, comme si, pour environ un sujet sur deux, le scientifique pouvait être complètement désintéressé et avait une sorte de capacité intrinsèque à être objectif (cette position semblant plus présente chez les jeunes du Québec ; voir Aikenhead, 1997).

Ces différentes indications sont en accord avec les résultats des recherches de Désautels et Larochelle (1989) autour de l'idée de sciences exprimée par des jeunes de la fin du secondaire au Québec. En effet, des entrevues réalisées auprès d'adolescentes et d'adolescents québécois illustrent que, ne disposant pas d'indices concrets quant aux pratiques effectives des communautés de recherche, ces jeunes se fabriqueraient des explications fictives de ce qui s'y déroulerait (Larochelle, Désautels et Ruel, 1995). Les sciences seraient ainsi dotées d'une certaine infaillibilité, d'une valeur universelle, non contextuelle. Ce seraient les sens et plus spécifiquement « l'évidence visuelle » qui garantiraient l'exactitude des explications scientifiques sur le fonctionnement naturel (Désautels et Larochelle, 1989).

Nous voilà donc renseignés, d'une certaine manière, quant à la vision des sciences et de leur socialité chez de jeunes Canadiens et Canadiennes. Ces derniers y intégreraient certaines considérations sociales, mais leur croyance en une science cumulative qui progresse immanquablement vers des descriptions exactes de ce qui est serait prédominante. Ces résultats rejoignent ceux d'études similaires réalisées, par exemple, en Europe. Soulignons à cet égard les travaux de chercheurs britanniques en éducation aux sciences quant à la manière dont des jeunes de la fin du secondaire envisagent des controverses scientifiques (Driver, Leach, Millar et Scott, 1996).

Une conception des sciences analogue à celle dont nous venons de faire état semble traverser les conversations recueillies et rend difficilement admissible l'idée même de controverse scientifique. Les scientifiques sont vus comme décrivant objectivement ce qui est, cette conception des sciences faisant en sorte que ces jeunes ont du mal à envisager que des scientifiques en arrivent à des descriptions différentes d'un même objet d'étude. Les controverses scientifiques sont alors interprétées comme des divergences d'opinions personnelles. Elles sont associées à des biais ou à l'incompétence d'un des protagonistes. En d'autres termes, la sous-détermination des sciences (par les données disponibles), tout comme les enjeux sociaux, économiques et éthiques qui orientent les recherches, semble peu présente dans la manière dont les jeunes envisagent les sciences. Celles-ci demeurent ainsi un domaine difficilement négociable et l'idée même de controverse scientifique ne s'insère pas aisément dans la conception des sciences qui semble prédominante (Kolsto, 2001 ; Larochelle et Désautels, 2001).

### 1.3. ACTUALISER LE DISCOURS SCOLAIRE SUR LES SCIENCES

Une telle situation soulève des enjeux éducatifs importants. Dans le contexte actuel de l'émergence de risques sociotechniques, il faut se demander comment l'éducation aux sciences pourrait faire en sorte que les jeunes envisagent ce domaine comme un monde de négociations proche du leur, qui leur est accessible, afin qu'ils s'autorisent à débattre des enjeux sociotechniques qui les concernent, sans s'en remettre uniquement aux experts (Jenkins, 1999). C'est dans cette perspective d'une éducation aux sciences citoyenne qu'il importe de renouveler la rhétorique scolaire sur les sciences. Ce projet passerait par l'introduction de considérations de socio-logie contemporaine des sciences dans les cours de sciences du secondaire (Roth et McGinn, 1998). Notre recherche, dont quelques résultats sont pré-sentés dans les pages qui suivent, se situe dans le prolongement de telles considérations. Nous avons analysé la manière dont quelques jeunes de la fin du secondaire argumentent pour reconstruire le sens d'une controverse entre deux scientifiques qui ne partagent pas les mêmes priorités de recherche sur la question du réchauffement climatique mondial et avons ainsi cerné comment une certaine image des sciences et de leur socialité orientait le cours des discussions de ces jeunes Québécois et Québécoises de 17 ans.

## 2.   CONSIDÉRATIONS MÉTHODOLOGIQUES

Rappelons que nous présenterons successivement dans ce qui suit : les sujets qui ont participé à notre étude, notre outil de collecte de données et, enfin, la posture analytique que nous avons privilégiée et son intérêt pour cibler comment des stratégies argumentatives reconduisent ou ébranlent certaines idées courantes sur les sciences.

### 2.1. CARACTÉRISTIQUES DES SUJETS

Nous avons réalisé sept entretiens réunissant chacun trois sujets dans le cadre de cette recherche. Ces entretiens ont eu lieu dans la région de Québec auprès de jeunes qui terminaient leurs études secondaires dans deux écoles fréquentées par des élèves de la classe moyenne. Tous les sujets ont parti-cipé volontairement et ont suivi la scolarité de base en sciences. Ils avaient été exposés à la question du réchauffement climatique dans au moins deux de leurs cours. Les entretiens ont duré de une heure trente à deux heures et ils ont fait l'objet d'un enregistrement sonore qui a été retranscrit inté-gralement. Les sujets se connaissaient avant l'entretien, puisqu'ils s'étaient côtoyés tout au long de l'année scolaire. Quatre entretiens ont été réussis dans le sens d'une prise de parole effective des trois sujets engagés dans l'interprétation de la vignette. L'analyse de deux de ces entretiens a été menée jusqu'à présent (Bader, 2001). Quelques extraits de l'analyse d'un de ces entretiens sont présentés plus loin[1]. Chaque entretien dont il est question

---

1. Nous mettons l'accent dans ce chapitre sur l'illustration de la posture analytique que nous avons retenue. Nous soulignerons ici trois aspects de notre travail : le caractère original d'un tel type d'analyse conversationnel en éducation aux sciences, les liens que l'on peut établir entre un tel portrait argumentatif et la mobilisation de certaines croyances sur les sciences en cours de discussion, tout comme certaines

ici a été traité comme une étude de cas, c'est-à-dire envisagé dans sa complexité en tant qu'objet d'étude spécifique. Nous avons ainsi dégagé dans chacun des deux cas traités des régularités structurantes, tout en tenant compte du jeu des interactions qui s'est structuré au fur et à mesure de la conversation et qui a peu à peu orienté la délibération en cours. Ce n'est que dans un deuxième temps que nous avons opté pour une posture comparative entre les deux cas[2].

## 2.2. OUTIL DE COLLECTE DE DONNÉES

Étant donné que nous tenons à souligner l'intérêt didactique de notre outil de collecte de données, il convient dès à présent d'en préciser certaines caractéristiques. Une vignette mettant en scène un débat polémique entre deux chercheurs sur la question du réchauffement climatique a servi de déclencheur aux conversations des élèves, objets de notre analyse. Le débat mis en scène dans cette vignette a été conçu de manière à y intégrer différents éléments – à caractère épistémologique, économique, social et éthique – qui circulent dans des écrits traitant de cette question environnementale. Après lecture individuelle de la vignette, les sujets ont eu à converser par groupes de trois afin : 1) de résumer la position de chacun des deux scientifiques engagés dans le débat, 2) de justifier les raisons de désaccord des deux chercheurs, 3) de préciser si l'on disposait de connaissances suffisantes sur la question du réchauffement climatique pour poser des gestes responsables. Les sujets conversaient aussi librement que possible, l'intervieweuse conservant volontairement une position en retrait pendant leurs échanges. Ce n'est que lorsque leurs délibérations semblaient s'essouffler, qu'une question de récapitulation était posée. Ces conversations ont

---

ouvertures pratiques vers lesquelles cette analyse nous conduit. L'utilisation de la vignette en classe sera abordée pour évoquer ce dernier point. Le type de portrait argumentatif que nous avons composé, un lecteur averti l'aura compris, permet d'illustrer les astuces rhétoriques de ces jeunes tout en précisant à partir de quels arguments « forts » les sujets donnent un sens à la polémique qu'ils ont à interpréter. Dans les deux cas traités, les sujets ont illustré – et c'est ce que nous retiendrons ici – qu'ils sont capables de négocier adroitement des considérations d'épistémologie et de sociologie des sciences, ce qui nous permet de penser que de telles considérations constituent un terrain fertile en classe de sciences au secondaire. Même si le nombre de sujets limite les généralisations que nous pouvons tirer d'une telle analyse, l'intérêt des résultats mis en avant se trouve conforté par des études analogues menées dans des contextes différents (voir, par exemple, Kolsto, 2001 ; Larochelle et Désautels, 2001 ; Driver, Leach, Millar et Scott, 1996).

2. Les principales conclusions de ces deux études de cas sont présentées dans Bader (2001, 2003).

été enregistrées et retranscrites afin d'analyser les transcriptions. L'analyse des stratégies argumentatives mobilisées dans le cas de deux de ces conversations nous a permis de dégager des indices quant à la conception des sciences et de leur socialité qui semble orienter l'interprétation de la polémique en question pour ces sujets[3]. Certaines croyances semblent également à l'œuvre dans la reconstruction qui a été faite de cette polémique scientifique.

*A posteriori*, on peut associer ce type de collecte de données à une sorte d'exercice de « rupture de la réalité de sens commun » à la Garfinkel, au sens où ce qui y est proposé peut être vu comme étant en contradiction avec ce que de jeunes Québécois et Québécoises de la fin du secondaire semblent tenir pour admis, et ce, sur deux plans. Tout d'abord, la vignette propose une vision polémique des sciences, vision qui va à l'encontre de la conception réaliste qui serait prépondérante en contexte scolaire québécois, ainsi qu'il a déjà été précisé. De plus, la mise en question de l'existence même d'un réchauffement climatique et des causes de ce réchauffement, associées habituellement à des activités humaines productrices de gaz à effet de serre, est un autre élément de rupture par rapport aux idées courantes sur la question. Or, la position d'un des deux scientifiques de la vignette, (P), tend à reconduire une conception réaliste des sciences, tout comme la croyance dans le progrès technique et dans l'existence tangible d'un réchauffement climatique qu'il faudrait limiter. P soutient l'adéquation possible de cartes obtenues par modélisation informatique avec le fonctionnement climatique réel. Il défend l'importance de poser des gestes immédiats pour réduire les émissions de gaz à effet de serre, tout comme la nécessité de poursuivre les recherches pour mieux comprendre le fonctionnement du climat terrestre. La position de la deuxième protagoniste du débat, (J), va à l'encontre de ce qui est généralement admis sur les sciences. J dissocie en effet les modèles climatiques de leur correspondance avec la réalité qu'ils sont censés représenter. Ce faisant, elle remet en cause le postulat réaliste qui soutient la prétention des sciences à décrire ce qui est. De plus, elle conteste la validité de travaux scientifiques qui tendent à illustrer l'existence d'un réchauffement climatique dû à une augmentation des gaz à effet de serre, rompant ainsi avec l'interprétation courante. Elle soulève la possibilité d'une fraude dans des écrits scientifiques qui ont servi à conseiller les gouvernements sur le plan international. En outre, elle oriente explicitement ses priorités de recherche en fonction de préoccupations sociales. Elle critique le coût de

---

3. On peut se référer à Bader (2001) pour consulter le texte de la vignette dans son ensemble et en savoir davantage sur l'ensemble des résultats de ces analyses argumentatives.

l'instrumentation technique nécessaire aux recherches menées par P. Bien que de tels arguments circulent dans les écrits scientifiques sur cette question et soient soulevés, par exemple, par des sociologues des sciences qui s'intéressent à cet enjeu (Schakley et Wynne, 1996), associer explicitement les sciences à des considérations sociales, éthiques ou économiques est plutôt inhabituel. C'est ce que laissent également penser les propos des jeunes que nous avons rencontrés.

Avant de présenter quelques extraits de transcriptions qui illustrent tout à la fois l'habileté rhétorique des sujets et leur perplexité face à l'existence même de positions controversées entre chercheurs, arrêtons-nous brièvement à notre outil d'analyse argumentative et à son intérêt pour le repérage de l'expression rhétorique de certaines croyances[4].

## 2.3. ANALYSE ARGUMENTATIVE

Notre posture analytique s'apparente à une analyse épistémologique de conversations (Potter, 1996). Le langage y est envisagé sur un mode pragmatique et n'est donc plus considéré comme décrivant passivement, de manière plus ou moins fidèle, une réalité ontologique. Tout l'intérêt de cette position est d'éclairer, d'une part, comment les propos avancés en cours de discussion sont structurés en fonction des priorités du locuteur et, d'autre part, comment les stratégies argumentatives[5] qui les constituent reconduisent certaines conventions sociales, des croyances particulières, contribuant ainsi à structurer une réalité de sens commun (Billig, 1996 ; Edwards, 1997). Cette réalité de sens commun y est également parfois remise en cause, comme nous le verrons dans l'extrait de la transcription présenté plus loin.

---

4. L'analyse qui a été menée consiste à suivre pas à pas le déroulement de l'ensemble d'une conversation pour éclairer comment les arguments se répondent les uns aux autres. Il s'agissait également de repérer les arguments qui étaient considérés d'emblée comme crédibles, « vrais », ceux qui étaient plutôt rejetés ou qui menaient à la marginalisation du locuteur qui les soutenait. Ce travail analytique totalise environ 150 pages de texte pour rendre compte de deux conversations d'environ une heure et demie chacune. Nous ne donnons ici qu'un aperçu des plus elliptiques de cette démarche. Comme nous le précisons plus loin, c'est donc par le biais de leur expression rhétorique, en cours de discussion, que nous tentons de cerner l'émergence de certaines croyances sur les sciences.

5. Étant donné le sens accordé à l'adjectif « rhétorique » (Potter, 1996, p. 33), il nous a semblé légitime d'employer indifféremment « rhétorique » ou « argumentatif » dans ce travail.

Un point à souligner dans notre analyse est le repérage de stratégies argumentatives dites de « factualisation » (Potter, 1996). Ces stratégies ont pour effet de mettre certains arguments en scène de manière à en renforcer la vraisemblance, l'état de « fait ». Repérer ces stratégies permet donc de cibler, en cours de discussion, ce que les sujets considèrent d'emblée comme étant plus crédible, plus admissible, étant donné leur conception des sciences et du réchauffement climatique[6]. Étudier ces jeux argumentatifs paraît tout à fait pertinent pour le repérage de l'expression rhétorique de croyances dans la mesure où l'on identifie ainsi les positions dont les sujets tiennent d'emblée à soutenir la vraisemblance.

En effet, bien que le concept de croyance, tout comme son opérationnalisation méthodologique, soulève de nombreuses questions (Lenclud, 1991), nous retiendrons les éléments de définition suivants. Les croyances seraient de l'ordre d'un ensemble d'idées admises, généralement tacites, partagées dans un contexte donné et que l'on n'aurait donc pas, la plupart du temps, à justifier. Si l'on suit la proposition de Billig (1996) quant à la distinction qu'il introduit entre le concept de croyance et celui d'attitude, l'expression rhétorique d'attitudes comporterait une dimension évaluative autour d'enjeux controversés et se prêterait donc facilement à des discussions argumentées. Au contraire, la mobilisation de croyances particulières en cours de débat ne serait pas facilement remise en cause. Les sujets posséderaient ainsi peu ou pas d'outils rhétoriques leur permettant d'argumenter à propos de ce qu'ils tiennent habituellement pour évident. C'est dans cette optique que notre posture analytique, qui combine un repérage de stratégies de factualisation illustrant comment des sujets défendent la crédibilité de certains arguments aux dépens d'autres points de vue qu'ils jugent moins recevables, avec l'éclairage de moments de plus grande perplexité, peut servir à l'étude de l'expression rhétorique de croyances particulières que les sujets mobilisent lorsqu'ils interprètent un désaccord entre chercheurs. Nous avons précisé plus tôt certaines croyances se rapportant à l'image scolaire des sciences. Dans les extraits des transcriptions qui suivent, nous ciblerons, ici ou là, certains jeux rhétoriques que l'on peut associer à leur expression. Illustrons tout d'abord comment ces jeunes ont du mal à admettre l'idée même de désaccord entre scientifiques.

---

6. Nous ne présentons pas ici plus avant les procédés discursifs donc la conjugaison concourt à factualiser certains arguments. Cela a été décrit par ailleurs (Bader, 2001).

# 3. ÉCHANGES AUTOUR D'UN DÉSACCORD ENTRE DEUX CHERCHEURS, UN BREF APERÇU

Au cours des deux conversations que nous avons analysées, les sujets ont exprimé une certaine perplexité face au désaccord entre les deux scientifiques de la vignette. Chaque fois, un des sujets a amorcé une série d'échanges qui illustrent que ces jeunes ont du mal à admettre que deux scientifiques sérieux soutiennent des résultats différents. Examinons brièvement comment de tels échanges se sont déroulés dans une des conversations.

## 3.1. PERPLEXITÉ FACE À UN DÉSACCORD ENTRE DEUX SCIENTIFIQUES COMPÉTENTS

Dans un premier cas, après avoir débattu longuement autour des raisons plausibles de désaccord entre les deux scientifiques de la vignette, les trois garçons (S19, S20 et S21) finiront par résoudre leur dilemme interprétatif en disqualifiant un des deux scientifiques. C'est ainsi qu'au fur et à mesure de leurs échanges J a peu à peu été exclue de la catégorie des scientifiques compétents et s'est vu attribuer certains intérêts partisans pour expliquer qu'elle ne veuille pas se ranger aux arguments de son collègue P. En ce sens, l'identité de J a été colorée de manière à discréditer ses dires. On lui a attribué une personnalité douteuse : J a été qualifiée de jalouse, de bornée, tout comme on l'a taxée de compétence moindre et même d'une certaine malhonnêteté. Soulignons que de telles considérations ne sont jamais mentionnées dans la vignette. Cet ensemble de procédés discursifs a ainsi concouru à une stratégie argumentative de disqualification de la position de J[7]. Ces échanges ont été illustrés en détail par ailleurs, tout comme les stratégies de factualisation mises en œuvre au fur et à mesure de cette délibération (Bader, 2001).

Dans le cas de la conversation dont nous présentons ici quelques extraits des transcriptions plus en détail, la même perplexité face au désaccord a tout d'abord été mise en avant. Cette fois, ce sont trois filles, S11, S12

---

7. On reconnaît là un type de stratégie argumentative à la manière de celles que Potter (1996) a relevées dans différents contextes lorsqu'il s'agit de miner la crédibilité d'une position. Situer explicitement un locuteur dans une catégorie d'autorité comme celle des juges, des médecins ou des scientifiques renforce la légitimité de ses dires et contribue à factualiser un argument ; l'en dissocier le disqualifie. Attribuer des intérêts partisans à un locuteur ou le présenter comme moins compétent a également pour effet de discréditer ce qu'il avance.

et S13, qui échangent autour de la vignette. Dans ce qui suit, nous illustre-rons comment la croyance en une science empiriste sera peu à peu remise en question par S10, qui intégrera dans le débat l'idée d'un caractère sub-jectif à la production des connaissances scientifiques, forçant ainsi ses compagnes à argumenter pour justifier ce qu'elles soutenaient d'emblée à propos des sciences.

## 3.2. EFFETS D'UNE POSITION MINORITAIRE, OUVERTURE RÉFLEXIVE

Les échanges dont nous faisons état se déroulent à la suite de la remarque de S11 qui s'était dite étonnée, en début d'entretien, de constater que *deux chercheurs sérieux en arrivent à des conclusions contradictoires*. Elle exprimait donc bien une certaine perplexité devant un désaccord entre deux scienti-fiques. En ce sens, pour justifier le fait qu'elle ne peut pas envisager que des chercheurs en arrivent à des résultats opposés, S11 mobilise alors l'idée de « précision » de la science. S12 poursuit dans le même sens en ajoutant que si les scientifiques *cherchent la même chose* et s'ils *ont vraiment raison*, ils devraient en arriver à la même conclusion :

> **S11** : Il me semble... Il me semble que, dans ma tête, la science, c'est quelque chose de tellement précis. Il me semble, je ne peux pas concevoir qu'ils puissent arriver à des choses opposées. Il me semble dans la vie heu...
>
> **S12** : Tu sais, s'ils cherchent la même chose, heu...
>
> **S11** : S'ils cherchent la même chose.
>
> **S12** : Tu sais, s'ils ont vraiment raison, ils vont arriver à la même chose, tu sais. (Transcription 2, p. 30)

Devant cette prise de position en duo qui défend l'unicité des expli-cations scientifiques sur un objet d'étude donné, S10 prend, pour sa part, une position très différente. À plusieurs reprises, elle soutient des argu-ments que l'on peut considérer comme allant à l'encontre des idées cou-rantes, empiristes et réalistes, sur les sciences. Cette position que l'on peut rapprocher de ce que Billig (1996) définit comme une position minoritaire force ses compagnes, et en particulier S11, à tenter d'expliciter ce qu'elles tiennent généralement pour des évidences à propos des sciences. Examin-ons l'effet de la position de S10, en marge des convictions courantes, sur le déroulement des échanges.

Afin de répondre aux derniers échanges mentionnés plus haut, S10 rétorque que chacun peut « percevoir » les choses à sa manière, ce qui peut mener à des résultats différents. Elle renforce son argumentation en pre-nant appui sur l'exemple d'un concours musical auquel S11 et elle-même ont participé et s'en sert pour illustrer comment, lors de cet événement, les juges en arrivent à des résultats «contradictoires» à partir de la même prestation. Elle fait un parallèle entre cette situation et le désaccord mentionné dans la vignette :

> **S10** : Ça dépend. Ils peuvent percevoir une affaire autrement. Juste à penser au «festival de l'harmonie», les juges là, ce qu'ils peuvent écrire, comment ça peut être contradictoire. C'est juste une perception. Ça fait que ça peut être la même affaire.
>
> **S12** : [inaudible] Oui, sauf qu'ils sont contradictoires [entre] eux, mais... (Transcription 2, p. 30)

S10 poursuit sur sa lancée pour expliquer que deux scientifiques peuvent en arriver à des conclusions contradictoires lorsqu'ils étudient le même phénomène. Elle affirme qu'une observation peut être interprétée de deux manières différentes, ce que S11 et S12 semblent ne pas admettre facilement, si l'on en croit leurs remarques précédentes. S12 tente d'intervenir, mais elle est interrompue par S11 qui convoque l'aspect «physique» des sciences pour répondre à S10. S10 ajoute alors que, dans le cas d'un phénomène qu'on ne connaît pas, il est possible de proposer deux versions explicatives tout à fait différentes. Puis du même souffle, comme pour adoucir cette dernière offensive rhétorique, elle s'adresse à S11 et lui demande son avis concernant sa dernière proposition, en prenant la peine d'ajouter qu'elle-même n'a suivi ni cours de physique, ni cours de chimie, contrairement à S11, qu'elle met ainsi en scène comme celle qui serait mieux en mesure d'avoir un avis éclairé sur ces questions. S11 lui répond que *pour ce qui est physique, il n'y a qu'une façon de faire fonctionner les choses* :

> **S10** : Oui, mais quelque chose qu'ils peuvent observer, ils peuvent l'interpréter de deux façons.
>
> **S12** : C'est sûr là, mais...
>
> **S11** : Au niveau des sciences, c'est tellement... physique, tu sais, c'est tellement...
>
> **S10** : Oui, mais ça dépend. Quelque chose que tu ne connais pas, tu peux dire, tu peux dire deux choses complètement différentes, non ?... Je ne le sais pas moi, je n'ai pas de cours de physique, là. Je n'ai pas... Je n'ai pas de cours de chimie non plus. Je ne suis pas...
>
> **S11** : Pour ce qui est physique, il y a une façon de faire fonctionner les choses [il] me semble. Il n'y en a pas deux. (Transcription 2, p. 31)

Pour répondre à S11 qui mobilise l'unicité des explications scientifiques en physique, S10 fait alors référence au caractère imprévisible de certains événements naturels. Elle invoque l'inévitable incertitude des prévisions météorologiques. Elle semble faire un prolongement entre cette dernière proposition et le cas des deux scientifiques de la vignette. En réponse à cet argument de S10 qui, somme toute, mobilise une certaine indétermination des phénomènes naturels, S12 intervient pour renforcer la position de S11 en mobilisant cette fois la confiance que l'on accorde généralement aux scientifiques, un procédé discursif qui tend à renforcer sa position en l'inscrivant dans un consensus social :

> **S10** : Ben ça dépend, des fois tu peux regarder le ciel, tu vois un gros nuage noir. Ça se peut qu'il mouille [pleuve], ça se peut qu'il ne mouille pas. C'est la même affaire pour ça. Tu ne peux pas être sûr que ça va être juste une réponse, là.
>
> **S11** : Ouais mais, même à ça.
>
> [Rires de S10]
>
> **S12** : Parce qu'on pense aussi que des chercheurs tu sais, c'est, c'est… Tu sais, ils ont raison, tu sais. (Transcription 2, p. 31)

Mais S10 poursuit sur la même lancée et précise que, lorsque les scientifiques observent un phénomène, c'est en posant une hypothèse qu'ils en arrivent à des résultats. Elle prend l'exemple d'un cours d'écologie qu'elles ont suivi et durant lequel elles avaient à poser des hypothèses, soulignant que, la plupart du temps, elles se trompaient. Elle ajoute que, pour proposer des hypothèses, elles utilisaient leur jugement et que les scientifiques procèdent de la même manière, à la différence que ces derniers ont plus de connaissances. Ce faisant, S10 remet en cause la pertinence du statut particulier accordé aux scientifiques, argument que S12 a soulevé plus tôt. Elle présente les pratiques scientifiques en les plaçant sur le même plan que certaines de leurs activités scolaires et met ainsi le travail des scientifiques en scène en le rapprochant d'un monde qui leur est accessible. S10 ajoute que les deux scientifiques ont des visions des choses tellement différentes que cela peut expliquer leur désaccord, reconnaissant clairement un caractère subjectif à la production des sciences :

> **S10** : Non mais, tu sais, eux autres, ils observent de quoi, ils posent une hypothèse. Mais je ne sais pas si tu te souviens en écologie quand on faisait une hypothèse, t'écrivais ce que tu pensais, la majorité du temps, on était à côté. [Rires de S11 ou de S12] Mais, tu sais, ce qu'on observait, on y allait avec notre jugement. Tu sais, on disait : « moi, je pense que c'est ça ». Mais eux autres font la même affaire [chose], sauf qu'ils ont peut-être plus de connaissances. Mais, même à ça, leur vision des choses n'est tellement pas pareille, des fois ça se peut qu'ils comprennent carrément à l'opposé. (Transcription 2, p. 32)

À la suite des propos de S10, les deux autres élèves ne répondent pas, un temps d'arrêt est marqué dans la conversation. L'intervieweuse propose alors à S11 d'essayer de clarifier sa position. Après quelques secondes, S11 donne l'exemple de deux professeurs de mathématiques qui n'expliqueraient pas un problème de la même manière tout en ayant la même formation, précisant qu'elle trouverait cela inconcevable. Elle ajoute que, si des professeurs ont suivi les mêmes études, ils devraient présenter les choses de façon similaire, s'appuyant ainsi à juste titre sur l'idée de la standardisation des connaissances scientifiques, standardisation à laquelle une formation en sciences est censée mener. Son argumentation est cependant teintée d'hésitations.

S10 intervient alors à nouveau et campe cette fois ses propos dans le champ de la poésie. Elle précise qu'il peut y avoir plusieurs significations à un poème et ajoute qu'en sciences, lorsqu'on s'intéresse à quelque chose qu'on ne connaît pas encore, il peut aussi y avoir différentes interprétations possibles. Et elle ajoute *Tu peux toujours trouver des preuves pour prouver ce que tu dis*, un peu comme si le fait de se pencher sur un nouveau domaine de recherche (comme dans le cas des études sur le réchauffement climatique) rendait toutes les explications envisageables. S11 rétorque alors en opposant le caractère « abstrait » de la poésie au caractère « concret » des sciences, mettant en avant le caractère empirique des sciences pour légitimer leur crédibilité, contrairement à la poésie qui ne correspondrait qu'à un domaine de connaissances plus interprétatif :

> **S11** : Ben, c'est comme deux profs de maths qui expliquent un même problème, puis qui ne l'expliquent pas pantoute pareil [du tout de la même manière], puis ça ne revient pas à la même affaire [chose]. Tu sais, je ne sais pas. Il me semble [que] les deux ont les mêmes études, tu sais, je ne sais pas.
>
> **S10** : C'est comme si tu as un poème. Tu peux avoir deux significations à ton poème, hein. Même plus que ça.
>
> **S11** : Ouais, mais là, un poème, c'est abstrait, les sciences, c'est concret.
>
> **S12** : Ils font par exprès pour mettre des mots pour justement…
>
> **S10** : Mais c'est ça. Mais les sciences, comme là, ils parlent en plus de quelque chose qui n'est pas encore, qu'on ne sait pas encore. C'est comme un poème quand tu ne sais pas le message que l'auteur [y] a mis. Comme là, on ne sait pas, qu'est-ce que, je ne sais pas, celui qui a créé la Terre, mettons que c'est Dieu, ben si on ne sait pas […] ce que lui a mis puis […] ce que ça va faire, puis tout ça, ben en attendant on peut dire ce qu'on veut. Un poème, tu peux dire que c'est une recette de pâté chinois si tu veux, puis ça se peut que ça parle d'amour. Mais quand tu ne sais pas ce que l'auteur a mis dedans puis ce que ça voulait dire, tu peux dire n'importe quoi. Tu peux toujours trouver des preuves pour prouver ce que tu dis. [Rires de S10] J'ai de trop bons arguments. (Transcription 2, p. 33)

S10 place ainsi les sciences et la poésie sur le même plan. Elle fait également référence à « Dieu » en tant que principe organisateur possible du fonctionnement de la Terre et spécifie que, dans la mesure où l'on n'a pas accès à ce niveau de vérité, toutes les interprétations sont permises, même en sciences, les preuves correspondantes pouvant toujours être rassemblées. S11 et S12 demeurent silencieuses. S10 rit et maintient sa position avec une certaine assurance en ajoutant *J'ai de trop bons arguments*.

Ces différents arguments illustrent le déploiement d'une position minoritaire, celle de S10, qui a pour effet de convoquer une version consensuelle des sciences, celle que soutiennent ses compagnes de discussion, pour la soumettre au débat. Cette attitude oblige ses camarades à argumenter à propos d'évidences qui sont généralement admises de manière tacite. S10 interroge ainsi l'unicité des explications scientifiques tout comme le caractère « concret », empirique, des objets d'étude en sciences, arguments qui légitiment habituellement le fait que les scientifiques en arrivent à des certitudes sur le fonctionnement naturel (Edwards, 1997). Elle remet également en cause le fait que, comme l'avance S11, deux scientifiques ayant les mêmes études devraient en arriver à expliquer les choses de la même manière. Elle reconnaît une certaine subjectivité dans toute interprétation, qu'elle soit scientifique ou poétique, et maintient ses descriptions des pratiques scientifiques dans le même cadre de référence que celui de ses propres activités scolaires, ce qui vient à l'encontre de l'image habituelle des scientifiques que l'on situe plutôt dans un univers « hors du commun » (Latour, 1999). Cette attitude de S10 qui remet en question des idées courantes sur les sciences fait en sorte que celles-ci deviennent explicites et doivent être légitimées. La force de conviction accordée par convention à une certaine conception empiriste et réaliste des sciences s'en trouve ébranlée pour un temps. On peut penser qu'une certaine survalorisation sociale des sciences pourrait, si le débat était maintenu en ce sens, être mise en doute. C'est en ce sens qu'amorcer de telles conversations en classe de sciences pourrait servir à développer des compétences argumentatives à propos d'enjeux sociotechniques contemporains chez les jeunes. Définir le rôle de certaines stratégies de factualisation dans l'orientation des délibérations en cours et leur lien avec des croyances maintenues de manière tacite conduirait à plus de réflexivité et à des prises de position plus éclairées sur notre manière de voir les sciences. De tels exercices ouvriraient la voie à une actualisation de la rhétorique scolaire sur les sciences.

Les échanges qui suivent sont d'ailleurs l'illustration d'une ouverture du débat vers plus de réflexivité. En effet, S11 intervient alors en exprimant un certain agacement et maintient qu'à son avis les chercheurs devraient en arriver à la même conclusion. S10 rétorque que c'est le statut social réservé aux chercheurs qui influence la position de S11, dissociant ainsi la crédibilité que S11 reconnaît aux sciences de leur caractère empirique et associant du même coup leur valeur à une convention discutable. Envisagées ainsi, les sciences ne porteraient pas en elles-mêmes, par leurs méthodes, une garantie de vérité. Leur légitimité est plutôt présentée par S10 comme de l'ordre d'une idée reçue. S11 reconnaît que c'est bien le statut qui est accordé aux chercheurs qui l'amène à concevoir qu'ils devraient en arriver à une explication unique. Et elle ajoute que l'école ne l'a pas habituée à envisager qu'il puisse exister deux versions explicatives différentes d'une même réalité.

> **S11** : Ouais… Ah, je ne sais pas ! Mais pour moi, les chercheurs, tu sais, je ne sais pas, ils seraient supposés [en] arriver à la même conclusion, tu sais.
>
> **S10** : C'est parce qu'ils s'appellent chercheurs.
>
> **S11** : Ouais, justement. C'est parce qu'ils [s'appellent] chercheurs. Tu sais, habituellement selon les catégories de ce qu'ils nous apprennent à l'école, tu t'imagines qu'il ne peut pas y avoir deux versions différentes d'une même réalité. (Transcription 2, p. 33)

Ce qui précède montre que ces élèves de 5e secondaire sont capables de négocier des considérations d'épistémologie des sciences. Elles s'interrogent également sur l'autorité reconnue à ce domaine de savoir, ce qu'il convient de souligner. Par ailleurs, c'est en évoquant les « catégories » du savoir scolaire que S11 justifie le fait qu'elle ne peut envisager deux versions explicatives d'une même réalité. Elle se montre tout à fait capable d'intégrer ce que dit S10 dans sa propre argumentation. Mais, tout en n'adhérant pas aux positions amenées par S10, elle ne trouve pas, dans le cadre de cette discussion, les outils rhétoriques nécessaires pour défendre ses convictions en une science empirique qui standardise les explications proposées pour en arriver à une certaine unicité des faits reconnus.

La conversation s'est poursuivie. S10, S11 et S12 en arriveront, au bout du compte, à une interprétation de la polémique en tant que stade d'«immaturité» des sciences. À leurs yeux, les scientifiques n'en sont qu'à leurs débuts sur la question du réchauffement climatique. Comme si la croyance en un progrès inéluctable des sciences sur cette question leur permettait de conclure leur discussion : plus de preuves empiriques seront rassemblées, les faits permettront alors de régler la polémique entre les deux scientifiques. Il faut retenir cependant que ce consensus apparent ne s'est pas fait sans heurts, ni habiles négociations. Il a émergé en bout de course, après des échanges qui illustrent la capacité et l'intérêt des sujets à envisager des questions d'épistémologie et de sociologie des sciences.

# 4. TRANSPOSITION DIDACTIQUE DE LA VIGNETTE

À titre d'ouverture vers un enrichissement des pratiques éducatives en sciences au secondaire, rappelons ici les grandes lignes d'une stratégie didactique au cours de laquelle la vignette sur le réchauffement climatique dont il a été question plus tôt a été utilisée. Cette démarche a été mise en œuvre à l'intérieur d'un cours de didactique des sciences destiné à de futurs enseignants et enseignantes du collégial qui avaient tous terminé une formation de premier cycle universitaire en sciences[8]. Les buts poursuivis dans ce cours étaient d'amener les participants et les participantes à expliciter puis à complexifier leur conception initiale des sciences. Ce cours devait également être une initiation au modèle constructiviste de la cognition et une sensibilisation aux rapports de pouvoir qui peuvent traverser l'enseignement des sciences en lien avec la notion de rapport au savoir (Charlot, 2002). On insistait par exemple à cet effet sur l'intérêt de travailler en classe à partir des connaissances antérieures des élèves, et ce, en reconnaissant la validité contextuelle de ces dernières. Voici les grandes étapes de la démarche proposée. Une réflexion sur des considérations d'épistémologie des sciences était abordée dans un premier temps autour du concept d'«observation scientifique». Certaines études de sociologie des sciences étaient ensuite présentées pour illustrer l'inscription contextuelle, le caractère négocié et les limites de validité de certaines connaissances scientifiques (Latour, 1995 ; Wynne, 1997). Cette représentation des sciences en action permettait alors de s'interroger sur l'idée d'une lecture empiriste et directe du réel, telle qu'on la conçoit souvent plus ou moins implicitement en contexte scolaire. En ce qui concerne plus spécifiquement la question du réchauffement climatique, un enjeu d'actualité, les étudiants et les étudiantes avaient à préciser dans un premier temps, dans des équipes de trois ou quatre, leurs connaissances initiales sur le phénomène, leurs manières d'envisager le travail des chercheurs, tout comme les actions prioritaires qu'ils mèneraient face à cet enjeu, que ce soit en tant que citoyen ou en tant que professeur de sciences. Lors de l'atelier de mise en commun de leurs différentes positions de départ, leurs connaissances sur le phénomène du réchauffement

---

8. Il s'agit d'un cours de didactique des sciences offert dans le cadre du Certificat en enseignement collégial de l'Université Laval (DID-15001). La démarche proposée ici a été greffée à la démarche antérieure proposée dans ce cours par les professeurs Jacques Désautels et Marie Larochelle et qui mettait l'accent sur des considérations d'épistémologie des sciences en lien avec une réflexion sur la notion de rapport au savoir scientifique.

climatique opposées aux conceptions courantes, telles qu'elles ont été cernées par différentes recherches empiriques (Andersson et Wallin, 2000 ; Boyes et Stanistreet, 1998). La lecture de la vignette et les réponses aux différentes questions qui l'accompagnent pouvaient être réalisées ensuite sur une base individuelle en dehors des heures de rencontres hebdomadaires. Au cours suivant, les étudiants et les étudiantes devaient s'entendre, en équipe, sur leur interprétation du désaccord mis en scène dans la vignette. Suivait un visionnement dirigé d'un documentaire audiovisuel de vulgarisation scientifique sur la question du réchauffement climatique. Ce documentaire présentait, entre autres choses, deux théories en opposition quant aux causes du réchauffement climatique présumé. Nous tentions de cerner l'orientation épistémologique du propos afin de sensibiliser le groupe au type de discours courant sur les sciences et de préciser, là encore, les raisons du désaccord des scientifiques qui ne s'entendaient pas sur les causes du réchauffement climatique présumé. Des lectures obligatoires sur la question du réchauffement climatique étaient ensuite distribuées. Le premier écrit présentait cette question comme un enjeu à caractère tout à la fois politique, éthique et scientifique. La complexité des différents phénomènes naturels en jeu était soulignée, tout comme les intérêts de certains acteurs engagés dans le débat. Le deuxième texte illustrait une reconstitution de l'évolution du climat sur plusieurs siècles, tout en faisant référence aux différentes théories qui se sont succédé pour aborder la question. Le troisième article était extrait d'un quotidien québécois et reprenait les grandes lignes du discours courant sur la question. C'est à la suite de ces différentes étapes de réflexion que les étudiants et les étudiantes devaient préciser comment ils aborderaient cette question en tant que professeurs de sciences au secondaire, en lien avec la question du type de rapport au savoir scientifique qu'ils tenteraient alors de privilégier. Pour terminer, on effectuait un retour sur l'ensemble de cette démarche tout en soulignant comment on avait tenté d'y mettre en pratique certains principes du modèle constructiviste de la cognition.

## CONCLUSION

Cette recherche, qui se situe dans la lignée d'études empiriques s'intéressant aux discours sur les sciences en contexte scolaire (Kolsto, 2001 ; Larochelle et Désautels, 2001), indique comment les rhétoriques courantes tendent à reconduire (mais permettent également de remettre en question) certaines idées convenues sur les sciences. Actualiser la manière de présenter les sciences en classe devrait viser à former des professeurs et professeures de sciences, et également des jeunes du secondaire, plus critiques et capables d'argumentation réflexive, ainsi qu'il est que souhaité par la réforme éducative en cours au Québec (MEQ, 2001). Dans le cas des deux conversations analysées, l'autorité reconnue aux sciences a été mise en doute et son caractère conventionnel a été admis, ce qui n'est pas rien. Notre travail permet de penser que l'utilisation didactique de mises en situation qui illustreraient le caractère controversé des sciences, tout comme des pratiques actuelles de recherche et des enjeux économiques et politiques qui peuvent s'y rattacher, représente une voie féconde pour renouveler la rhétorique scolaire sur les sciences. Des activités de ce type contribueraient à redonner un sens à l'enseignement des sciences au secondaire en situant clairement cette activité dans le contexte d'une société où les questions de risques sociotechniques se multiplient. Permettre le développement de capacités argumentatives vers plus de réflexivité et de sens critique relativement aux pratiques de recherche et leurs ancrages contextuels engagerait les jeunes dans des débats autour d'enjeux démocratiques de premier plan quant au rapport au vivant que l'on veut instaurer dans nos sociétés occidentales.

## BIBLIOGRAPHIE

Aikenhead, G.S. (1987). « High-school graduates' beliefs about science-technology-society. III. Characteristics and limitations of scientific knowledge », *Science Education, 71*(4), p. 459-487.

Aikenhead, G.S. (1988). « An analysis of four ways of assessing student beliefs about STS topics », *Journal of Research in Science Teaching, 25*(8), p. 607-627.

Aikenhead, G.S. (1997). « Students views of the influence of culture on science », *International Journal of Science Education, 19*(4), p. 419-428.

Aikenhead, G.S. et A.G. Ryan (1992). « The development of a new instrument : "Views on science-technology-society" (VOSTS) », *Science Education, 76*(5), p. 477-491.

Andersson, B. et A. Wallin (2000). « Students' understanding of the greenhouse effect, the societal consequences of reducing $CO_2$ emissions and the problem of ozone layer depletion », *Journal of Research in Science Teaching, 37*(10), p. 1096-1111.

Bader, B. (2001). *Étude de conversations estudiantines autour d'une controverse entre scientifiques sur la question du réchauffement climatique.* Thèse de doctorat, Québec, Université Laval.

Bader, B. (2003). « Interprétation d'une controverse scientifique : stratégies argumentatives d'adolescentes et d'adolescents québécois », *Revue canadienne de l'enseignement des sciences, des mathématiques et de la technologie, 3*(2), p. 231-250.

Billig, M. (1996). *Arguing and Thinking. A Rhetorical Approach to Social Psychology,* Cambridge et Paris, Cambridge University Press / Éditions de la Maison des sciences de l'homme.

Boyes, E. et M. Stanistreet (1998). « High school students' perceptions of how major global environmental effects might cause skin cancer », *The Journal of Environmental Education*, *29*(2), p. 31-36.

Callon, M. (dir.) (1989). *La science et ses réseaux*, Paris, La Découverte/Conseil de l'Europe/Unesco.

Charlot, B. (2002). « La problématique du rapport au savoir », *Didactiques et rapports au savoir. Actes des troisièmes journées d'études franco-québécoises des didactiques*, Paris V-Sorbonne, p. 5-15.

Collins, H. et T. Pinch (2001). *Les nouveaux Frankenstein. Quand la science nous trahit*, Paris, Flammarion.

Cunningham, C.M. et J. Helm (1998). « Sociology of science as a mean to a more authentic, inclusive science education », *Journal of Research in Science Teaching*, *35*(5), p. 483-499.

Désautels, J. et M. Larochelle (1989). *Qu'est-ce que le savoir scientifique ? Points de vue d'adolescents et d'adolescentes*, Sainte-Foy, Les Presses de l'Université Laval.

Désautels, J. et M. Larochelle (1998). « The epistemology of students : The "thingified" nature of scientific knowledge », dans B.J. Fraser and K. Tobin (dir.), *International Handbook of Science Education*, Dordrecht, Pays-Bas, Kluwer Academic Publishers, p. 115-26.

Driver, R., J. Leach, R. Millar et P. Scott (1996). *Young People's Images of Science*, Buckingham, UK, Open University Press.

Driver, R., P. Newton et J. Osborne (2000). « Establishing the norms of scientific argumentation in classrooms », *Science Education*, *84*(3), p. 287-312.

Edwards, D. (1997). *Discourse and Cognition*, Londres, Sage.

Jenkins, E. (1999). « School science, citizenship and the public understanding of science », *International Journal of Science Education*, *21*(7), p. 703-710.

Kolstø, S.D. (2001). « "To trust or not to trust..." pupils' ways of judging information encountered in socioscientific issue », *International Journal of Science Education*, *23*(9) p. 877-901.

Larochelle, M. et N. Bednarz (1994). « À propos du constructivisme et de l'éducation », *Revue des sciences de l'éducation*, *20*(1), p. 21-27.

Larochelle, M. et J. Désautels (2001). « Les enjeux socioéthiques des désaccords entre scientifiques : un aperçu de la construction discursive d'étudiants et étudiantes », *Revue canadienne de l'enseignement des sciences, des mathématiques et de la technologie*, *1*(1), p. 39-60.

Larochelle, M., J. Désautels et F. Ruel (1995). « Les sciences à l'école : portrait d'une fiction », *Recherches sociographiques*, *36*(3), p. 527-555.

Latour, B. (1995). *Le métier de chercheur. Regard d'un anthropologue*, Paris, Institut national de la recherche agronomique.

Latour, B. (1999). *Politiques de la nature. Comment faire entrer les sciences en démocratie*, Paris, La Découverte.

Lenclud, G. (1991). « Croyance », dans P. Bonte et M. Izard (dir.), *Dictionnaire de l'ethnologie et de l'anthropologie*, Paris, Presses universitaires de France, p. 184-186.

Ministère de l'Éducation du Québec (2001). *La formation à l'enseignement : les orientations, les compétences professionnelles*, Québec, Gouvernement du Québec.

Millar, R., R. Driver, J. Leach et P. Scott (1993). *Students' Understanding of the Nature of Science : Students' Awareness of Science as a Social Enterprise*, Leeds / York, UK, University of Leeds, Centre for studies in science and mathematics education, and University of York, Science Education Group, Working Paper, No. 9.

Potter, J. (1996). *Representing Reality. Discourse, Rhetoric and Social Construction*, Londres, Sage.

Roth, W.M. et M.K. McGinn (1998). « Knowing, researching, and reporting science education : Lessons from science and technology studies », *Journal of Research in Science Teaching*, *35*(2), p. 213-235.

Shackley, S. et B. Wynne (1996). « Representing uncertainty in global climate change science and policy : Boundary-ordering devices and authority », *Science, Technology and Human Values*, *21*(3), p. 275-302.

Testart, J. (2000). « Les experts, la science et la loi », *Le Monde diplomatique, 558*, septembre, p. 1, 26-27.

Wynne, B. (1997). « Controverses, indéterminations et contrôle social de la technologie. Leçons du nucléaire et de quelques autres cas au Royaume-Uni », dans O. Godard (dir.), *Le principe de précaution dans la conduite des affaires humaines*, Paris, Fondation Maison des sciences de l'homme et Institut national de la recherche agronomique, p. 149-178.

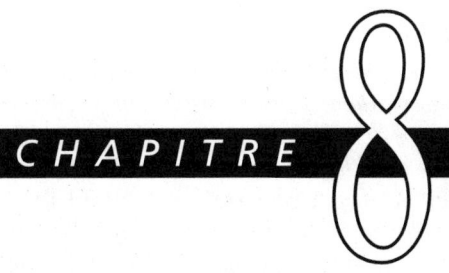

# CHAPITRE 8

# Les représentations de futurs enseignants et enseignantes de sciences à propos des scientifiques et de leurs tâches

*Louise Guilbert*
*Université Laval*
*louise.guilbert@fse.ulaval.ca*

**Donatille Mujawamariya**
*Université d'Ottawa*
*dmujawar@uottawa.ca*

*RÉSUMÉ*

*Dans ce chapitre, les auteures abordent la problématique des représentations de futurs enseignants et enseignantes de sciences à propos des scientifiques et de leurs tâches. Leur motivation repose sur l'hypothèse selon laquelle les enseignants et enseignantes de la science transmettent à leurs élèves les images qu'eux-mêmes entretiennent au sujet des sciences et des scientifiques. Les auteures ont donc tenté de reconstruire, à travers des entretiens de groupe et un questionnaire ouvert, les représentations d'enseignants et d'enseignantes de sciences en formation dans trois établissements universitaires francophones au Canada. Il ressort des données recueillies que, d'une part, la précision, la persévérance, la curiosité et la créativité sont parmi les principales caractéristiques positives d'un ou d'une scientifique et que, d'autre part, il s'agit d'une personne non conformiste, solitaire, égoïste, etc. La plupart des futurs enseignants et enseignantes qui ont pris part à cette étude entretiennent encore l'image d'un vieil homme à lunettes épaisses, laid, chauve ou avec une touffe de cheveux, vêtu d'un sarrau sale et tenant une calculatrice à la main. Son environnement de travail : beaucoup de livres, des béchers enfumés et un tableau couvert d'équations. Dans ce chapitre, les auteures proposent des stratégies susceptibles d'aider les futurs enseignants et enseignantes à actualiser leur image du ou de la scientifique vue comme une personne ordinaire et, par ricochet, celle que se feront leurs élèves.*

Pourquoi devrait-on se préoccuper de l'image que se font les futurs enseignants et enseignantes des scientifiques et de leurs tâches dans le cadre de leur travail ? Selon nous, il est important de démystifier les scientifiques tant en ce qui concerne leurs caractéristiques (si, bien sûr, elles sont différentes de celles de l'ensemble de la population) et les tâches qu'ils effectuent dans le cadre de leur travail. Les enseignants et enseignantes auraient, par leurs dires, leurs exemples, leur façon de parler de la science, une influence sur leurs élèves dans leur représentation en construction des sciences et des scientifiques (Fouad et Smith, 1996 ; Kahle, Parker, Rennie et Riley, 1993 ; Mason, Butler Kahle et Gardner, 1991 ; McDuffie, 2001 ; National Research Council, 1996 ; Rosenthal, 1993 ; Spector, Burkett et Duke, 2001 ; Takenaga-Taga, 2002). Selon l'étude de She (1998), il semble y avoir un lien entre le choix de carrière et l'image des sciences et des scientifiques qu'ont les élèves. De plus, selon Jinwoong et Kwang-Suk (1999), il est alarmant de constater que l'écart entre l'image que les élèves se font d'eux-mêmes et celle d'un ou d'une scientifique s'amplifie avec l'âge. Ces auteures concluent que le fait d'enseigner les sciences en ne tablant que sur ses aspects cognitifs et en négligeant les aspects affectifs et éthiques peut décourager les élèves, en particulier les filles pour qui les aspects comme la sollicitude, l'humain et la responsabilité sociale semblent importants. Les dires et les gestes des enseignants et enseignantes semblent donc jouer un rôle important, sinon un rôle clé, dans cette image en devenir, et ce, au moins sur deux aspects.

Le premier aspect concerne les élèves dans les classes de sciences d'aujourd'hui qui sont les décideurs de demain ; certains d'entre eux sont sans doute de futurs concepteurs-développeurs de technosciences. La démystification de la science et des scientifiques pourrait donc promouvoir une meilleure prise en charge des citoyens et citoyennes (Fourez, 1994, 1996 ; Jenkins, 1994, 1997 ; Solomon et Aikenhead, 1994) au sujet des décisions importantes concernant les enjeux technoscientifiques[1] comme le clonage, les cellules souches, les OGM, le nucléaire, etc. En effet, selon Latour (1995, p. 25) :

> Il faudrait absolument que les gens qui ne sont pas scientifiques puissent participer au débat sur la science, donc qu'ils aient de la science une idée intéressante, alors que c'est exactement l'inverse. Non seulement on dégoûte de la science des millions et des millions de gens, mais en plus on leur donne de la science une idée complètement fausse et on les dissuade de s'y intéresser en tant que citoyens, parce que la science est présentée comme une activité qui doit rester à l'écart de la société, ce qui par parenthèse arrange bien certains.

---

1. « Avec la technoscience que je définis ici, pour servir mes fins, comme une fusion de science, d'organisation et d'industrie, les modes coordination appris des "réseaux de pouvoir" sont étendus aux entités inarticulées » (Latour, 2001, p. 215).

Le deuxième aspect concerne les impacts possibles des dires et des gestes des enseignants et enseignantes. Il faut permettre aux jeunes de se percevoir comme ayant la capacité de réussir une carrière scientifique. Ces carrières seraient alors considérées comme accessibles à un plus grand nombre et non seulement à une minorité d'heureux élus. Depuis des décennies, plusieurs études (Barman, 1996, 1997, 1998 ; Beardslee et O'Dowd, 1961 ; Chambers, 1983 ; Fort et Varney, 1989 ; Huber et Burton, 1995 ; Krause, 1977 ; Mead et Metraux, 1957 ; McDuffie, 2001 ; Moseley et Norris, 1999 ; Rodriguez, 1975) ont analysé les images que se font les élèves de l'« homme de science » et de son travail. Cependant, très peu de chercheurs et de chercheures (Mbajiorgu et Iloputaife, 2001 ; Moseley et Norris, 1999 ; Spector, Burkett et Duke, 2001 ; Takenaga-Taga, 2002) se sont penchés sur les images que se font les futurs enseignants et enseignantes de sciences au sujet des scientifiques et de leur travail, et cela, bien que plusieurs s'accordent pour dire que les enseignants et enseignantes transmettent leurs images de scientifiques à leurs élèves (McDuffie, 2001 ; National Research Council, 1996 ; Rosenthal, 1993 ; Takenaga-Taga, 2002). Notre étude se présente comme une contribution, toute modeste soit-elle, à la problématique des représentations de futurs enseignants et enseignantes de sciences à propos des scientifiques. Alors que la première section de notre texte décrit les aspects historiques et théoriques du concept de scientifique, la deuxième traite des aspects méthodologiques. La troisième section, qui découle directement de la précédente, est consacrée aux différentes images des scientifiques que se font les futurs enseignants et enseignantes de sciences. Dans la quatrième section, nous cernons les limites de notre étude. Enfin, nous proposons, dans la dernière section, quelques perspectives d'action en vue d'un enseignement de sciences plus adéquat.

# 1.   UN BREF TOUR D'HORIZON

La caractérisation des scientifiques comme étant des personnes intrinsèquement différentes de la population ordinaire, à qui l'on attribue des caractéristiques propres, semble découler de deux tendances. La première serait un certain scientisme (Lévy-Leblond, 1975) qui fait de la science et de ses représentants une entité au-dessus des autres savoirs. Dans cette vision, la science remplace en quelque sorte la religion dans l'imaginaire des gens. Ainsi, pour étayer leur confiance, sinon leur foi, il faut que « la » science (vue comme monolithique) soit digne de confiance. Pourquoi alors ne pas lui attribuer ainsi qu'à ses « artisans » les qualités d'objectivité, de rigueur et de dévouement ? Cette tendance serait encore, malheureusement, nourrie par les médias autant écrits qu'électroniques. Pensons simplement à l'émission *Découvertes*, qui présente la science comme mystérieuse, puissante et salvatrice (notre lecture). La deuxième tendance correspondrait, ainsi que le mentionnent Larochelle, Désautels, Turcotte et Pépin (1997, p. 77 citant Beauvois, 1984), à une vision « personnologique » qui consisterait : « [...] à doter l'individu de "facteurs dispositionnels" qui lui appartiendraient en propre (plutôt qu'au référent théorique de l'observateur ou de l'observatrice) et qui seraient à l'origine en quelque sorte de son esprit analytique ou non, de son impartialité ou non, de sa créativité ou non, de sa persévérance ou non, etc. » Cette tendance est aussi dangereuse, car il est possible de croire que les personnes naissent intelligentes ou pas, minutieuses ou pas, curieuses ou pas, et que l'environnement a peu ou pas d'influence sur le développement des potentialités d'une personne[2]. Si l'on adhère à cette tendance, l'avenir d'une personne se joue même avant sa naissance. Ainsi, faute de gagner à la « loto » des gènes, on ne pourrait devenir un ou une scientifique. Par contre, ne pas adhérer à cette tendance revient à croire que le développement d'une personne, avec le soutien social et un contexte adéquat, ouvre de nouveaux horizons. Cette vision qui semble moins déterministe fournit des possibilités inédites à un élève et peut ainsi l'inciter à entreprendre une carrière scientifique.

Certaines études ont tenté, souvent en vain, de retrouver chez les scientifiques, à partir de l'étude de leurs biographies, des caractéristiques spéciales. Par exemple, selon Filippelli et Walberg (1997), les filles qui sont devenues des scientifiques reconnues ressemblaient beaucoup plus aux autres filles qui ont eu une brillante carrière qu'elles en étaient différentes. En effet, la précocité et le dur labeur étaient des qualités identifiables chez toutes ces femmes. Les seules caractéristiques qui pourraient être propres aux scientifiques éminentes étaient d'avoir eu un intérêt précoce pour les sciences. De plus, plusieurs études contemporaines montrent peu de relations entre les résultats scolaires et le succès dans une carrière pour une même éducation (Walberg et Stariha, 1992, cités dans Filippelli et Walberg, 1997).

## 2.  ASPECTS THÉORIQUES

Nous avons hésité sur l'appellation devant caractériser ce que les futurs enseignants et enseignantes de sciences pensent des scientifiques. Est-ce une conception, une image, une représentation sociale, une croyance ? Nous

---

2. Voir Jacquard au sujet de la construction de l'« intelligence » qui, pour lui, est polymorphe et « constructible » : « [Voir] en chaque enfant un être à construire, et surtout un être qu'il faut inciter et aider à s'autoconstruire » (Jacquard, 1986, p. 19).

avons d'abord été tentées d'utiliser le mot « croyance », mais nous nous sommes ravisées. En effet, ce terme suggère une division en mettant d'un côté ceux qui prétendent détenir la vérité et, de l'autre, les hérétiques qui n'ont pas une représentation dite adéquate (par ceux qui « savent ») et qui ne font que croire (d'où le terme croyance) ce qui n'est pas reconnu vrai (par certains). En ce sens, nous rejoignons la vision de Latour (2001) : « Comme le savoir, la croyance n'est pas une catégorie évidente qui se rapporterait à un état psychologique. Il s'agit d'un artefact produit par la distinction entre construction et réalité. Elle est, par conséquent, liée à la notion de fétichisme et est toujours une accusation portée à l'encontre d'autres que soi » (p. 325). Le terme conception, ou savoir public, se distingue de la notion de concept ; il renvoie aussi, malheureusement, à une certaine dichotomie entre le savoir reconnu et accepté socialement par un groupe de personnes (souvent les spécialistes d'une discipline) et la conception, dit savoir privé parce que représentatif d'un savoir idiosyncratique (West et Pines, 1985). Nous avons finalement retenu la notion de représentation qui fait référence à la représentation à l'esprit individuel des informations glanées ici et là, à travers le langage et les interactions sociales, ainsi qu'à l'aspect dynamique d'une construction en évolution dans un contexte culturel donné.

Dans le cas de la représentation des scientifiques, l'aspect social semble très présent, car ce serait sous la pression des pairs (Brownlow, Smith et Ellis, 2002), du milieu social proche et des médias que se construiraient les représentations des scientifiques de monsieur et madame Tout-le-monde. Les représentations sociales étudient le caractère social de la vie mentale, c'est-à-dire le caractère collectif des représentations individuelles, mais aussi, et surtout, les mécanismes de construction et de déconstruction de ces dernières en société. C'est le croisement des aspects sociaux et cognitifs, et c'est ce carrefour dynamique qui est l'objet de cette étude sur les représentations des scientifiques chez de futurs enseignants et enseignantes. En effet, à travers les représentations individuelles (questionnaires) et les représentations collectives (entretiens de groupe), nous reconstruirons leurs représentations en nous attachant aux éléments récurrents. De plus, en comparant avec des recherches similaires, issues d'autres cultures, nous tenterons de cerner les éléments plus permanents, typiques du noyau central, de ces représentations.

Selon Jodelet (1991, p. 668), les représentations sociales seraient :

une forme de connaissance courante, dite « de sens commun », carac-térisée par les propriétés suivantes : 1) elle est socialement élaborée et partagée ; 2) elle a une visée pratique d'organisation, de maîtrise de l'environnement matériel, social, idéel) et d'orientation des conduites et communications ; 3) elle concourt à l'établissement d'une vision de la réalité commune à un ensemble social (groupe, classe, etc. ) ou culturel donné.

Dans cette étude, la congruence des représentations des futurs enseignants et enseignantes concernant les scientifiques avec les images relevées dans les divers médias renforce l'idée d'une vision du sens commun influencée fortement par l'environnement et socialement partagée par plusieurs groupes, ce qui est en accord avec l'origine des représentations, ainsi que le mentionne Moscovici (1987, p. 33-34) :

> […] cette notion [les représentations sociales] est la seule qui nous ouvre la possibilité de saisir en termes psychologiques les diverses « idéologies » qui circulent dans la société ; la certitude que toute connaissance scientifique circule dans un milieu de représentations et que sa réception dépend de la dynamique intellectuelle et collective de celles-ci. […] Les vulgarisateurs scientifiques, les assistants sociaux, les enseignants, les animateurs culturels, etc., sont les « faiseurs de représentations sociales » de notre société. […].

Les représentations sociales n'exprimeraient pas seulement la réalité sociale, elles constitueraient aussi le cœur de celle-ci en contribuant à la déterminer, à la construire : « *Representations are not mental creations that have social effects : they are creations constructed via mental processes that acquire reality* » (Moscovici, 1990, cité par Zavalloni, 2001, p. 413). Cette dernière phrase est lourde de conséquences pour notre thème d'étude. En effet, la représentation que se font les futurs enseignants et enseignantes des scientifiques et de leurs tâches pourrait déterminer l'intérêt des élèves pour une carrière scientifique et leur rapport au savoir à travers le discours et les conduites de leur enseignant ou enseignante liées au monde de la recherche scientifique. Mais qu'en est-il de la possibilité de transformation de ces représentations sociales ? Ce qui est intéressant en ce qui concerne ces dernières, c'est qu'elles permettent d'étudier le changement, car elles sont en transformation constante quoique de façon assez lente. En effet, selon Moscovici (1987, p. 37-38) :

> […] les représentations sociales tendent à être seulement vérifiables, en incitant les gens à chercher uniquement les idées ou les informations qui les confirment. Ceci diminue le rôle de n'importe quelle preuve servant à les modifier. […] Ceci implique que nous ayons affaire à des formations mentales imperméables à l'information, relativement peu sensibles à l'accumulation d'erreurs, à la correction des fautes et qui résistent donc au changement.

Ce concept semble donc fructueux pour expliquer tant la construction de l'image des scientifiques, sa persistance dans l'imaginaire collectif que ses effets sur les conduites.

Nous avons donc tenté de reconstruire, à partir d'indices extraits de discours oraux et écrits, les représentations sociales de futurs enseignants et enseignantes de sciences à propos des scientifiques. À cette fin, nous avons choisi d'utiliser des entretiens de groupe et un questionnaire écrit à questions ouvertes dans trois établissements universitaires canadiens. Ainsi que nous l'avons mentionné plus haut, très peu d'études ont traité de cette question et encore moins auprès de futurs enseignants et enseignantes francophones. Notre étude revêt en quelque sorte un caractère exploratoire. Afin de nous assurer de la validité, de la transférabililité, de la fiabilité (De Ketele et Roegiers, 1993) et de la confirmabilité (Lincoln et Guba, 1985) de nos interprétations, nous avons eu recours à la triangulation à la fois dans ses aspects référentiels (trois types de clientèle avec des environnements culturels différents[3]), dans ses aspects méthodologiques (entretiens de groupe et questionnaires ouverts) et dans ses aspects opérationnels (deux chercheures ; Mujawamariya, 1992). Pour affirmer notre prise de position quant à notre choix de travailler à l'intérieur du cadre théorique des représentations sociales, nous voulons insister sur le fait que nous ne croyons pas que la méthodologie, tant par ses processus de collecte que par ses processus d'analyse de données, puisse à elle seule faire la distinction entre « croyances », « conceptions » et « représentations ». Le contexte d'émergence doit en effet être pris en compte (confrontation avec le monde physique, la culture, les contacts avec un savoir formalisé, les interactions langagières, etc.), de même que le référent théorique de l'observateur ou de l'observatrice. Par exemple, dans le cas du savoir concernant les microbes, on pourrait le définir comme une conception alternative si l'accent est mis sur la conceptualisation d'un concept déjà défini ou formalisé par le savoir savant, mais qui en diffère par plusieurs caractéristiques. C'est ce que d'aucuns appellent le savoir privé (conception) par opposition au savoir public (concept ; West et Pines, 1985). Le concept de microbe peut aussi être défini comme une représentation sociale si l'attention est mise sur l'aller-retour entre le concept savant, l'appropriation qu'en fait le public par l'entremise des médias et la vulgarisation, puis sa réappropriation par les scientifiques qui sont à leur tour influencés par les usages familiers de ce concept (Moscovici, 1987). Enfin, le concept de microbe peut être analysé sous l'angle normatif si on le compare au savoir officiel ou standardisé et être considéré comme une croyance dans le sens d'une divergence par rapport à la norme (Latour, 2001). En résumé, ce ne sont pas les méthodes qui permettent de distinguer ces appellations, mais bien les postures épistémiques du chercheur ou de la chercheure qui les scrute. Dans notre recherche, nous avons pris en con-

---

3. Une université du Québec, une de l'Ontario et une des Maritimes.

sidération le fait que l'image populaire des scientifiques était une résultante des médias, des romans, des films, des dessins animés, de la télévision, des manuels scolaires, des discours politiques, des conversations de salon, etc. De nombreuses caractéristiques de cette image des scientifiques semblent traverser les cultures, et ce, sur plusieurs décennies. En ce sens, ces caractéristiques représenteraient le noyau dur et semi-permanent de cette représentation, et c'est ce que nous allons tenter de cerner en nous appuyant sur l'analyse des données des questionnaires ouverts et des entretiens de groupe recueillies auprès de futurs enseignants et enseignantes de sciences.

## 3.   ASPECTS MÉTHODOLOGIQUES

Au lieu de demander aux futurs enseignants et enseignantes de nous dessiner un ou une scientifique au travail, comme c'est le cas dans la plupart des études antérieures, nous avons plutôt opté pour la verbalisation, à cause des limites inhérentes au premier mode d'investigation. Nous pensons ici principalement aux aptitudes ou non en dessin et à l'absence de signification explicite de ce qui est dessiné.

### 3.1. PARTICIPANTS ET PARTICIPANTES À NOTRE ÉTUDE

Parmi les futurs enseignants et enseignantes qui ont pris part à notre étude, il convient de distinguer une première catégorie qui a participé à l'entretien de groupe et une deuxième qui a répondu à un questionnaire par écrit. La première catégorie correspond à une population de 45 étudiants et étudiantes, dont 36 se sont portés volontaires pour cinq entretiens de groupe semi-structurés de 6 à 8 personnes. Moins de 5 % de ces étudiants et étudiantes indiquent avoir suivi des cours en philosophie ou en histoire des sciences, 31 % participent souvent à des discussions avec des personnes travaillant en recherche, probablement d'anciens collègues au baccalauréat qui poursuivent des études de maîtrise ou de doctorat ou encore d'anciens professeurs ou professeures. Pendant que 40 % affirment lire souvent des articles de vulgarisation scientifique, seulement 31 % lisent des revues scientifiques et 62 % disent ne jamais lire de livres concernant la philosophie des sciences.

La deuxième catégorie est constituée de 73 (44, 15, 14) futurs enseignants et enseignantes de trois établissements universitaires (U1, U2, U3), situés dans trois provinces canadiennes (Ontario, Québec et Nouveau-Brunswick). Ce sont tous de futurs enseignants et enseignantes de sciences ou de mathématiques qui se destinent à l'enseignement au secondaire. Le taux de participation a été de 100 %, c'est-à-dire que tous les étudiants et étudiantes étaient présents lors de la passation des questionnaires. Certains avaient déjà suivi un cours sur la problématique de l'enseignement des sciences ou un cours de didactique et tous étaient inscrits à un cours de didactique des sciences (biologie, chimie, physique ou sciences). Le pourcentage de femmes dans les cohortes était de 53 %. C'est à l'intérieur d'un cours de didactique, de façon volontaire et anonyme, que les personnes participantes ont répondu au questionnaire.

## 3.2. OUTILS ET PROCÉDURE DE COLLECTE DE DONNÉES

Du côté des étudiants et étudiantes qui ont participé à l'entretien de groupe, le canevas d'entrevue était constitué de questions ouvertes concernant les éléments constitutifs de la science ou ses caractéristiques (aspect statique), sa nature, ses finalités, le mode de production des savoirs (aspect dynamique), le contexte de mise en œuvre et, enfin, les scientifiques. C'est cette dernière partie qui fait l'objet de ce chapitre. Les entretiens se sont déroulés sur une période de deux jours de façon simultanée pour trois groupes et deux groupes ; ils ont eu lieu dans une salle de cours à la deuxième heure d'un cours obligatoire. Les entretiens duraient en moyenne entre 75 et 90 minutes ; ils étaient enregistrés sur cassette audio avec la permission des participants et des participantes. Les intervieweurs avaient tous reçu un entraînement général en vue de passer des entrevues dans le cadre d'études de maîtrise ou de projets de recherche et avaient des consignes précises à suivre. Les consignes données aux étudiants et étudiantes en début d'entretien visaient à les informer de ce qui était important pour nous, c'est-à-dire connaître leur opinion et non pas avoir « la » bonne réponse. En effet, toute réponse donnée représentait une valeur certaine pour nous, puisque c'était l'opinion des personnes participantes que nous recherchions. Pour les rassurer et faciliter leur libre expression, nous leur avons expliqué qu'en philosophie des sciences il existait pousieurs courants d'idées et que pousieurs sujetsétaient encore controversés.

Quant au questionnaire distribué aux étudiants et étudiantes des trois établissements, il consistait en trois questions qui étaient ainsi libellées : Imaginez des scientifiques dans le cadre de leur travail et nommez... 1) cinq caractéristiques qui vous viennent spontanément à l'esprit ; 2) cinq activités faites par les scientifiques et 3) résumez le tout en une courte phrase synthèse. Il était clairement indiqué aux personnes participantes qu'on voulait connaître leur représentation, que leur participation était volontaire et que leur anonymat serait préservé. Environ 10 à 20 minutes ont été nécessaires pour remplir le questionnaire.

## 3.3. ANALYSE DES DONNÉES

Tout comme pour la collecte des données, nous distinguerons l'analyse des données tirées des entretiens de groupe de celles issues du questionnaire. Pour ce qui est des entretiens de groupe, nous nous sommes inspirées de l'analyse de contenu de L'Écuyer (1987). L'enregistrement des discussions a été transcrit, puis l'intervieweur a réécouté la cassette et l'a comparée à la transcription afin de vérifier la validité de celle-ci. Le texte a ensuite été épuré afin d'être plus conforme au langage écrit. Puis le discours a été découpé une première fois en unités de sens[4] et ces unités ont été numérotées de façon à pouvoir repérer facilement le groupe d'entretien (A), la page (24) et le numéro de l'unité de sens (10) (ex.: A-24.10)[5]. Après les découpages successifs, 609 unités de sens ont été retenues, puis regroupées en huit grandes catégories émergentes : la nature de la science, les aspects méthodologiques, le contexte, la scientificité, l'objectivité, les aspects historiques et finalement les scientifiques, avec 109 unités. C'est cette dernière catégorie qui sera traitée dans ce chapitre.

Le regroupement des unités en catégories émergentes a été fait par degré d'appartenance sémantique, c'est-à-dire un certain degré de « parenté », des ressemblances par rapport à certaines caractéristiques. Après le premier regroupement, effectué d'une manière plus intuitive, les propriétés théoriques permettant de décrire la catégorie ont été inférées à partir des unités déjà présentes dans cette catégorie. Les chercheures, par un effort conscient, ont tenté de définir de manière explicite les caractéristiques communes ou générales qui permettraient de décrire cette catégorie. Ces caractéristiques ou critères devaient être clairement définis pour que les deux chercheures classent les unités de sens dans la même catégorie ; c'est ce que l'Écuyer (1987) appelle une catégorie objectivée. Par la suite, on a comparé chacune des unités de sens avec les propriétés théoriques de « sa » catégorie afin de vérifier son appartenance ainsi que l'homogénéité de la catégorie ; on a ensuite comparé les catégories entre elles pour s'assurer de leur mutuelle exclusivité.

---

4. Une unité de sens ou unité de signification ne comporte pas en soi une longueur donnée, mais est dépendante du sens, c'est-à-dire qu'elle dépend de l'objet d'étude et donc des significations que le chercheur trouve pertinentes par rapport à ces questions de recherche.

5. Nous avons conservé le mode de numérotation des unités afin de bien faire réaliser au lecteur la provenance des énoncés selon les divers groupes.

Afin de vérifier la validité de l'analyse, nous avons catégorisé à nouveau 12 questionnaires remplis, pris au hasard parmi les 73 questionnaires (échantillonnage de 16 %), et calculé le pourcentage des unités qui étaient classées dans les mêmes catégories par rapport à l'ensemble des unités des questionnaires ; l'indice de l'accord interjuges pour les catégories émergentes du questionnaire a été de 70 %. C'est considéré acceptable compte tenu des diverses difficultés d'interprétation des énoncés très courts, parfois un mot. Par exemple, l'énoncé « Il travaille tout le temps » a été catégorisé comme une caractéristique négative à cause de l'expression « tout le temps », dans le sens d'un bourreau de travail (catégorie « caractéristiques personnelles négatives ») et comme une caractéristique positive si l'essentiel du sens était attribué au mot « travaille » ; dans ce dernier cas, l'énoncé était classé dans la catégorie « persistance des efforts ».

Dans cette recherche, notre premier niveau d'analyse ou notre première catégorisation s'apparente au vocabulaire général concernant les scientifiques et à nos préoccupations ou questions de recherche. En ce sens, les catégories sont très près du vocabulaire des chercheures et de la discipline concernée. Le deuxième niveau d'analyse concerne le « comment » plutôt que le « quoi », c'est-à-dire la façon dont les sujets se représentent les finalités. C'est à ce moment que l'on commence vraiment à investiguer ce que pensent les sujets, leur point de vue, leur interprétation des événements. Ces catégories sont une conceptualisation innovatrice pour les chercheures, car elles « émergent[6] » des données. Elles sont en quelque sorte plus près des concepts véhiculés par les sujets que des concepts propres au chercheur ou à sa discipline. En considérant ce deuxième type de catégories, nous essayons de décrire leurs caractéristiques ou leurs propriétés théoriques afin de permettre au lecteur de conceptualiser leur contenu, puis nous décrivons le sens émergent, c'est-à-dire notre interprétation du sens attribué par les sujets concernant un thème donné.

L'analyse des données du questionnaire a été effectuée en regroupant en deux grandes catégories les caractéristiques de scientifiques. La première comprend les caractéristiques dites positives, ce que d'aucuns peuvent considérer comme des qualités, alors que la deuxième renferme des caractéristiques dites négatives. Pour les caractéristiques positives, on peut noter des aspects récurrents relatifs à l'attention apportée à l'accomplissement d'une tâche : la minutie. On y relève des qualificatifs comme : précis,

---

6. « Émerger » est pris ici non dans le sens d'une préexistence de ces catégories dans les données elles-mêmes, mais plutôt dans la construction par les chercheures de catégories dont les propriétés théoriques sont puisées, extraites, ancrées dans les données.

méthodique, organisé, discipliné, rigoureux, appliqué, attentif, concentré, etc. On trouve une sous-catégorie qui renvoie à la persistance des efforts investis dans un processus de recherche : persévérant, déterminé, passionné, tenace, patient. Par la suite viennent les qualificatifs désignant des aspects qui font référence à la pensée divergente des scientifiques et à leur désir d'apprendre : curieux, ingénieux, intuitif, investigateur, imaginatif. En quatrième position, on retrouve des qualificatifs pouvant être associés à ce que certains appellent l'«intelligence» : logique, penseur, brillant, intelligent, analytique, esprit de déduction. L'aspect savoir livresque ou connaissances est aussi abordé : maîtrise des notions, formation permanente, connaissances approfondies, instruit, lit beaucoup, studieux. Les habiletés interpersonnelles sont aussi prises en compte sous les vocables : collaborateur, ouvert d'esprit, travail d'équipe. Viennent ensuite les qualités de personnes d'action ou l'esprit pratique : pratique, préoccupé de contraintes économiques, hommes ou femmes d'affaires, habile de ses mains, esprit de décision, travail de terrain. Enfin, divers qualificatifs sont employés pour décrire la préoccupation d'améliorer le bien-être des autres ou le dévouement : dévoué, vise le bien-être de la population, humain. On retrouve aussi divers attributs un peu éclectiques : critique, vulgarisateur, heureux, valorisé par son travail, goût pour la science.

Quant aux caractéristiques négatives, nous les avons classées selon les caractéristiques dites personnelles (introverti, peu bavard, sérieux, n'a pas le sens de l'humour, lunatique, etc.), les aspects physiques externes (lunettes épaisses, sarrau sale, calculatrice à la main, bonnet, chauve, laid, gants de labo, etc.) et l'environnement matériel immédiat (laboratoire, béchers, équation, beaucoup de livres). De plus, certains ont aussi choisi de décrire les caractéristiques des scientifiques par les professions : enseignant, médecin, pharmacien, chercheur.

## 4. LES SCIENTIFIQUES VUS PAR DE FUTURS ENSEIGNANTS ET ENSEIGNANTES DE SCIENCES

Dans la section suivante, nous présentons successivement les résultats des entretiens de groupe, du questionnaire ainsi qu'une comparaison de nos interprétations entre nos divers groupes et les résultats de recherches antérieures.

## 4.1. VERS UNE DESCRIPTION DES SCIENTIFIQUES À TRAVERS LES ENTRETIENS DE GROUPE

À travers les entretiens de groupe, on obtient huit grandes catégories : la nature de la science, les aspects méthodologiques, le contexte, la scientificité, l'objectivité, les aspects historiques et, enfin les scientifiques avec 109 unités. C'est cette dernière catégorie qui sera traitée plus spécifiquement dans cette section. Trois grandes sous-catégories semblent caractériser le discours des futurs enseignants et enseignantes : les tentatives de définition de scientifiques (18 unités de sens), les caractéristiques des scientifiques (84 unités de sens) et finalement un certain recul critique pour comparer les scientifiques tels qu'ils sont vus idéalement et les scientifiques actuels (7 unités de sens). Les scientifiques sont définis avant tout comme des chercheurs (à 12 reprises sur les 18 unités[7] définissant les scientifiques ; tableau 1) ou comme des personnes qui appliquent des résultats de recherche (2/18), par exemple les agronomes, des personnes qui vulgarisent la science ou nous informent (1/18) et encore des personnes qui sont passionnées de sciences ou qui exercent des activités scientifiques (1/18). Un interviewé ajoute même une phrase lourde de sens sur le statut d'un ou d'une scientifique en expliquant : *Quelqu'un qui fait une maîtrise n'est pas nécessairement un scientifique. Être un scientifique pour moi, ça va loin… c'est vraiment vivre, ça* (B)[8]. Parmi les définitions, deux frappent par leur singularité. La première, d'inspiration scientiste, semble déifier les scientifiques : *Des gens qui pensent, des gens qui savent, des artisans de la connaissance* (C). La deuxième classe les scientifiques en deux niveaux hiérarchiques, ceux qui ne font que des tâches de collecte de données et ceux qui élaborent des théories à partir de ces données : *[Il y a deux types de scientifiques] ceux qui développent des théories à partir des observations d'autres scientifiques ou de leurs étudiants gradués et il y a ceux qui font juste observer* (A).

### 4.1.1. Caractéristiques des scientifiques

Cette sous-catégorie a montré 84 unités de sens, ce qui témoigne d'un grand intérêt lors des discussions de groupe. On y retrouve aussi plus de divergences d'opinions. En effet, en ce qui concerne le mythe du génie, il semble y avoir un certain désaccord parmi les étudiants et étudiantes ; le rôle d'une intelligence supérieure comme ingrédient essentiel d'une découverte

---

7. Ici, dans ce type d'analyse interprétative et non quantitative, il est important de prendre conscience que le nombre d'unités nous indique des tendances, mais qu'une idée avec une faible occurrence peut être très éclairante dans notre compréhension des processus de transformation des représentations.

8. La lettre indique la provenance du groupe d'entretien duquel a été extrait l'énoncé.

semble encore présent chez certains (4 unités sur 7) : *Au fil des temps, il y a eu de grands pionniers, ils ont compris des lois (C) ; [Même] si tous les ingrédients [faits déjà trouvés] étaient en place, c'est Einstein plus qu'un autre qui a formulé la théorie de la relativité ; c'est peut-être parce qu'il avait une matière grise [beaucoup d'intelligence] (B).* Pour d'autres intervenants et intervenantes, le contexte est un facteur qui semble plus important (3 unités sur 7) : *Il y a pas mal de scientifiques qui travaillent dans les universités et qui ne feront jamais de découvertes de leur vie, tandis que d'autres vont tomber sur le prix Nobel. Ce n'est pas [nécessairement] parce qu'ils sont plus intelligents, il y a toutes sortes de facteurs : chance, intérêts, domaine [de recherche]. Selon le domaine, tu peux tourner en rond longtemps ou découvrir autre chose (B).*

TABLEAU 1

**Description des catégories émergeant des entretiens de groupe au sujet des scientifiques[1] (5 groupes, 36 étudiants et étudiantes)**

---

**Définitions (18 unités de sens)[2]**
- Chercheurs (12)
- Celui qui applique la recherche (2)
- Celui qui vulgarise et uniformise (1)
- N'est pas un étudiant gradué (1)
- Passionné des sciences (1)
- Activités liées à la science (1)

---

**Caractéristiques (84 unités de sens)[3]**
- Bourreau de travail (15+, 1-)
- Créatif (11+, 3- que les arts)
- Curieux (8+)
- Non conformiste, solitaire, égoïste... (5+)
- Persévérant (5+)
- Méthodique (6+, 3-)
- Communicateur (6+, 3-)
- Rigoureux (3+)
- Logique (3+)
- Critique (3+)
- Connaissances spécialisées (3+)
- Intelligent (4+, 3-)

---

**Recul critique (7 unités de sens)**
- Le scientifique idéal n'est pas le scientifique actuel (7+)

---

1. Nous avons classé 109 unités de sens dans la catégorie « scientifiques » sur les 609 unités recueillies lors des entretiens de groupe.
2. Les unités sont découpées à partir de la transcription (mot à mot) des discussions de groupe et correspondent à la signification la plus complète en soi, mais avec un sens différent des autres unités. Ce qu'on retrouve ici, c'est la synthèse de l'idée (sens émergent) et non l'unité complète.
3. Les unités sont placées dans cette catégorie par ordre décroissant de mention. Le nombre correspond aux mentions dans le discours du groupe et non à une personne. Le signe + indique le nombre de personnes en accord avec la caractéristique, alors que le signe – correspond à ceux en désaccord avec cette caractéristique.

Le scientifique « bourreau de travail » semble également présent à l'esprit de plusieurs (15 unités sur 16). En plus de travailler beaucoup, les scientifiques auraient constamment leur recherche en tête : *[Le scientifique c'est] quelqu'un qui fait juste ça [de la science], qui en mange, qui est vraiment obsédé, qui travaille beaucoup* (B). Il n'est donc pas étonnant que deux étudiants les qualifient comme ayant peu d'intelligence sociale : *Leur vie se passe en laboratoire. Ils ont de la misère à s'ouvrir au monde qui les entoure. Personnes très incomplètes, il y a une perte de la perception de la vie. Leurs recherches, c'est leur vie* (C). D'autres étudiants ou étudiantes les qualifient volontiers de solitaires (2 unités), d'égoïstes (1 unité) et un autre, avec une pointe d'humour, de divorcés (1 unité).

En ce qui concerne la curiosité en tant que caractéristique des scientifiques, il semble y avoir unanimité : sur les huit interventions touchant cet aspect, tous s'entendaient. L'un des étudiants décrit ainsi les scientifiques d'une façon tout idéalisée : *Un scientifique, c'est quelqu'un qui s'interroge constamment, qui interroge constamment la connaissance actuelle et qui a pour objectif de la faire progresser, de la modifier, mais qui remet toujours en question ce qu'on fait aujourd'hui* (B). Il semble donc qu'un nombre assez imposant de répondants adhèrent à l'idée que les scientifiques démontrent des attitudes scientifiques en tout temps, et c'est ce qui était ressorti dans une autre de nos études (Guilbert, 1992).

Plusieurs étudiants et étudiantes (7) ont souligné l'importance de la capacité de vulgarisation et de communication des scientifiques : *La science, pour se faire connaître, c'est par les écrits. C'est d'ailleurs pourquoi c'est si important de mettre des articles scientifiques sur pied* (D). Il est intéressant de constater que la créativité semble être une caractéristique importante des scientifiques (11/14), trois autres interventions soulignant un besoin accru de créativité dans les arts, sans nier son importance en science : *Un chercheur, c'est quelqu'un d'imaginatif [...] Pour sortir des liens, il ne faut pas que l'esprit soit trop pogné avec les faits* (A).

L'esprit critique par rapport aux idées émises par les autres ou par soi-même est mentionné à trois reprises : *Le scientifique doit être [critique] par rapport à lui-même, par rapport à sa propre démarche et à ses propres pensées* (B). Plusieurs interventions concernent les aspects méthode, précision, ordre, rigueur, discipline, ces dernières étant regroupées sous la caractéristique méthodique. Il semble y avoir une divergence d'opinions marquée chez les étudiants et étudiantes ; six interventions appuient cette caractéristique : *Les chercheurs sont disciplinés [...] au point de vue rigueur de travail* (D), alors que trois autres la mettent en doute : *Il y a beaucoup de scientifiques, ce sont des genres laisser-aller. C'est pas nécessairement des personnes très très structurées dans leur vie* (D).

### 4.1.2. *Les scientifiques idéalisés et actuels*

Il est rassurant de constater que certains (7 interventions) prennent un peu de recul avec la caractérisation des scientifiques et soulignent la différence entre des scientifiques idéalisés, ceux qui sortent de la masse à cause du prix Nobel par exemple, et les autres scientifiques : *[Nous décrivons] une image de scientifique parfait qui n'existe pas nécessairement ou en tout cas pas beaucoup [...] Chez les scientifiques, même avec une formation similaire, il y a d'autres choses qui entrent en ligne de compte : l'ambition, l'intelligence. Il y en a qui en ont beaucoup, d'autres moins* (B). Un autre participant souligne que les scientifiques sont très différents entre eux, à l'image de la population en général. Il semble cependant que certains puissent rester « accrochés » à un modèle idéal de scientifique et que son absence dans la communauté scientifique crée une désillusion de la science telle qu'elle a été idéalisée :

> Un vrai scientifique a un certain désintéressement, un amour de ce qu'il fait, un amour de la recherche et de la passion. C'est peut-être ça le vrai modèle du scientifique. Ça peut peut-être exister, mais ce modèle subsiste de moins en moins (plus de chercheurs, même nombre de prix Nobel, pas beaucoup de chercheurs qui se distinguent). À l'heure actuelle, c'est la désillusion chez les jeunes scientifiques qui ne comprennent plus très bien ce qui se passe (C).

La description et la caractérisation des scientifiques ont semblé soutenir l'intérêt des étudiants et étudiantes, puisque 18 % de toutes les interventions recueillies lors des entretiens, concernant les sciences en général, traitent spécifiquement de cet aspect. Plusieurs qualificatifs ont été utilisés par les futurs enseignants et enseignantes pour décrire les scientifiques : passionnés, curieux, créatifs, critiques, méthodiques. Ce qui surprend de prime abord, c'est la grande importance de la recherche comme élément propre à un ou une scientifique ; les autres tâches, comme les activités d'application, semblent limitées. Certaines descriptions où le ou la scientifique est mis sur un piédestal laissent songeurs. Cette vision idéalisée, où même des étudiants et étudiantes aux études supérieures en sciences sont exclus, pourrait engendrer une certaine désillusion au contact des vrais scientifiques et même une fuite devant cet idéal inaccessible. Ce point semble être renforcé par le temps consacré, d'après les futurs enseignants et enseignantes, par les scientifiques à leurs travaux. Le mythe du bourreau de travail, celui de l'être passionné obnubilé par ses travaux, ne vivant que par et pour ses recherches, sont les caractéristiques les plus souvent citées.

Ici, il est important de souligner que pour certains et certaines le ou la scientifique tel qu'il est décrit se rapproche d'un stéréotype imposé par les médias ; plusieurs semblent cependant encore croire que c'est un idéal vers lequel il faudrait tendre. Quant au mythe du génie, il est rassurant de constater que plusieurs réalisent la complexité des éléments contextuels favorisant l'émergence de connaissances de pointe ; cependant, environ la moitié des répondants qui se sont prononcés sur cet aspect semblent encore accorder une place spéciale, pour ne pas dire prépondérante, au génie des grands pionniers. Heureusement, en plus de la « matière grise », le facteur « créativité » semble, pour eux, un ingrédient nécessaire à la production d'un savoir scientifique.

## 4.2. VERS UNE DESCRIPTION DES SCIENTIFIQUES À TRAVERS LES RÉPONSES AU QUESTIONNAIRE OUVERT

Il est intéressant de constater que les qualités de minutie, de créativité et de persévérance prennent, dans les trois universités faisant l'objet de l'étude, les trois premières places avant l'intelligence des scientifiques (tableau 2). L'intelligence (si bien sûr on réussit à définir ce concept) ne semble plus être considérée comme la seule source de réussite chez les scientifiques. Elle fait plutôt partie d'un tout où les habiletés interpersonnelles, les qualités de personnes d'action s'amalgament aux autres citées plus haut pour favoriser l'atteinte de leurs objectifs.

Bien que le nombre total d'aspects négatifs (tableau 3) soit plus faible que les aspects positifs dans les trois cohortes, il n'en reste pas moins que certains stéréotypes ont la vie tenace. Par exemple, certains traits de personnalité de savants fous ou retirés de la vie sociale sont recensés dans les expressions utilisées : introverti, peu bavard, dans leur bulle, célibataire, antipathique, taciturne, « plate », lunatique, gêné, perdu dans la brume, obsessif, etc. Quand on aborde l'aspect physique, on est loin d'une femme, jeune et jolie, qui mène à la fois une carrière scientifique et une vie remplie tant du point de vue familial que social (Brownlow, Smith et Ellis, 2002 ; Potts et Martinez, 1994).

Après l'analyse des énoncés des futurs enseignants et enseignantes de sciences, nous avons élaboré des catégories émergentes, c'est-à-dire non prédéterminées (voir la section des notes méthodologiques), décrivant les activités effectuées par les scientifiques dans le cadre de leur travail (tableau 4). Ainsi, nous avons distingué les activités des scientifiques, telles qu'elles ont été décrites par les étudiants et étudiantes, en travail de « laboratoire » – expériences, mesures, prise de notes, fabrication de solutions, observations, dissection, etc. – et en un volet communication qui regroupe aussi bien les communications orales qu'écrites, les communications scientifiques que celles de vulgarisation, y compris les tâches d'enseignement. Vient ensuite la catégorie décrivant toute la partie interprétation et modélisation : analyse de résultats, calculs, réflexion, hypothèses. Une section plus générale réunit les sujets de recherche (clonage, manipulation génétique). Nous avons aussi une sous-catégorie qui concerne la mise à jour personnelle des connaissances par les scientifiques : recherche documentaire, lectures, études personnelles. La dimension recherche des subventions a également été mentionnée. Le volet travail d'équipe est aussi recensé : discussion entre pairs, réunions. Enfin, certains énoncés concernent la partie « design » des expérimentations (protocoles, design méthodologique, développement d'outils ou d'instruments) et gestion (personnel et administration).

Il n'est pas surprenant de retrouver, avec une fréquence plus grande, les activités de travail en laboratoire, car ce sont nettement les plus représentées dans les médias écrits et électroniques comme le cinéma, les bandes dessinées, les manuels de classe, les livres d'histoire, etc. La tâche énumérée en deuxième lieu concerne le volet communication. Celui-ci semble plus visible pour les étudiants et étudiantes, car les recherches scientifiques prennent davantage de place dans les journaux et les revues de vulgarisation. De plus, le volet communication rejoint les étudiants et étudiantes universitaires, qui reconnaissent ainsi l'apport des chercheurs  et chercheures universitaires à l'enseignement. Un assez grand nombre d'énoncés concernent l'appellation générale « recherche ». Cette dernière, un peu fourre-tout, est peu révélatrice de ce que représentent pour les étudiants et étudiantes les activités des scientifiques. Mais, en même temps, cela nous montre le peu de précision des termes de ces derniers pour décrire ce que font les scientifiques dans le cadre de leur travail.

Il est tout de même rassurant de constater, tout au long des énoncés descriptifs, que les tâches des scientifiques sont perçues comme variées, allant de la demande de subvention à l'élaboration de modèles théoriques en passant par la recherche documentaire, le design méthodologique, la gestion de personnel, l'animation de groupe ainsi que l'interprétation et la communication de résultats. On s'éloigne donc un peu du scientifique solitaire, taciturne et gêné, constamment dans son laboratoire, sans liens réels avec la société. Qu'en est-il cependant de la répartition des tâches effectuées actuellement par les scientifiques ? Il semble que les chercheurs et chercheures universitaires passent de moins en moins de temps dans leur laboratoire à faire des manipulations, laissant cette tâche à leurs assistants et assistantes de recherche. Certaines recherches de type ethnographique ou historique (Latour, 1989, 1995, 2001 ; Broad et Wade, 1987 ; Shapin, 1991) tentent de décrire les pratiques de scientifiques dans leur quotidien ainsi que les réseaux d'acteurs qui gravitent autour de la construction de savoirs institutionnalisés. Mais, dans les faits, que semblent faire les scientifiques ? Latour (1995, p. 32) décrit ainsi le travail du scientifique : « Premier indice, il ne parle que de crédit. Le matin, il parle de crédit-crédibilité : mon hypothèse est-elle crédible ? Mes données sont-elles sûres ? Le midi, il parle de

TABLEAU 2

**Perceptions des scientifiques dans le cadre de leur travail par de futurs enseignants et enseignantes de sciences : les caractéristiques à tendance « positive »**

| Caractéristiques | Université U1 (n = 44) | E | Université U2 (n = 15) | E | Université U3 (n = 14) | E | Total |
|---|---|---|---|---|---|---|---|
| Minutie | Précis, méthodique, minutieux, discipliné, rigoureux, appliqué, attentif, alerte, concentré. | 39 (27 %) | Précis, bon observateur, ne néglige pas les données, consciencieux, discipliné. | 10 (29 %) | Méthodique, rigoureux, ordonné, concentré, suit des étapes, consciencieux, méticuleux. | 8 (16 %) | 57 (26 %) |
| Persistance des efforts | Persévérant, déterminé, passionné, impliqué, tenace, assidu, patient, goût de la science, travaillant. | 34 (24 %) | Volonté de réussir passionné, impliqué, persistant, travaillant, disponible, dévoué. | 10 (29 %) | Travail dur, énergique, discipliné, motivé, patient, travaillant, dévoué. | 3 (6 %) | 47 (21 %) |
| Pensée divergente | Curieux (s'interroge), ingénieux, visionnaire, débrouillard, intuitif, investigateur, imaginatif, original, éveillé. | 29 (20 %) | Curieux, se questionne, débrouillard, créatif. | 4 (12 %) | Curieux, innovateur, nouvelles idées, veut comprendre, poursuite d'une question . | 9 (19 %) | 42 (19 %) |
| Intelligence | Logique, intelligent, intellectuel, penseur, brillant. | 14 (10 %) | Intelligent, intellectuel. | 4 (12 %) | Analytique, esprit de déduction, intelligent. | 9 (19 %) | 27 (12 %) |
| Connaissances | Savant. | 1 (1 %) | Studieux, maîtrise des notions, savant. | 4 (12 %) | Instruit, lit beaucoup, formation permanente, connaissances approfondies. | 10 (21 %) | 15 (7 %) |
| Habiletés interpersonnelles | Collaborateur, ouvert d'esprit, travail d'équipe. | 8 (6 %) | Travail d'équipe. | 1 (3 %) | Travail d'équipe. | 2 (4 %) | 11 (5 %) |

| | Col. 1 | Col. 2 | Col. 3 | Total |
|---|---|---|---|---|
| **Esprit pratique** | Préoccupé de contraintes économiques, habile de ses mains, esprit de décision, travail de terrain.<br>5<br>(4 %) | | Pratique, organisé, structuré, technologue, homme ou femme d'affaires.<br>6<br>(13 %) | 11<br>(5 %) |
| **Critique** | Critique.<br>5<br>(4 %) | | | 5<br>(2 %) |
| **Autres** | « Humain », vulgarisateur, heureux.<br>5<br>(4 %) | Valorisé par son travail<br>1<br>(3 %) | Vise le bien-être de la population.<br>1<br>(2 %) | 7<br>(3 %) |
| **Total** | 140 | 34 | 48 | 222 |

*n* : nombre de répondants et de répondantes au questionnaire.    E : nombre d'énoncés appartenant à une catégorie donnée.

**TABLEAU 3**

**Perceptions des scientifiques dans le cadre de leur travail par de futurs enseignants et enseignantes de sciences : les caractéristiques à tendance «négative»**

| Caractéristiques | Université U1 (n = 44) | E | Université U2 (n = 15) | E | Université U3 (n = 14) | E | Total |
|---|---|---|---|---|---|---|---|
| Caractéristiques personnelles | Introverti, peu bavard, sérieux, dans leur «bulle», isolé, célibataire, seul, antipathique, pas le sens de l'humour, solitaire, taciturne, plate, lunatique, très fou, conjoint en sciences aussi, stressé, non sportif, aucun autre intérêt, boit du café, bourreau de travail. | 36 (49 %) | Introverti, parle tout bas, sérieux, songeur, préoccupé, tranquille, gêné. | 7 (25 %) | Pensif, travail individuel, perdu dans la brume, distrait, arrogant, esclave de la société, cherche la perfection, obsessif. | 9 (90 %) | 52 (47 %) |
| Apparence extérieure | Peu soigné, sarrau blanc, sarrau sale, chauve, lunettes épaisses, laid, pas joli, gants de labo, accorde peu d'importance aux aspects matériels. | 22 (30 %) | Sarrau blanc, lunettes, lunettes épaisses, gants de labo, bonnet, stylos dans la poche, calculatrice, apparence sévère, grosse touffe de cheveux. | 16 (57 %) | Âgé. | 1 (10 %) | 39 (35 %) |
| Environnement | Dans un labo, matériel en verre, fumée, instrument sophistiqué, balance, cahier de notes, ordinateur. | 15 (21 %) | Dans un labo, béchers, équation, beaucoup de livres. | 5 (18 %) | | | 20 (18 %) |
| **Total** | | 73 (100 %) | | 28 (100 %) | | 10 (100 %) | 111 (100 %) |

*n* : nombre de répondants et de répondantes au questionnaire.      E : nombre d'énoncés appartenant à une catégorie donnée.

TABLEAU 4

**Perceptions par de futurs enseignants et enseignantes de sciences des tâches effectuées par les scientifiques dans le cadre de leur travail**

| Tâches | Université U1 (n = 44) | E | Université U2 (n = 15) | E | Université U3 (n = 14) | E | Total |
|---|---|---|---|---|---|---|---|
| **Travail de laboratoire** | Expériences, mesure, essais-erreurs, prend des notes. | 61 (27 %) | Travail de terrain, fabrication de solutions chimiques, observations, recherches au microscope, observation d'animaux, administration de produits, dissection. | 23 (43 %) | Travail de terrain, extraction de produits, expériences, mélanges dangereux, mesures précises, manipulations. | 14 (24 %) | 98 (30 %) |
| **Communication** | Conférences, vulgarisation, écriture d'articles ou de rapports, colloques, enseignement, tutorat. | 54 (25 %) | Conférences, rédaction d'articles, enseignement, congrès, publications, présentations publiques, parler de la science. | 12 (22 %) | Conférences, rédaction d'articles, enseignement, débats, séminaires, présentations, communications, symposium. | 16 (28 %) | 82 (25 %) |
| **Interprétation-modélisation** | Analyse de résultats, comparaisons, calculs, ordinateurs, «réfléchir», se questionner, élaboration de théories, repenser, faire des liens, découvertes, hypothèses. | 35 (16 %) | Analyse de résultats, découvertes, hypothèses. | 3 (6 %) | Analyse de résultats ou de données, calculs, analyses statistiques, interprétation, découvertes. | 6 (28 %) | 44 (13 %) |
| **«Recherche»** | | 23 (11 %) | Manipulation génétique, clonage. | 9 (17 %) | | 9 (16 %) | 41 (12 %) |
| **Connaissances** | Lectures, études personnelles, recherches bibliographiques. | 17 (8 %) | Lecture de travaux déjà publiés, se garder à jour. | 4 (8 %) | Recherches documentaires, cours de perfectionnement, lectures. | 4 (7 %) | 25 (8 %) |

TABLEAU 4 (*suite*)

**Perceptions par de futurs enseignants et enseignantes de sciences des tâches effectuées par les scientifiques dans le cadre de leur travail**

| *Tâches* | *Université U1 (n = 44)* | *E* | *Université U2 (n = 15)* | *E* | *Université U3 (n = 14)* | *E* | *E* | *Total* |
|---|---|---|---|---|---|---|---|---|
| **Recherche de subventions** | Représentation auprès des industries. | 10 (5 %) | | 1 (2 %) | Collecte de fonds. | | 3 (5 %) | 14 (4 %) |
| **Travail d'équipe** | Discussion entre pairs, réunions, travail d'équipe. | 13 (6 %) | | | Discussion, animation de groupes. | | 2 (3 %) | 15 (5 %) |
| **Design** | Élaboration de protocoles expérimentaux, échantillonnage. | 3 (1 %) | Préparation d'instruments. | 1 (2 %) | Construction d'expériences, développement d'outils. | | 3 (5 %) | 7 (2 %) |
| **Gestion** | Supervision de techniciens. | 3 (1 %) | Administration. | 0 | Administration. | | 1 (2 %) | 4 (1 %) |
| **Total** | | 219 100 % | | 53 100 % | | | 58 100 % | 330 100 % |

*n* : nombre de répondants et de répondantes au questionnaire.    E : nombre d'énoncés appartenant à une catégorie donnée.

TABLEAU 5

## Phrases synthèses décrivant les caractéristiques des scientifiques et leurs activités dans le cadre de leur travail

### *Scientisme*

« Un scientifique essaie de **faire progresser la société** selon son domaine d'intérêt » (A20).

« Un scientifique fait avancer le monde » (A21).

« Activités **complexes** réservées à une **élite intellectuelle** seulement » (A23).

« Les scientifiques trouvent de **grandes choses** là où plusieurs ne voient rien » (A24).

« Les scientifiques travaillent très sérieusement pour effectuer des **découvertes à l'aide d'étapes** » (C6).

« Un scientifique fait constamment des recherches pour le **bien-être de la population** » (C7).

### *Stéréotypes*

« Les scientifiques n'ont pas de vie sociale » (A19).

« Les scientifiques sont individuels et fort intelligents » (A25).

« [Le scientifique], c'est un intellectuel, célibataire, sans ami » (A26).

« Les scientifiques sont des chercheurs qui passent **tout leur temps et consacrent toutes leurs énergies** à atteindre leurs buts » (A27).

« Les scientifiques passent **le plus clair de leur temps** avec leur sarrau, dans un laboratoire, à manipuler des éprouvettes » (A28).

« Les scientifiques sont des gens réservés qui travaillent seuls et souvent dans des laboratoires » (B1).

« Les scientifiques sont des gens préoccupés par leur petit monde (laboratoire) » (B13).

« Les scientifiques sont des personnes intelligentes obsédées par leur travail (d'une bonne façon !) » (C4).

« Un scientifique fait constamment des recherches pour le bien-être de la population » (C7).

« Un scientifique, c'est quelqu'un de sérieux […] qui vit dans son petit monde » (C14).

### *Vision plus contemporaine*

« Les scientifiques sont des gens comme tout le monde » (A22).

« […] Je sais aussi que certains scientifiques ont comme laboratoire la nature (ex. : archéologue, biologiste marin, etc.) » (A30).

« Les scientifiques étudient et tentent de découvrir de nouvelles facettes quant à leur sujet de recherche (domaine de spécialisation) » (B6).

« Le scientifique est un humain comme tous les autres qui fait des expériences scientifiques » (B9).

« Les scientifiques sont curieux, à la recherche des causes premières. Toutefois, il (elle) doit être réaliste et créatif à trouver des sources de financement » (C1).

« Les scientifiques sont des professionnels analytiques, méthodiques et innovateurs de nature qui font évoluer les connaissances scientifiques par la recherche, les analyses au laboratoire, des investigations sur le terrain et communiquent leurs résultats » (C3).

Note :  A = énoncé de l'université 1 ;
B = énoncé de l'université 2 ;
C = énoncé de l'université 3.
Exemple : A22 : étudiant n° 22 de l'université 1.

crédit-reconnaissance : est-ce qu'on m'a lu ? M'a-t-on cité en bonne position ? […] Et le soir, il parle de crédit-argent : ai-je décroché cet appel d'offres ? M'a-t-on donné ce nouveau poste de chercheur ? » Si l'on résume l'esprit de cette citation, il semble que Latour reconnaisse les aspects d'interprétation de résultats, de communication et de recherche de subventions comme des tâches inhérentes aux scientifiques. Il parle aussi des cinq horizons de la recherche : la mise en scène (relations publiques, etc.), les alliances (recherche de fonds), la mobilisation des personnes (instruments, enquêtes, etc.), l'autonomisation de la recherche (la profession, les collègues, etc.) et les liens et liants (concepts, théories, etc.). On est donc bien loin dans cette description des différentes tâches contenues dans la vision stéréotypée du scientifique mâle divorcé, taciturne, travaillant seul dans son laboratoire.

En ce qui concerne les professions scientifiques, vues dans un sens large, les étudiants et étudiantes parlent de pharmacien, enseignant, médecin, chercheur. Les scientifiques ne sont donc pas perçus seulement comme des chercheurs et chercheures, mais également comme des personnes pouvant exercer une gamme de professions considérées comme scientifiques. Pour mieux comprendre la représentation globale des scientifiques par les futurs enseignants et enseignantes, on peut consulter le tableau 5. On y trouve des citations qui représentent soit un certain scientisme, soit des visions davantage considérées comme des stéréotypes et, enfin, des énoncés plus contemporains, même si une analyse plus poussée laisse voir des conceptions remises en question.

## 4.3. COMPARAISON DES RÉSULTATS ENTRE LES GROUPES ET LES MODES DE COLLECTE DE DONNÉES

En ce qui concerne les caractéristiques dites positives, si l'on regroupe ce qui est dit dans trois grandes catégories, selon les fréquences de citation présentées en hautes, moyennes et basses (H = 15 % et + ; M = entre 10 % et 15 % ; B : < 10 %)[9], on trouve dans les hautes et moyennes fréquences la précision, la persévérance, la curiosité et l'intelligence. Seul l'établissement U3 semble privilégier l'esprit pratique au détriment de la persévérance dans la fréquence de citation.

Il est intéressant, si l'on compare les résultats du questionnaire avec les entretiens de groupe, de constater que ce sont à peu près les mêmes tendances qui sont observées ; les trois caractéristiques les plus nombreuses sont la persévérance au travail, la curiosité et la créativité. Cependant, dans

---

9. Nous avons mis entre parenthèses les pourcentages à titre indicatif, car nous ne croyons pas qu'ils soient très révélateurs, étant donné le nombre de participants et participantes.

les entretiens, l'aspect de travail excessif (bourreau de travail) est davantage mis en évidence. Dans les entretiens de groupe et dans les questionnaires, on retrouve des caractéristiques des scientifiques qui se démarquent des autres énoncés : minutie, persistance des efforts et créativité (pensée divergente). Le fait que le travail de laboratoire soit considéré comme la tâche principale des scientifiques est en concordance avec la définition des scientifiques vus principalement comme des chercheurs. Quant à leurs caractéristiques principales, la persistance des efforts rejoint l'idée de bourreau de travail et de persévérance dans les entretiens de groupe. La minutie (questionnaire ouvert) revient aussi dans les entretiens de groupe par le recours à des expressions comme « méthodiques » et « rigoureux ». L'idée que les scientifiques sont aussi des communicateurs et communicatrices se retrouve à la fois dans les entretiens de groupe et dans la perception des tâches des scientifiques (questionnaire) ; elle arrive toutefois en deuxième position, après le travail de laboratoire.

## 5.  COMPARAISON DE NOS RÉSULTATS AVEC D'AUTRES POPULATIONS

Qu'en est-il si l'on compare ces futurs enseignants et enseignantes de sciences avec d'autres populations ? Dans notre étude, on voit plutôt un vieil homme à lunettes épaisses, laid, chauve ou avec une touffe de cheveux, avec un sarrau sale et une calculatrice à la main. Son environnement se caractérise par une profusion de livres, des béchers enfumés et un tableau couvert d'équations. Ces expressions sont étonnantes par leur diversité et leur éloquence. Nous trouvons ici plusieurs éléments cités par Chambers (1983) : le sarrau, les lunettes, les symboles de la recherche (instruments scientifiques ou équipement de laboratoire), les symboles du savoir (livres) et de la technologie (calculatrice). Nos résultats se comparent aussi à ceux rapportés par Rosenthal (1993) qui parle des éprouvettes, des béchers et des flacons associés au laboratoire de chimie, les crayons et les livres étant les deux objets les plus fréquemment cités comme symboles du savoir. Dans son étude, cette chercheure indique que tant les étudiants et étudiantes en sciences humaines que ceux en biologie se représentent les scientifiques principalement comme des chercheurs en laboratoire, quoique les derniers soient un peu plus nombreux à imaginer les scientifiques sur le terrain. Malgré les limites d'un test avec dessin, cette chercheure mentionne l'avantage d'une prise de conscience qu'un tel test permet. Ces résultats corroborent également ceux d'autres études qui ont utilisé comme outils de recherche le « Draw-A-Scientist Test » et le « Draw-A-Scientist Checklist » (Barman, 1996, 1997, 1998 ; Beardslee et O'Dowd, 1961 ; Finson, Beaver et Cramond, 1995 ; Fort et Varney, 1989 ; Gardner, 1975 ; Huber et Burton, 1995 ; Krause,

1977 ; McDuffie, 2001 ; Mead et Metraux, 1957 ; Moseley et Norris, 1999 ; Rodriguez, 1975 ; Schibeci, 1986, 1989 ; Schibeci et Sorensen, 1983 ; Spector, Burkett et Duke, 2001), même si la plupart de ces études s'adressaient à des élèves plus jeunes. Dans notre recherche, il semblait aussi difficile pour les futurs enseignants et enseignantes d'indiquer clairement quel type de personnes pourrait représenter un ou une scientifique ; un étudiant disait même qu'un scientifique, ce n'est pas un étudiant aux études supérieures. Jinwoong et Kwang-Suk (1999) ont aussi noté la très grande difficulté, pour les étudiants et étudiantes, de s'identifier à un ou une scientifique de leur entourage ; 65 % à 73 % en étaient incapables et, de plus, ce qui est alarmant, le pourcentage augmentait avec l'âge. Qui peut donc être qualifié de scientifique ? Les personnes citées dans l'étude de Jinwoong et Kwang-Suk (1999) comme « leur scientifique favori » étaient davantage des physiciens et des Occidentaux, un seul étant Coréen.

Une étude relativement récente, menée par Larochelle, Désautels, Turcotte et Pépin (1997) auprès de scientifiques (98) et de conseillers en orientation (163) du Québec, va dans le même sens que plusieurs de nos résultats. Les caractéristiques qui sont le plus souvent mentionnées sont celles-ci : persévérant (99,6 %), logique (98,2 %), rationnel (97,9 %), réfléchi (97,8 %), méthodique (97,5 %), consciencieux (96,8 %), ingénieux (96,8 %), objectif (95 %), imaginatif (94,7 %), décidé (93,8 %) et sérieux (91,9 %). Ces qualificatifs correspondent pratiquement à ceux qui obtiennent les hautes et les moyennes fréquences dans notre questionnaire. Pour les caractéristiques dites négatives, on note aussi certaines similitudes. En effet, dans la recherche de l'équipe de Larochelle, certains participants et participantes appuient l'idée que le scientifique type n'est pas chaleureux (71,8 %), qu'il n'est pas sensible (61,2 %) ; par contre, d'autres soutiennent que le scientifique type n'est pas froid (55,4 %) et qu'il n'est pas timide (69,6 %). Il est intéressant de noter que, dans cette dernière étude, les conseillers et conseillères d'orientation considéraient davantage la ou le scientifique type comme une personne objective, timide et froide, par comparaison avec les scientifiques et les technologues, tandis que ces derniers avaient davantage tendance à se considérer comme attentionnés, chaleureux, compréhensifs, intuitifs et nerveux. Il semble donc y avoir plus de divergences quand on tente de définir les caractéristiques dites négatives des scientifiques.

Quant à l'aspect des tâches effectuées par les scientifiques, on remarque une nette concordance entre les groupes. Le travail de laboratoire et l'aspect communication prennent nettement les deux premières places. La partie « analyse de résultats » (terme *in vivo*[10] pour décrire toute la réflexion, l'ana-

---

10. Expressions utilisées par les participantes et les participants eux-mêmes (Paillé, 1994).

lyse, le questionnement, l'interprétation, la modélisation) arrive en troisième fréquence de citation si l'on exclut la quatrième catégorie, « recherche », qui veut dire tout et rien en même temps. Dans la recherche de Jinwoong et Kwang-Suk (1999), les activités ou les tâches effectuées par les scientifiques concernent la recherche (34 % des dessins), l'expérimentation (29 %), l'invention (14 %), l'observation (2 %), le service à la société (2 %) et l'enseignement (2 %). Ce qui va tout à fait dans le sens de nos données.

En résumé, cette récurrence dans les caractéristiques des scientifiques laisse croire à des éléments du noyau central des représentations sociales concernant les scientifiques. En effet, elles ont peu changé entre les divers groupes à l'étude, à travers divers modes de collecte de données, dans le temps et même d'une culture à l'autre. Cette étude nous aura permis de reconstruire différentes images qu'entretiennent de futurs enseignants et enseignantes de sciences au sujet des scientifiques. À ce titre, elle représente un outil susceptible d'aider à repenser la formation des enseignants et enseignantes de sciences et l'enseignement des sciences dans les écoles. Tout en écrivant ces quelques pages, nous avons été amenées à réfléchir à des pistes d'amélioration si l'étude était à refaire.

## 6.   LIMITES DE L'ÉTUDE ET PISTES D'AMÉLIORATION

Sur le plan méthodologique, d'une part, un dossier anecdotique a été constitué par les trois intervieweurs immédiatement après les entretiens de groupe afin de décrire les comportements d'étudiants et d'étudiantes hors de l'ordinaire ou l'atmosphère générale de l'entretien. Malgré certains cas particuliers (étudiant s'exprimant rarement, étudiant faisant figure de leader, étudiant parlant sans réflexion approfondie, etc.), la majorité des étudiants et étudiantes semblent s'être exprimés librement, à tour de rôle et avec plaisir. Plusieurs d'entre eux se seraient exprimés davantage s'il y avait eu plus de temps alloué aux entretiens. Cela constitue une lacune que l'on pourrait corriger en accordant plus de temps à cette partie de l'étude et en veillant à la gestion de la parole pour permettre à chacun et à chacune de s'exprimer à sa guise.

D'autre part, certains termes nous ont semblé difficiles à classer par manque de contexte. Par exemple, il était difficile de savoir, lorsque le mot « savant » était utilisé, si les étudiants et étudiantes faisaient référence au savoir livresque et à l'expérience des scientifiques ou à leurs « aptitudes intellectuelles ». Nous avons opté pour la première définition en raison de l'étymologie du mot « savant », qui vient de savoir. D'autres mots comme

« alerte » posaient aussi problème. Le mot est-il pris dans le sens d'une attention soutenue ou d'une aptitude de l'esprit éveillé à remarquer des anomalies pour faire émerger de nouvelles idées ? L'expression « ouvert d'esprit » nous a aussi embêtées : s'agit-il de l'ouverture d'esprit envers les autres afin d'accueillir leurs idées ou plutôt de l'ouverture d'esprit pour accueillir de nouvelles idées qui émergent au moment de l'analyse de données ? Nous avons aussi eu des hésitations quand il s'est agi de classer certains attributs utilisés. Par exemple, les expressions « persévérant », « déterminé », « assidu », « patient », « tenace » nous semblaient à connotation positive, tandis que celle de « bourreau de travail » nous apparaissait plutôt négative, tout en décrivant la même réalité. Nous avons donc classé cette dernière dans les caractéristiques dites négatives.

De plus, qu'il s'agisse des données des entretiens de groupe ou du questionnaire, il est difficile de savoir si ce qui vient en tête des répondants est ce qu'ils croient vraiment ou si c'est ce qui leur vient spontanément à l'esprit à cause de l'impact répété des médias, par exemple. Contrairement à beaucoup d'autres chercheurs, Jinwoong et Kwang-Suk (1999) ont tenté de cerner la source de ces images. Voici le nombre de citations obtenues pour diverses sources : films (525), dessins animés (454), revues de vulgarisation scientifique pour enfants (435), biographies de scientifiques (362), bandes dessinées (351) et musées (291). En regroupant ces énoncés en catégories plus larges, on obtient, dans un ordre décroissant d'influence : les médias écrits, électroniques, l'éducation non formelle (musées, Internet), l'éducation scolaire et les relations sociales (parents, pairs, etc.). Il semble donc, comme nous l'avions supposé au début, que les facteurs déterminants échappent à l'école et aux parents. Cela ne signifie pas qu'il faille lâcher prise, car les journalistes, les réalisateurs et d'autres ont bien dû passer sur les bancs de l'école un jour. On constate toutefois que ces images sont bien ancrées dans l'imaginaire collectif. Il semble donc important, si l'on veut faire évoluer les représentations, de tenter de retrouver l'origine des représentations concernant les scientifiques, tout comme le suggère d'ailleurs McDuffie (2001).

Par ailleurs, une dimension importante n'apparaît pas dans les données tirées de notre recherche : celle relative au sexe et au groupe ethnique des scientifiques. Toutefois, plusieurs études ont montré que les scientifiques sont souvent représentés comme des hommes, d'origine européenne, et que très rares sont les femmes et encore moins les personnes d'autres groupes ethniques (Barman, 1996 , 1997 ; Beardslee et O'Dowd, 1961 ; Bowtell, 2002 ; Brownlow, Smith et Ellis, 2002 ; Chambers, 1983 ; Colley, Comber et Hargreaves, 1994 ; Finson, Beaver et Cramond, 1995 ; Fort et Varney, 1989 ; Krause, 1977 ; McDuffie, 2001 ; Mead et Metraux, 1957 ; Schibeci, 1986 ; Schibeci, 1989 ; Schibeci et Sorensen, 1983 ; Spector, Burkett et Duke, 2001). Ce n'est que chez les filles et chez les jeunes élèves (du préscolaire à la 2e année) qu'on trouve respectivement les quelques rares images de femmes scientifiques (Bowtell, 2002 ; Chambers, 1983) et de scientifiques de groupes ethniques (Barman, 1997). Pour avoir un tableau plus complet, nous aurions pu associer à nos outils de recherche le populaire « Draw-A-Scientist Test » et nous assurer de recueillir des éléments démographiques (sexe, âge, spécialité, expérience professionnelle) pour permettre une analyse croisée des données selon les caractéristiques individuelles des participants et participantes.

En outre, il aurait été plus profitable pour ces futurs enseignants et enseignantes de sciences de participer à cette étude au début de la session et d'en partager les résultats à la fin pour mieux apprécier le cheminement réalisé et être ainsi amenés à prendre conscience de leurs représentations. En d'autres termes, il faudrait orienter notre intervention éducative vers les besoins réels de nos étudiants et étudiantes (par des exemples, des questions, des discussions sur la nature de la science et de la communauté scientifique). Ce faisant, on se donne les moyens de provoquer des changements de représentations de ces futurs enseignants et enseignantes et d'influer sur les représentations de leurs élèves (Moseley et Norris, 1999 ; Spector, Burkett et Duke, 2001 ; Spector et Strong, 2001a).

## *CONCLUSION ET PERSPECTIVES D'ACTIONS COLLECTIVES*

Existe-t-il des caractéristiques propres aux scientifiques ou ces caractéristiques varient-elles tellement qu'elles se confondent avec celles de la population en général ? Y a-t-il une tâche typique des scientifiques ou des tâches variées selon le contexte, la spécialité, la progression dans la carrière, etc. ? Ces tâches sont-elles si différentes de celles des autres professions ? Notre recension des écrits à ce sujet nous porte à croire davantage au deuxième volet de ces questions pour appuyer nos propos et les résultats de la présente étude. L'important, selon nous, n'est pas de clore la discussion à ce sujet, mais bien d'en prendre conscience et d'essayer de comprendre les sources de ces représentations et l'impact que celles-ci peuvent avoir sur nos choix de carrière ou sur ceux de nos élèves ou de nos enfants.

Quelles seraient donc les stratégies pédagogiques possibles en classe pour les élèves (et autant pour leurs enseignants et enseignantes) ? Diverses avenues s'offrent à nous. Il pourrait s'avérer intéressant de faire lire aux élèves des biographies de scientifiques afin qu'ils comprennent mieux la construction du savoir scientifique. Une extrême prudence s'impose, cependant, car la majorité des biographies tracent le portrait des vainqueurs sans prendre en considération le contexte et les divers acteurs qui ont mené certains au succès en sciences[11]. Il serait aussi possible d'inviter des scientifiques de notre milieu dans notre classe pour qu'ils parlent de leurs activités et que les élèves puissent s'entretenir avec eux. Les jeunes ont besoin de voir les scientifiques dans d'autres milieux que le laboratoire (expéditions, investigations enregistrées sur vidéo), dans d'autres rôles et comme des personnes ordinaires (femmes, hommes, personnes de différents groupes ethniques et de tous les coins du monde ; Barman, 1997 ; National Science Foundation, 1999 ; Spector, Burkett et Duke, 2001). Ces activités qui fournissent l'occasion de rencontrer des scientifiques contemporains, de leur parler ou de simplement les connaître, pourraient aussi contribuer au développement de modèles de personnes accessibles et « ordinaires ». On a assisté récemment au Québec à une campagne de publicité faite par la Cité de l'optique, « Moi je suis photonique ». On y voit des jeunes hommes et des jeunes femmes dans la vingtaine, très « mode », très branchés, très dynamiques, qui semblent profiter de la vie tout en étant chercheur ou chercheure en photonique. De telles annonces peuvent sûrement renverser la vapeur et permettre aux jeunes de se construire d'autres représentations de ce que peuvent être des scientifiques.

Il semble donc y avoir un besoin de renouvellement de nos pratiques pédagogiques, ainsi que le souligne d'ailleurs Barman (1997, p. 21-22), afin qu'on insiste davantage sur la place des femmes et des minorités ethniques en sciences, et cela dès le préscolaire, en établissant des connexions nationales et internationales avec une large gamme de scientifiques. Il s'agit, en fin de compte, de la mise en place de stratégies pédagogiques authentiques. Nous entendons par là des stratégies mobilisant et développant les compétences des élèves, qui y voient une finalité, une pertinence et un sens à leurs apprentissages (Bowtell, 2002 ; Duit et Treagust, 1998 ; Mbajiorgu et Iloputaife, 2001 ; Spector, Burkett et Duke, 2001). Des approches par problèmes (PISTES, 2002), comme l'apprentissage par problèmes (APP), la pédagogie du projet, les controverses structurées, pourraient ainsi permettre aux élèves de mieux saisir de l'intérieur, par une prise de conscience des processus de production des savoirs et de leurs contingences, comment les scientifiques travaillent. Par exemple, une utilisation accrue dans les activités pédagogiques de controverses socioscientifiques contemporaines (OGM, clonage, cellules souches, eugénisme, xénogreffes, énergie nucléaire, etc.) pourrait aider les élèves à mieux comprendre les rôles et les tâches des scientifiques ainsi que certaines de leurs caractéristiques. Et c'est

---

11. Voir à ce sujet le débat Pasteur et Pouchet (Latour, 2001).

vrai même pour des élèves du secondaire. En effet, nous croyons que plus vite on démystifie les scientifiques, plus vite les jeunes pourront acquérir une pensée critique en ce qui regarde la construction des connaissances scientifiques. Cette approche, souvent connue sous le vocable STS (Science-Technologie-Société), permet aux élèves d'entrevoir la science à la fois comme une activité humaine qui a des applications mais aussi des implications dans la vie quotidienne (Hurd, 1998 ; Roth, 2002 ; Spector, Burkett et Duke, 2001 ; Spector et Strong, 2001b ; Yager, 1990), et comme une pratique sociale, au même titre que d'autres disciplines (Latour, 2001).

La mise en place de telles stratégies ne relève pas d'une simple application de techniques d'enseignement, car elle nécessite de la part des enseignants et enseignantes une compréhension en profondeur des enjeux technoscientifiques. Une formation articulée des enseignants et des enseignantes à l'anthropologie, à l'épistémologie et à l'histoire des sciences est, selon nous, non pas une visée de formation uniquement théorique, mais bien une visée éminemment pratique. En effet, elle devrait fournir une grille de lecture élargie pour les enseignants et les enseignantes et, nous le souhaitons par ricochet pour leurs élèves, des débats contemporains. Les citoyens et les citoyennes ont et auront de plus en plus un rôle décisif à jouer face aux enjeux technoscientifiques. Pour ce faire, ils ne devront pas laisser l'entière liberté aux experts scientifiques, mais bien être parties prenantes aux enjeux dont les aspects éthiques, économiques, scientifiques, légaux, sociologiques deviennent imbriqués au point d'être parfois indissociables. Il ne faut donc plus considérer les scientifiques comme des êtres à part avec une aura de vérité attachée à leur discours. De là l'importance d'actualiser les représentations des futurs enseignants et enseignantes en ce qui concerne les scientifiques, la mise à jour s'entendant comme une prise de conscience, mais aussi comme une comparaison critique et informée des courants d'idées contemporains qui traversent l'anthropologie des sciences.

Il serait intéressant de mener la même étude auprès des enseignants et enseignantes de sciences en fonction, car rien ne nous permet d'affirmer que leurs représentations sont différentes de celles des futurs enseignants et enseignantes ou encore de leurs élèves (Barman, 1998). Au Canada, des études du genre sont d'autant plus pertinentes dans des contextes francophones que, depuis Chambers (1983), la plupart de ces études ont été plutôt réalisées auprès des populations anglophones. Il faudrait, par ailleurs, mettre en place des mécanismes permettant aux enseignants et enseignantes de se former et de s'informer par l'intermédiaire du réseautage des études sur les représentations des enseignants et enseignantes de sciences au sujet de la science et des scientifiques.

La formation à l'enseignement exerce encore un rôle de premier choix dans l'initiation des futurs enseignants et enseignantes à la lecture, à la consultation et à l'utilisation des journaux, des revues scientifiques et d'autres documents dans leur exercice professionnel afin de les préparer à être des chercheures ou chercheurs actifs (Yost, Sentner et Forlenza-Bailey, 2000). Ces futurs enseignants et enseignantes devraient en effet continuellement se préoccuper de la science qu'ils enseignent, de leur relation avec cette science, de leurs représentations de la science et des scientifiques ainsi que des représentations de leurs élèves au sujet de la science et des scientifiques.

## *BIBLIOGRAPHIE*

Barman, C.R. (1996). « How do students really view science and scientists ? », *Science and Children*, *34*(1), p. 30-33.

Barman, C.R. (1997). « Students' views of scientists and science : Results from a national study », *Science and Children*, *35*(1), p. 18-23.

Barman, C.R. (1998). « What teachers say about participating in a national study », *Science and Children*, *36* , p. 14-18.

Beardslee, D.C. et D.D. O'Dowd (1961). « The college-student image of the scientist », *Science*, *133*, p. 997-1001.

Bowtell, E. (2002). « Educational stereotyping : Children's perceptions of scientists 1990's style », *Retrieved*, 23 avril, <http://faculty.ncwc.edu./Mbrooks/sci307/perceptions_of_scientists.htm>.

Broad, W. et N. Wade (1987). *La souris truquée. Enquête sur la fraude scientifique*, Paris, Seuil.

Brownlow, S., J.T. Smith et R.B. Ellis (2002). « How interest in science negatively influences perceptions of women », *Journal of Science Education and Technology*, *11*(2), p. 135-144.

Chambers, D.W. (1983). « Stereotypic images of scientists : The Draw-a-Scientist Test », *Science Education*, *67*(2), p. 255-265.

Colley, A., C. Comber et D.J. Hargreaves (1994). « Gender effects in school subject preferences : A research note », *Educational Studies*, *20*, p. 13-18.

De Ketele, J.-M. et X. Roegiers (1993). *Méthodologie du recueil d'informations*, Bruxelles, De Boeck Université.

Duit, R. et D.F. Treagust (1998). « Learning in science : From behaviorism towards social constructivism and beyond », dans B.J. Fraser et K. Tobin (dir.), *International Handbook of Science Education*, Boston, Kluwer Academic Publishers, p. 3-25.

Filippelli, L.A. et H.J. Walberg (1997). « Childhood traits and conditions on eminent women scientists », *Gifted Child Quarterly, 41*(3), p. 95-104.

Finson, K.D., J.B. Beaver et R.L Cramond (1995). « Development of a field test of a checklist for the Draw-a-Scientist Test », *School Science and Mathematics, 95*(4), p. 195-205.

Fort, D.C. et H.L. Varney (1989). « How students see scientists : Mostly male, mostly white, mostly benevolent », *Science and Children, 26*(8), p. 8-13.

Fouad, N.A. et P.L. Smith (1996). « A test of a social cognitive model for middle school students : Math and science », *Journal of Counseling Psychology, 43*, p. 338-346.

Fourez, G. (1994). *Alphabétisation scientifique et technique,* Bruxelles, De Boeck.

Fourez, G. (1996). *La construction des sciences,* Bruxelles, De Boeck.

Gardner, P.L. (1975). « Attitudes to science : A review », *Studies in Science Education,* n° 2, p. 1-41.

Gomez-Gil, B. (1975). « Mexican adolescents' image of scientist », *Social Studies of Science,* n° 5, p. 355-361.

Guilbert, L. (1992). « L'idée de science chez des enseignants en formation : une analyse quantitative et qualitative à partir d'un test », *La revue canadienne d'enseignement supérieur, 22*(3), p. 76-107.

Huber, R.A. et G.M. Burton (1995). « What do students think scientists look like ? », *School Science and Mathematics, 95*(7), p. 371-376.

Hurd, P.D. (1998). « Scientific literacy : New minds for a changing world », *Science Education, 82*, p. 407-416.

Jacquard, A. (1986). « La douance contre l'existence », *Vie pédagogique, 44*, p. 19-20.

Jenkins, E.W. (1994). « Public understanding of science and science education for action », *Journal of Curriculum Studies, 26*(6), p. 601-611.

Jinwoong, S. et K. Kwang-Suk (1999). « How Korean students see scientists : The images of the scientist », *International Journal of Science Education, 21*(9), p. 957-977.

Jodelet, D. (1991). « Représentation sociale », dans H. Block (dir.), *Grand dictionnaire de la pyschologie,* Paris, Larousse, p. 668-672.

Kahle, J.B., L.H. Parker, L.J. Rennie et D. Riley (1993). « Gender differences in science education. Building a model », *Educational Psychologist, 28*, p. 379-404.

Krause, J.P. (1977). « How children see scientists », *Science and Children, 14*(8), p. 9-10.

Larochelle, M., J. Désautels, C. Turcotte et Y. Pépin (1997). *Qu'est-ce que les sciences ? Qu'est-ce que les techniques ?* Rapport de recherche, Québec, Université Laval.

Latour, B. (1989). *La science en action,* Paris, La Découverte.

Latour, B. (1995). *Le métier de chercheur : regard d'un anthropologue,* Paris, INRA.

Latour, B. (2001). *L'espoir de Pandore : pour une version réaliste de l'activité scientifique*, traduit de l'anglais par D. Gille, Paris, La Découverte.

L'Écuyer, R. (1987). « L'analyse de contenu : notions et étapes », dans J.-P. Deslauriers (dir.), *Les méthodes de la recherche qualitative*, Québec, Presses de l'Université du Québec, p.

Lévy-Leblond, J.-M. et A. Jaubert (1973). *(Auto) critique de la science*, Paris, Seuil.

Lincoln, Y.S. et E.G. Guba (1985). *Naturalistic Inquiry*, Beverly Hills, CA, Sage Publications.

Mason, C.L., J. Butler Kahle et A.L. Gardner (1991). « Draw-a-Scientist Test : Future implications », *School Science and Mathematics*, *91*(5), p. 193-198.

Mbajiorgu, N.M. et E.C. Iloputaife (2001). « Combating stereotypes of the scientist among preservice teachers in Nigeria », *Research in Science and Technological Education*, *19*(1), p. 55-67.

McDuffie, Jr., T.E. (2001). « Scientists-geeks and nerds ? Dispelling teachers' stereotypes of scientists », *Science and Children*, mai, p. 16-19.

Mead, M. et R. Metraux (1957). « The image of scientist among high school students : A pilot study », *Science*, *126* (3269), p. 384-390.

Moscovici, S. (1987). « Les représentations sociales. Exposé introductif », dans L.F. Marbeau et L.F. Audigier (dir.), *Actes du colloque « Savoirs enseignés – Savoirs acquis »*, Paris, INRP, p. 31-42.

Moseley, C. et D. Norris (1999). « Preservice teachers'views of scientists », *Science and Children*, *73*(1), p. 50-53.

Mucchielli, R. (1984). *L'analyse de contenu des documents et des informations. Formation permanente en sciences humaines*, 5e édition, Paris, séminaire de Roger Mucchielli.

Mujawamariya, D. (1992). *La perception de situations problématiques reliées à l'enseignement de la chimie au Rwanda : une investigation par l'étude de cas*. Thèse de doctorat, Université Laval.

National Research Council (1996). *National Science Education Standards*, Washington, DC, National Academy Press.

National Science Foundation – NSF (1999). *Women, Minorities and Persons with Disabilities in Science and Engineering*, Washington, DC, U.S. Government Printing Office.

Paillé, P. (1994). « L'analyse par théorisation ancrée », *Cahiers de recherche sociologique*, *23*, p. 147-181.

PISTES (2002). *Projets d'intégration des sciences et des technologies en enseignement au secondaire*, <http://pistes.fse.ulaval.ca> [en ligne depuis le 14 octobre 2001].

Potts, R. et I. Martinez (1994). « Television viewing and children's beliefs about scientists », *Journal of Applied Developmental Psychology*, *15*, p. 287-300.

Rosenthal, D.B. (1993). « Images of scientists : A comparison of biology and liberal studies majors », *School Science and Mathematics*, *93*(4), p. 212-216.

Roth, W.M. (2002). « Taking science education beyond schooling », *Canadian Journal of Science, Mathematics and Technology Education*, *2*(1), p. 37-49.

Schibeci, A.R. (1986). « Images of science and scientists and science education », *Science Education*, *70*, p. 139-149.

Schibeci, A.R. (1989). « Images of scientists », *Investigating A.P.S.I.*, *5*, p. 25-27.

Schibeci, A.R. et I. Sorensen (1983). « Elementary school children's perceptions of scientists », *School Science and Mathematics*, *83*(1), p. 14-19.

Shapin, S. (1991). « Le technicien invisible », *La Recherche*, *22*(230), p. 324-333.

She, H.C. (1998). « Gender and grade level differences in Taiwan students' stereotypes of science and scientists », *Research in Science and Technological Education*, *16*(20), p. 125-135.

Solomon, J. et G. Aikenhead (1994). *STS Education International Perspectives on Reform*, New York, Teachers College Press.

Spector, B.S., R. Burkett et M. Duke (2001). « Changing preservice elementary teachers' perceptions of the nature of science and science teaching ». Paper prepared for International History, Philosophy, and Science Teaching Annual Conference, novembre, Denver, CO, p. 7-11.

Spector, B.S. et P. Strong (2001a). « The culture of traditional preservice elementary science methods students compared to the culture of science : A dilemma for teacher educators », *Journal of Elementary Science Education*, *13*(2), p. 1-20.

Spector, B.S. et P. Strong (2001b). « The 3C's of inquiry learning and teaching : Culture, context and cues », *Association for the Education of Teachers in Science*, Costa Mesa, CA.

Takenaga-Taga, Y.D. (2002). *An Analysis of Preservice Teachers' Views of Five Scientists at Work*, <http://www.teachnet.org/TNPI/research/prep/taga.htm>, consulté le 22 avril 2002.

West, L.H.T. et A.L. Pines (1985). *Cognitive Structure and Conceptual, Change*, New York, Academic Press.

Yager, R. (1990). « STS : Thinking over the years », *The Science Teacher*, mars, p. 52-55.

Yost, D., S. Sentner et A. Forlenza-Baley (2000). « An examination of the construct of critical reflection : Implications for teacher education programs in the 21st century », *Journal of Teacher Education*, *52*(1), p. 39-49.

Zavalloni, M. (2001). « Faire émerger le nouveau, anticiper le futur », dans F. Buschini et N. Lalampalikis (dir.), *Penser la vie, le social, la nature. Mélanges en l'honneur de Serge Moscovici*, Paris, Éditions de la Maison des sciences de l'homme, p. 411-417.

# PARTIE 3

CONCEPTIONS ET CROYANCES
À L'ÉGARD
DES TECHNOLOGIES

# CHAPITRE 9

# Implantation d'une innovation

## Conceptions d'enseignantes et d'enseignants du primaire relatives aux TIC[1]

*Sonia Lefebvre*
*Université du Québec à Trois-Rivières*
*sonia.lefebvre@sympatico.ca*

*Colette Deaudelin*
*Université de Sherbrooke*
*colette.deaudelin@usherbrooke.ca*

*Louise Lafortune*
*Université du Québec à Trois-Rivières*
*louise_lafortune@uqtr.ca*

*Jean Loiselle*
*Université du Québec à Trois-Rivières*
*jean_loiselle@uqtr.ca*

---

1. TIC : Technologies de l'information et de la communication.

### RÉSUMÉ

*Malgré les efforts faits pour soutenir l'intégration des TIC en classe, on constate que plusieurs enseignantes et enseignants exploitent encore peu les TIC à des fins d'enseignement et d'apprentissage. Étant donné que les conceptions sont perçues comme une dimension importante du processus de changement, les auteurs de ce chapitre s'intéressent aux conceptions qu'ont six enseignants de l'innovation que représentent les TIC en relation avec le processus d'enseignement-apprentissage. Les conceptions sont étudiées ici à la lumière de paradigmes éducationnels qui influencent les actions posées par l'enseignant (Sauvé, 1992), soit le béhaviorisme social et le constructivisme social. Les résultats obtenus remettent en question l'évolution des conceptions de l'enseignement et des TIC telle que les recherches sur le sujet la présentaient jusqu'à présent, c'est-à-dire le passage d'une perspective néobéhavioriste à une perspective constructiviste ou socioconstructiviste. Enfin, des pistes de solution susceptibles de favoriser un changement dans les conceptions d'enseignants du primaire au regard des TIC sont proposées.*

Au cours des quinze dernières années, le ministère de l'Éducation du Québec (MEQ) a soutenu par différents plans l'exploitation de l'ordinateur à des fins d'enseignement et d'apprentissage (MEQ, 1983, 1996). Malgré ce fait, le Conseil supérieur de l'éducation (2000), dans son rapport sur l'éducation et les nouvelles technologies, conclut que le mouvement d'intégration des TIC à l'enseignement et à l'apprentissage demeure marginal et qu'il y a beaucoup à faire pour que cette intégration se réalise. On dresse un constat similaire aux États-Unis. Par exemple, Becker, Ravitz et Wong (1999) notent que, dans une année, l'enseignant type procure à ses élèves moins de dix occasions de travail à l'ordinateur. Pourtant, au cours de la dernière décennie, la plupart des pays occidentaux ont confirmé la nécessité de former les élèves à l'utilisation des technologies dans leur curriculum respectif (Karsenti, Brodeur, Deaudelin, Larose et Tardif, 2002). C'est donc dire que, malgré le caractère prescriptif de la formation des élèves à l'utilisation des TIC, plusieurs enseignantes et enseignants les exploitent encore peu à des fins d'enseignement et d'apprentissage. Pour cette raison, les TIC sont vues sous l'angle d'une innovation dont l'implantation reste à faire.

Ce chapitre s'intéresse aux conceptions que des personnes ont de l'innovation qu'elles doivent implanter, à savoir les TIC. En effet, les conceptions sont vues comme une dimension importante du processus de changement. La première section traite de l'importance d'examiner les conceptions des enseignants par rapport à l'innovation qui nous intéresse ici, les TIC, mais aussi celles au sujet de l'apprentissage et de l'enseignement. Le cadre de référence présente les outils conceptuels nécessaires à l'étude des conceptions en contexte d'innovation. La section « Méthode de recherche » donne des précisions sur les personnes participantes à l'étude ainsi que sur les outils et les modalités de collecte et de traitement des données. Après la présentation et l'interprétation des résultats, des pistes d'intervention sont proposées.

## 1.  PROBLÉMATIQUE : IMPORTANCE DES CONCEPTIONS

Pour favoriser le changement ou l'implantation d'innovations, des recherches montrent l'importance de s'intéresser autant à leurs croyances ou conceptions qu'à la pratique des enseignantes et des enseignants. Strudler et Wetzel (1999) soutiennent que l'un des facteurs qui influencent l'utilisation des TIC réside dans le fait que les croyances des enseignants par rapport aux TIC correspondent à leur pédagogie (*pedagogical fit*). Par exemple, la personne qui considère que les TIC constituent de bons outils de présentation et qui, dans son enseignement, doit souvent exposer certains contenus sera plus encline à utiliser les TIC. De plus, Becker, Ravitz et Wong (1999) montrent que les enseignants qui ont des croyances compatibles avec le constructivisme sont davantage portés à recourir à une utilisation diversifiée des technologies dans leur enseignement. La recherche de Robin et Harris (1998) menée en milieu universitaire indique que les professeurs qui utilisent les TIC présentent un certain profil : ce sont le plus souvent des femmes, qui ont un plus haut niveau de formation, qui privilégient les approches d'enseignement centrées sur l'élève, qui préfèrent elles-mêmes apprendre au moyen d'expériences concrètes et qui partagent une vision du monde socioconstructiviste. Dans le même sens, Karahanna, Straub et Chervany (1999), dans une étude faite en milieu organisationnel, montrent que les utilisateurs potentiels d'une innovation et les utilisateurs réels, c'est-à-dire ceux qui font déjà usage de l'innovation, se distinguent par rapport à leurs croyances. Les premiers sont influencés par la norme, les pressions qu'ils subissent, alors que les seconds sont plutôt influencés par leurs attitudes.

La plupart des recherches utiles pour établir un certain profil prenant en compte les croyances ou conceptions des enseignants qui utilisent les TIC occultent toutefois l'évolution de ces croyances en fonction du processus d'implantation ou d'adoption d'une innovation. À notre connaissance, seuls quelques travaux associent des pratiques, renvoyant à certaines applications spécifiques des TIC, à des niveaux différents du processus d'implantation des TIC (Moersch, 1995 ; Sandholtz, Ringstaff et Dwyer, 1997). Toutefois, ces études portent à croire que les enseignants qui en sont aux premiers niveaux d'implantation des TIC ont tous recours à des stratégies d'enseignement plus traditionnelles mettant à profit des didacticiels, notamment des exerciseurs, alors que les plus expérimentés seraient plus enclins à exploiter davantage des logiciels-outils dans le cadre de projets. Ces résultats laissent supposer qu'aux premiers niveaux d'implantation les enseignants s'appuient davantage sur un paradigme béhavioriste ou néobéhavioriste, alors qu'aux derniers niveaux du processus d'implantation, ils privilégient un paradigme constructiviste ou socioconstructiviste. Ainsi, à notre avis, ces recherches présentent un portrait très parcellaire de l'évolution des différentes pratiques des enseignantes et des enseignants et de leurs croyances ou conceptions selon les niveaux d'implantation des TIC. Le but de la recherche présentée ici consiste à décrire les conceptions d'enseignantes et d'enseignants relativement au processus d'enseignement-apprentissage et aux TIC à divers niveaux du processus d'implantation.

# 2.   CADRE DE RÉFÉRENCE

Les lignes qui suivent donnent un aperçu des concepts centraux de la recherche. Dans un premier temps, ce sont les niveaux du processus d'implantation d'une innovation portant sur les TIC qui sont présentés, suivis d'une définition de la notion de conception. La section se termine par la présentation du cadre d'analyse du processus d'enseignement-apprentissage selon deux paradigmes éducationnels.

## 2.1. LE MODÈLE CBAM (CONCERNS-BASED ADOPTION MODEL)

Le modèle utilisé par Hall et Hord (1987), initialement conçu par Hall, Wallace et Dossett (1973) en fonction d'innovations en éducation, compte sept niveaux auxquels correspondent des utilisations et des préoccupations qu'ont des individus relativement à l'implantation d'une innovation. Plusieurs chercheurs se sont inspirés de Hall et de ses collègues pour orienter leurs travaux ayant trait aux TIC, par exemple Moersch (1995) et plus récemment Mills (1999).

Dans le cas présent, le recours à ce modèle traduit l'évolution des préoccupations et des utilisations d'enseignants du primaire dans le processus d'intégration des TIC à leur pratique. Dans un contexte scolaire où l'intégration des TIC est en cours, les préoccupations portent, globalement, sur la façon dont ces enseignants se sentent par rapport aux TIC et sur la façon dont ils les perçoivent. En ce qui a trait aux niveaux d'utilisation, ils correspondent principalement à ce que l'enseignant fait ou ne fait pas avec les TIC. Les sept niveaux de préoccupation et d'utilisation définis dans le modèle CBAM de Hall et Hord (1987), adaptés à l'innovation que représente l'intégration des TIC à la pratique enseignante, sont représentés dans le tableau 1.

En ce qui a trait aux niveaux de préoccupation, l'enseignant qui se situe au niveau 0 – « Éveil » est celui qui ne sait pas que les TIC à des fins pédagogiques existent ou celui qui n'est nullement intéressé par les TIC. Au niveau suivant, « Information », l'enseignant est conscient que les TIC existent et il désire obtenir de l'information sur les caractéristiques des TIC. Au niveau 2 – « Personnel », l'enseignant cherche à savoir comment les TIC vont l'affecter dans son travail. Il s'interroge sur le rôle qu'il aura à jouer en intégrant les TIC à sa pratique et sur les exigences que celles-ci demanderont. Le niveau 3 – « Gestion » témoigne de préoccupations relatives à un questionnement issu des premières expériences faites avec les TIC. Il recherche de l'information, entre autres, sur les ressources disponibles, l'horaire à mettre en place, le matériel à utiliser. Le niveau 4 – «Conséquences» renvoie, quant à lui, à des préoccupations liées à l'impact des TIC sur l'apprentissage des élèves. L'enseignant exprime le désir de connaître ce qui se fait en matière de TIC dans les autres classes de l'école ou dans d'autres écoles au niveau 5 – «Collaboration». Enfin, au dernier niveau, soit le niveau 6 – «Réorientation», l'enseignant exprime le désir d'adapter les TIC afin d'intégrer les dernières nouveautés à sa pratique. À noter que l'enseignant qui se situe à un niveau donné de ce modèle peut aussi avoir des préoccupations liées à d'autres niveaux, mais à un degré moindre que celles du niveau où il se situe.

TABLEAU 1
**Niveaux de préoccupation et d'utilisation des TIC**
**(adaptés de Hall et Hord, 1987)**

| *Niveaux de préoccupation* | *Niveaux d'utilisation* |
| --- | --- |
| Niveau 0 – Éveil | Niveau 0 – Non-utilisation |
| Niveau 1 – Information | Niveau 1 – Orientation |
| Niveau 2 – Personnel | Niveau 2 – Formation initiale |
| Niveau 3 – Gestion | Niveau 3 – Automatismes |
| Niveau 4 – Conséquences | Niveau 4 – Indépendance |
| Niveau 5 – Collaboration | Niveau 5 – Intégration |
| Niveau 6 – Réorientation | Niveau 6 – Renouveau |

Du côté des niveaux d'utilisation, l'enseignant qui se situe au niveau 0 – «Non-utilisation» est celui qui ne fait aucune utilisation des TIC en classe. L'enseignant qui se situe au niveau 1 – «Orientation» se trouve dans une démarche où il recherche de l'information au sujet des TIC, analyse cette information et prend une décision éclairée d'utiliser ou non les TIC. Tout comme pour le niveau précédent, aucune utilisation des TIC n'est faite ici. Au stade qui suit, c'est-à-dire le niveau 2 – «Formation initiale», l'enseignant se forme à la logistique et à l'utilisation des TIC. L'enseignant se lance dans les premières utilisations des TIC au niveau 3 – «Automatismes». À ce stade, l'enseignant est engagé dans une démarche qui montre qu'il contrôle bien les aspects mécaniques des TIC. En fait, il procède à une utilisation routinière qui influe souvent peu sur ses pratiques. Au niveau 4 – «Indépendance», les utilisations que l'enseignant fait des TIC au sein de la classe montrent une bonne maîtrise des TIC. Au niveau 5 – «Intégration», les utilisations que l'enseignant propose aux élèves sortent du contexte de la classe. Il expérimente ainsi des projets plus vastes en fonction de la collaboration qu'il obtient des collègues. Enfin, au niveau 6 –

« Renouveau », l'enseignant réévalue les utilisations qu'il fait des TIC afin d'accroître l'impact sur ses élèves. Il définit donc de nouveaux buts, de nouvelles façons de faire, découvre des nouveautés dans le domaine des TIC. C'est à ce niveau que se retrouvent les transformations les plus importantes sur le plan de la pratique enseignante.

## 2.2. LA NOTION DE CONCEPTION

La confusion qui règne au sujet des concepts « croyances » et « conceptions » nous amène à apporter certaines précisions. Nous retenons la distinction notée par Sinatra et Dole (1998) entre ces deux concepts : celui de « conception » met l'accent sur la dimension cognitive, alors que celui de « croyance » intègre la dimension affective. Charlier (1998) ajoute, quant à elle, une distinction par rapport au concept de « représentation » : conception et représentation sont deux notions définies comme des connaissances naïves et individuelles. Alors que la représentation est dite « circonstancielle », la conception est, elle, qualifiée de « régulière » en ce sens qu'elle se développe en prenant en compte un ensemble de situations, de circonstances.

Le choix du concept de « conception » permet par ailleurs de tabler sur les nombreux travaux portant sur le changement conceptuel dans le domaine de l'apprentissage des sciences. Ces travaux distinguent diverses perspectives théoriques à partir desquelles les conceptions sont définies et analysées, telles les perspectives phénoménographique (Boulton-Lewis, Smith, McCrindle, Burnett et Campbell, 2001), constructiviste (Charlier, 1998), socioconstructiviste (Chinn, 1998) ou encore socioculturelle (Kelly et Green, 1998).

Comme le but de la recherche concerne l'évolution de l'enseignant, dans son caractère individuel plutôt que collectif, les perspectives socioculturelle ou socioconstructiviste ne sont pas retenues. La notion de conception privilégiée dans la présente recherche s'inscrit dans une perspective constructiviste. Charlier (1998) définit le terme « conception » comme un type particulier de connaissance naïve et individuelle construite par la personne en contact avec son environnement.

Les travaux sur le changement conceptuel proposent de nombreuses pistes d'intervention. Hewson et Macbeth (2000) relèvent, chez plusieurs auteurs, une démarche consensuelle visant à promouvoir le changement conceptuel : mettre au jour les conceptions antérieures des élèves, présenter des contre-exemples où ces conceptions s'avèrent improductives, faire état de conceptions alternatives tirées des écrits scientifiques et fournir des occasions de les utiliser. Vosniadou, Ioannides, Dimitrakopoulou et Papademetriou (2001) ajoutent les propositions suivantes : porter une attention particulière aux conceptions profondément enracinées, prendre en compte la motivation par rapport au changement conceptuel, encourager les conflits cognitifs, encourager les prises de conscience sur le plan métaconceptuel. Pintrich, Marx et Boyle (1993), quant à eux, émettent l'hypothèse que les quatre construits suivants sont susceptibles d'influer sur le changement conceptuel : les buts, les valeurs, les croyances d'autoefficacité et les croyances de contrôle. Ils mettent ainsi en évidence l'influence de facteurs affectifs.

## 2.3. Cadre d'analyse du processus d'enseignement et d'apprentissage

L'opérationnalisation du processus d'enseignement-apprentissage se fait au moyen de trois actes professionnels : la planification, l'intervention et l'évaluation. Toutefois, les actions posées par un enseignant relativement à ces trois actes professionnels sont influencées par sa conception du processus éducationnel global, c'est-à-dire par un paradigme éducationnel (Sauvé, 1992).

Il existe de nombreuses conceptions en éducation ou, autrement dit, divers paradigmes éducationnels qui proposent chacun une vision différente de l'apprentissage et, par conséquent, une vision différente de l'enseignement. Parmi ceux-ci, deux paradigmes éducationnels, souvent opposés l'un à l'autre, retiennent l'attention : le béhaviorisme et le constructivisme. L'intérêt de s'attarder à ces deux paradigmes est dicté principalement par les orientations prises par le ministère de l'Éducation du Québec (2001) dans l'élaboration du Programme de formation de l'École québécoise. On peut y lire, en effet, que « deux grands courants de pensée, le béhaviorisme et le constructivisme, ont marqué et marquent encore nos conceptions de l'apprentissage » (p. 5). De façon plus pointue, ce sont le béhaviorisme social, c'est-à-dire le béhaviorisme de troisième génération, et le constructivisme social[2] qui sont retenus ici.

Le premier paradigme, c'est-à-dire le béhaviorisme social, renvoie à une théorie de la personnalité qui reconnaît que l'environnement et les interactions avec les autres sont autant de déterminants du comportement d'un individu (Staats, 1986). Forget, Otis et Leduc (1988) ont interprété les travaux de Staats en fonction du milieu éducatif. Il ressort que, dans une telle perspective, l'apprentissage représente un comportement cognitif, langagier,

---

2. Le qualificatif « social » est ajouté au concept de constructivisme, puisqu'une composante sociale est prise en compte, sans que l'on puisse pour autant vraiment parler de socioconstructivisme.

émotionnel-motivationnel, instrumental ou social qui se développe à travers un processus cumulatif et hiérarchisé. Le savoir est ainsi considéré comme étant extérieur à l'élève. L'enseignement dans ce paradigme met l'accent sur les objectifs d'apprentissage, de même que sur la séquence démonstration – pratique de l'apprenant – renforcement, alors que les méthodes déductives (modelage, imitation, pratique répétée, etc.) sont celles que privilégie une pratique inspirée du béhaviorisme social. Dans ce paradigme, les TIC sont là, au même titre que toute autre ressource, pour appuyer l'enseignement directif, les exercices proposés et le renforcement donné à l'élève immédiatement après la tâche.

Quant au constructivisme social, le postulat de base est que la compréhension qu'a un individu de la réalité est en fait une construction personnelle dont lui seul est l'auteur, qui naît de ses interactions avec l'environnement. Bien que de multiples distinctions puissent être faites au sujet des constructivismes (Prawat, 1996), ce postulat est commun aux diverses versions du constructivisme. Plusieurs auteurs, tels Duffy et Cunningham (1996), Jonnaert et Vander Borght (1999), Palincsar (1998), de même que Savery et Duffy (1995), se sont attardés à appliquer un constructivisme social en éducation. En ce sens, l'apprentissage est vu comme une construction (organisation, interprétation) de connaissances qui se développe individuellement au contact de l'environnement, ce qui favorise l'émergence de conflits cognitifs et sociocognitifs. Dans cette perspective, le savoir, contrairement au béhaviorisme social, est vu comme une réalité intérieure à l'élève. L'enseignement dans une telle visée exploite les méthodes inductives comme la pédagogie par projet ou la découverte guidée faite en collaboration ou en coopération. En ce qui concerne les TIC, elles sont utilisées afin de favoriser les interactions sociales et susciter des conflits cognitifs et sociocognitifs.

## 3. MÉTHODE DE RECHERCHE

La méthode de recherche utilisée s'appuie sur les travaux de Charlier (1998) dans la mesure où elle s'intéresse à l'évolution des conceptions tout au cours du processus d'implantation des TIC. Elle s'en distingue toutefois, car il était difficile de le faire de manière longitudinale comme Charlier en suivant l'évolution de quelques enseignants. Nous avons plutôt choisi une approche transversale en nous intéressant aux conceptions d'enseignants témoignant de divers niveaux d'implantation des TIC à un même moment. Les sections qui suivent décrivent les participants, l'outil de collecte de données et la méthode qui en a permis le traitement.

## 3.1. PARTICIPANTS

Les participants ont été sélectionnés selon leur niveau de préoccupation par rapport à l'innovation que représentent les TIC en fonction du modèle CBAM (Hall et Hord, 1987). Le choix de s'attarder aux préoccupations plutôt qu'aux utilisations s'explique par le fait que les travaux entrepris par Hall l'ont amené, avec le concours de collaborateurs, à bâtir le questionnaire *Stage of Concerns* ou SoC (Hall, George et Rutherford, 1986), rendant ainsi opérationnels les niveaux de préoccupation des individus par rapport à une innovation. Le questionnaire SoC a donc été utilisé afin de déterminer le niveau de préoccupation des enseignants par rapport aux TIC. La version originale du questionnaire a fait au préalable l'objet d'une traduction, puis d'une révision linguistique par deux experts ayant chacun une formation en recherche et en traduction. Comme le questionnaire n'a pas fait l'objet d'une validation transculturelle lors de son adaptation en français, il n'est pas possible de préciser les qualités métrologiques de l'instrument. Il est toutefois à noter que dans sa version originale le questionnaire possède des qualités métrologiques reconnues.

Des enseignants ont été rencontrés à quelques reprises lors de formations dispensées par leur employeur dans leur milieu de travail afin de leur présenter le projet de recherche en question et de solliciter leur collaboration. Lors de ces rencontres, les enseignants étaient invités, de façon volontaire, à situer les 35 items que comprend le questionnaire SoC sur une échelle de type Likert en huit points. Un score global est calculé pour chacun des six niveaux de préoccupation. Chaque score est par la suite associé à un nombre percentile, et le nombre le plus élevé indique le niveau de préoccupation de l'enseignant. Ainsi, les six enseignants participant à la recherche, deux femmes et quatre hommes, viennent tous de la Commission scolaire du Chemin-du-Roy (Trois-Rivières, au Québec) et travaillent dans les différents cycles du primaire. Des six enseignants volontaires, une enseigne en 3e année, deux en 4e année, deux en 5e année et un travaille avec des élèves de 6e année. Du questionnaire SoC, il ressort que deux enseignants ont des préoccupations relatives à la logistique et à l'organisation des TIC (niveau 3), qu'un se situe au niveau 5 où il recherche le partage et la collaboration avec des collègues et que trois s'intéressent aux nouveautés dans le domaine des TIC (niveau 6).

## 3.2. OUTIL DE COLLECTE DES DONNÉES : L'ENTREVUE

L'intérêt accordé aux conceptions des enseignants relativement au processus d'enseignement-apprentissage et aux TIC nécessite le recours à l'entrevue individuelle comme outil de collecte de données. Chaque enseignant a donc pris part à une entrevue semi-dirigée d'environ 50 minutes. Globalement, l'entrevue amenait l'enseignant à s'exprimer sur sa pratique lorsqu'il utilise les TIC et sur sa conception du processus d'enseignement-apprentissage. De façon plus précise, le canevas d'entrevue utilisé comprend trois volets. Le premier traite de la planification, de l'intervention et de l'évaluation d'une activité pédagogique qui intègre les TIC. Le deuxième aborde les conceptions de l'enseignant relativement à l'enseignement et à l'apprentissage, tandis que le dernier volet recueille les conceptions sur les TIC et les facteurs influençant leur utilisation.

## *3.3.* *Traitement des données*

Comme les entretiens ont tous été enregistrés sur magnétophone, la transcription de chacune des entrevues a pu être effectuée mot à mot afin de conserver intégralement le sens que le participant a voulu donner à ses propos. Les données recueillies ont été traitées par une analyse de contenu manifeste, et plus spécifiquement par une analyse thématique. Celle-ci permet d'identifier les thèmes et les idées directrices d'un document à la suite du codage des unités d'analyse, de leur comptage et de leur comparaison (Van der Maren, 1995). Le matériel issu des entrevues a ainsi été découpé en unités de sens, puis analysé à l'aide du logiciel ATLAS/ti. Les indices de fidélité interjuges ne sont pas disponibles à ce moment-ci puisque des analyses sont toujours en cours.

Le cadre d'analyse utilisé pour le codage des unités de sens est celui qu'ont élaboré Deaudelin, Lefebvre, Dussault et Brodeur (2001). Il présente une série d'indicateurs issus du béhaviorisme social et du constructivisme social relativement à la planification, à l'intervention et à l'évaluation de toute situation pédagogique. Quatre dimensions sont catégorisées sous l'acte de planification (l'objet d'apprentissage, les méthodes d'enseignement, les ressources et les résultats attendus), alors que l'intervention en compte 12 dont les rôles des participants, les règles de classe, les interactions entre les participants, le rapport au savoir, de même que les événements fortuits et affectifs, pour ne nommer que ceux-là. L'évaluation en tant qu'acte professionnel comprend de son côté quatre dimensions (l'évaluation des apprentissages et celle de l'activité, de même que les finalités de l'évaluation des apprentissages et de l'activité). Chacune de ces dimensions est opérationnalisée en fonction des deux paradigmes éducationnels retenus dans cette recherche, c'est-à-dire le béhaviorisme social et le constructivisme social. Les paragraphes qui suivent présentent les indicateurs propres à chacun des paradigmes. Il est à noter que ce sont d'abord les indicateurs inspirés du béhaviorisme social qui sont introduits, suivis de ceux s'inscrivant dans un constructivisme social.

Pour l'acte de planification lié au béhaviorisme social, l'objet d'apprentissage est formulé en termes d'objectifs spécifiques qui traduisent des comportements observables, tels des comportements de type cognitif-langagier, émotif-motivationnel, social ou instrumental. Ces objectifs sont déterminés par l'enseignant qui accorde une grande importance à l'histoire d'apprentissage des élèves afin d'être en mesure d'établir la hiérarchie des objectifs d'apprentissage. Les stratégies d'apprentissage privilégiées dans cet esprit sont le modelage, l'imitation et la pratique répétée. Dans un tel contexte, la durée de l'activité dépend essentiellement des besoins de l'apprenant et du nombre d'essais que demande la maîtrise du comportement. Quant aux ressources sociales nécessaires, toute personne (enseignant, élèves, personne extérieure à la classe) qui peut être utile pour l'imitation et le modelage est la bienvenue.

Du côté de l'intervention, l'objet d'apprentissage est présenté aux élèves en séquences, allant des unités les plus simples aux unités les plus complexes. De ce fait, le savoir est vu comme une réalité extérieure à l'élève que l'enseignant doit maîtriser parfaitement. Ce dernier agit ainsi à titre d'expert qui décide pratiquement tout, alors que l'élève a pour rôle de réaliser les tâches qui lui sont proposées. Les outils informatisés utilisés dans un tel contexte d'enseignement-apprentissage sont essentiellement les didacticiels de type exerciseur ou tutoriel. L'élève pourra négocier avec l'enseignant certaines des règles de classe, de même que les renforçateurs. Les règles de gestion pédagogique et les règles disciplinaires sont toutefois formulées principalement par l'enseignant afin de maintenir un bon climat de travail en classe. Les échanges entre l'enseignant et les élèves portent généralement sur la notion à l'étude ou sur la tâche à réaliser. Lorsqu'il est question de rétroaction, l'enseignant donne à l'élève de l'information sur le comportement qu'il observe, immédiatement après la tâche, par rapport à celui attendu. L'élève est alors invité à s'exercer jusqu'à ce qu'il démontre une maîtrise satisfaisante du contenu. Les interactions entre les élèves sont, de leur côté, favorisées si elles font appel à l'imitation ou au modelage de pairs plus expérimentés. Quant aux événements fortuits et affectifs, les premiers n'ont pas leur place dans la séquence d'enseignement-apprentissage, car ils risquent de déranger le déroulement de l'activité. À l'inverse, les événements affectifs sont pris en compte dans un tel contexte afin de créer un bon climat de classe. Ils occupent trois fonctions. Leur objectif est en effet de diriger, de stimuler et de renforcer les comportements. En d'autres mots, les événements affectifs servent à encourager, à orienter et à stimuler les élèves.

En ce qui a trait aux pratiques évaluatives des apprentissages relevant du paradigme du béhaviorisme social, celles-ci sont principalement sommatives et individuelles, privilégiant des outils qui permettent de recueillir des données objectives, l'examen, par exemple. Généralement, l'évaluation a lieu à un moment précis déterminé par l'enseignant lorsque l'élève est susceptible d'avoir terminé l'apprentissage visé. Elle sert, entre autres, à déterminer la performance de l'élève par rapport à un seuil de performance déjà déterminé. Par l'évaluation de l'activité, qui se fait au terme de l'activité, on cherche à savoir si les objectifs visés par l'activité ont été atteints ou non et à déterminer les ajustements, si c'est nécessaire.

Dans une pratique issue du constructivisme social, l'objet d'apprentissage visé par une activité est la construction de connaissances. À cet effet, l'objet est formulé en une « hypothèse » d'objectif par l'enseignant, qui est ensuite présentée, discutée puis reformulée avec les élèves. Dans cet esprit, les stratégies d'apprentissage privilégiées dans un tel paradigme sont celles qui exploitent les interactions sociales, par exemple la pédagogie par projet ou la découverte guidée faite en coopération ou en collaboration. La durée de l'activité dans un tel contexte est déterminée par l'enseignant et les élèves ; elle s'échelonne habituellement sur plusieurs semaines ou mois. Toute personne (enseignant, élèves, personne externe à la classe, etc.) pouvant aider à construire la réalité représente une ressource sociale pertinente et utile.

Relativement à l'intervention, l'objet d'apprentissage est présenté aux élèves dans un contexte significatif, mais il ne fait pas l'objet d'un enseignement directif. De ce fait, le savoir est vu comme une pluralité de réalités, chaque élève construisant individuellement la sienne. L'enseignant se doit alors de prendre en considération ces multiples conceptions afin d'adapter le savoir ou sa construction. Il joue ainsi le rôle d'un médiateur qui accompagne l'élève dans sa construction de la réalité. Il organisera l'espace et le temps afin de favoriser les apprentissages. L'élève, lui, endosse un rôle actif dans son processus d'apprentissage : il prend les décisions dans sa démarche et il gère son processus. C'est donc dire que presque tous les éléments de la situation pédagogique sont négociés entre l'enseignant et les élèves. Les outils informatisés utilisés dans un tel contexte d'enseignement-apprentissage sont surtout les logiciels-outils, tel le traitement de texte, et les produits télématiques (le courrier électronique, par exemple). Des règles de classe sont formulées en groupe afin de préciser les attentes et les rôles de chacun des membres de la classe. Les échanges entre l'enseignant et les élèves portent généralement sur la procédure utilisée par les élèves pour traiter la situation à laquelle ils sont confrontés. La rétroaction que donne l'enseignant vise à amener l'élève à réfléchir sur son processus d'apprentissage. Si les échanges entre les élèves constituent une préoccupation importante, car ils sont l'occasion d'offrir une rétroaction sur le travail d'un pair, ils favorisent aussi l'émergence de conflits sociocognitifs. L'élève est alors invité à vérifier la viabilité de ses connaissances en les comparant à celles des autres et à les ajuster au besoin. Les événements fortuits, de leur côté, viennent enrichir les situations d'enseignement-apprentissage et constituent des occasions de résolution de problèmes ; ils sont donc pris en compte par l'enseignant. Quant aux événements affectifs, ils sont peu pris en compte dans un tel paradigme.

Finalement, l'évaluation des apprentissages inspirée du constructivisme social est surtout de nature formative et continue. En ce sens, les moyens privilégiés sont notamment le portfolio individuel de chaque élève et le dossier de l'enseignant. Ces outils permettent aux élèves et à l'enseignant de garder la trace de leurs démarches. Chez les élèves, on retrouvera dans le portfolio des pistes de ses attentes, de ses satisfactions, de ses travaux, des éléments d'autoévaluation, etc. Dans le dossier de l'enseignant, sont conservées les traces de la préparation de l'activité, des événements critiques qui sont survenus, des observations, etc. La consultation des portfolios permettra d'examiner les constructions des élèves. En ce qui concerne l'évaluation de l'activité, les informations recueillies entre autres par le portfolio et le dossier permettront de déterminer les choix à faire pour ajuster les futurs apprentissages, le déroulement du projet en cours ou d'un prochain projet.

# 4.   RÉSULTATS

Cette partie du texte expose les résultats obtenus après analyse des données recueillies. Ces résultats sont présentés selon les niveaux de préoccupation des enseignants participants relativement aux TIC.

## 4.1. ENSEIGNANTS QUI ONT DES PRÉOCCUPATIONS DE NIVEAU 3

En ce qui a trait aux enseignants qui ont des préoccupations relatives à leur manque d'habileté à tenir compte de la logistique et de l'organisation que nécessitent les TIC (niveau 3), Lorray3[3] et Cordom3 figurent à ce niveau. Le tableau 2 indique que Lorray3 parle de ses conceptions du processus d'enseignement-apprentissage en des termes associés majoritairement au béhaviorisme social, avec un taux respectif de 56 % des énoncés codés. Par exemple, quand elle parle de sa conception de l'enseignement, elle aborde

---

3. Le code associé à chacun des enseignants est composé de lettres représentant les trois premières lettres du prénom de leur mère et de leur père, suivies d'un chiffre qui indique leur niveau de préoccupation dans le modèle CBAM.

le rapport de l'élève avec le savoir en utilisant des termes plutôt issus du béhaviorisme social : *Ma conception de l'enseignement, c'est d'ouvrir les enfants sur un monde de connaissances qu'ils n'ont pas* (Lorray3, 221-222). Des unités de sens traduisant ses conceptions s'inscrivent à l'occasion dans un paradigme indifférencié[4] avec une proportion de 33,3 %. Enfin, les énoncés chez cette enseignante qui témoignent de conceptions inspirées du constructivisme social relativement au processus d'enseignement-apprentissage ne récoltent que 10,7 % de l'ensemble. Les conceptions de cette enseignante par rapport aux TIC suivent la même tendance, c'est-à-dire que ses conceptions à propos des TIC s'associent au béhaviorisme social, puis à un paradigme indifférencié et enfin au constructivisme social avec des taux respectifs de 61,4 %, 25,7 % et 12,9 % de l'ensemble des unités de sens. Dans l'exemple qui suit, associé au paradigme du béhaviorisme social, [...] *donc pour eux, ça à l'ordinateur, ils considèrent souvent que cela est un jeu, donc l'apprentissage par le jeu devient plus plaisant* (Lorray3, 673-676), l'enseignante considère l'ordinateur comme un élément affectif qui vient encourager, orienter et stimuler les élèves.

TABLEAU 2

**Conceptions des enseignants relativement au processus d'enseignement-apprentissage ainsi qu'aux TIC**

| Enseignants | Conceptions | B (%) | I (%) | C (%) | Total (%) |
|---|---|---|---|---|---|
| Lorray3 | Ens./app. (n = 159) | 56 | 33,3 | 10,7 | 100 |
|  | TIC (n = 70) | 61,4 | 25,7 | 12,9 | 100 |
| Cordom3 | Ens./app. (n = 83) | 41 | 20,5 | 38,5 | 100 |
|  | TIC (n = 44) | 79,5 | 13,6 | 6,9 | 100 |
| Yveleo5 | Ens./app. (n = 78) | 52,6 | 25,6 | 21,8 | 100 |
|  | TIC (n = 80) | 41,3 | 20 | 38,7 | 100 |
| Anilau6 | Ens./app. (n = 68) | 30,9 | 19,1 | 50 | 100 |
|  | TIC (n = 39) | 59 | 5,1 | 35,9 | 100 |
| Antgeo6 | Ens./app. (n = 86) | 27 | 30 | 43 | 100 |
|  | TIC (n = 18) | 16,6 | 16,7 | 66,7 | 100 |
| Gilmau6 | Ens./app. (n = 35) | 14,3 | 54,3 | 31,4 | 100 |
|  | TIC (n = 24) | 45,8 | 41,7 | 12,5 | 100 |

B = béhaviorisme social    I = paradigme indifférencié    C = constructivisme social

---

4. Le code paradigme indifférencié (I) a été appliqué à tout propos qui ne renvoyait pas explicitement au béhaviorisme social ou au constructivisme social, soit parce qu'il était exprimé de façon trop générale ou parce qu'il faisait référence à un autre paradigme que ceux étudiés ici.

Pour ce qui est de Cordom3, les conceptions de cette enseignante relativement à l'enseignement et à l'apprentissage sont plutôt imprégnées du béhaviorisme social, avec 41 % de l'ensemble des unités de sens comportant des références au constructivisme social (38,5 %). Enfin, on remarque que les propos exprimés par cette enseignante pour parler de ses conceptions tendent légèrement à s'inscrire dans un paradigme indifférencié (20,5 %). L'unité *Il faut faire des remontrances régulièrement* (Cordom3, 502-503) témoigne d'une conception plutôt issue du béhaviorisme social étant donné l'accent mis sur les conséquences d'un manquement aux règles disciplinaires. En ce qui a trait aux TIC, le tableau révèle que cette enseignante a davantage une conception des outils informatisés qui s'inscrit dans le béhaviorisme social, avec 79,5 % des unités de sens. Le paradigme indifférencié compte, pour sa part, 13,6 % de l'ensemble des unités de sens, alors que le constructivisme social n'en récolte que 6,9 %. L'unité qui suit illustre le rapport au savoir que l'enseignante entretient face à l'ordinateur caractérisant le béhaviorisme social *Comme je n'ai pas la maîtrise de l'outil présentement, je me sens désarmée automatiquement parce que je ne peux pas l'adapter au maximum, le maximiser avec ce que j'ai. C'est au fil du temps* (Cordom3, 984-988).

## 4.2. ENSEIGNANT QUI A DES PRÉOCCUPATIONS DE NIVEAU 5

Pour Yveleo5, qui a comme préoccupation le partage d'expériences vécues avec les TIC et le désir de collaborer avec des collègues dans des projets qui exploitent les outils informatisés, ses conceptions de l'ensemble du processus éducationnel sont plutôt issues du béhaviorisme social, avec 52,6 % des unités de sens qui en témoignent. Cependant, une tendance vers le paradigme indifférencié est notée, car ce dernier amasse 25,6 % de l'ensemble des unités de sens. Le constructivisme social récolte, de son côté, une proportion de 21,8 % des unités de sens. L'exemple qui suit illustre l'utilisation d'un type de méthode d'enseignement inscrit dans le béhaviorisme social : [...] *de les mettre par un enseignement qui est traditionnel également* (Yveleo5, 387-388). Quant aux TIC, cet enseignant a une conception associée au béhaviorisme social et au constructivisme social, dans des proportions avoisinant 41,3 % et 38,7 % de l'ensemble des unités de sens. Le paradigme indifférencié arrive bon troisième avec 20 % des unités de sens. L'exemple [...] *des exercices je m'en sers évidemment beaucoup* (Yveleo5, 686-687) renvoie à une tâche proposée dans le cadre du béhaviorisme social, alors que l'unité *il y a un côté également à l'extérieur qui est en fait des petits comités, un qui s'occupe de la banque, un qui s'occupe de prendre des noms, les commandes, donc c'est une petite entreprise encore* (Yveleo5, 621-625) témoigne d'une méthode utilisée inspirée du constructivisme social.

## 4.3. ENSEIGNANTS QUI ONT DES PRÉOCCUPATIONS DE NIVEAU 6

Du côté des enseignants qui se situent au niveau 6, c'est-à-dire qui ont un intérêt pour les nouveaux développements dans le domaine des TIC, se trouvent Anilau6, Antgeo6 et Gilmau6. Les conceptions de l'enseignement et de l'apprentissage de Anilau6 sont marquées par le constructivisme social dans une proportion de 50 %, mais elles sont aussi ancrées dans le béhaviorisme social avec 30,9 % des unités de sens. Des énoncés comme *Donc ça, c'est toujours présent. Il y a des projets qui sont toujours présents en cours d'année* (Anilau6, 284-286) et *[…] où j'ai un enseignement qui est parfois plus conventionnel, c'est-à-dire j'enseigne tout simplement* (Anilau6, 234-236) montrent cette dualité de paradigme quant à sa conception sur les méthodes pédagogiques à utiliser. Ses propos sont, de plus, somme toute assez bien ancrés dans l'un ou l'autre des paradigmes béhavioriste ou constructiviste, puisque le paradigme indifférencié récolte 19 % des énoncés relatifs aux conceptions. En ce qui a trait aux TIC, cet enseignant a une conception principalement associée au béhaviorisme social avec 59 % des unités de sens, alors que 35,9 % des unités sont catégorisées sous le constructivisme social et que seulement 5,1 % des unités sont classées sous le paradigme indifférencié. L'exemple suivant montre que cet enseignant voit l'ordinateur comme un objet d'apprentissage qui doit faire l'objet d'une présentation : *Moi, ma conception, c'est que ça doit être enseigné. C'est un peu ma conception* (563-565).

Pour Antgeo6, ses conceptions du processus d'enseignement-apprentissage sont exprimées en des termes associés majoritairement au constructivisme social (43 %), comme *Il faut qu'il y ait des projets pour que ça soit significatif* (Antgeo6, 556-557). L'enseignant s'exprime toutefois aussi par des propos généraux difficilement associables à l'un ou l'autre des paradigmes (30 %) et par des propos associés au béhaviorisme social (27 %). Ses conceptions des TIC sont, pour leur part, fortement associées au constructivisme social dans une proportion de 66,7 % des unités de sens. L'exemple *Ça peut aussi être un moyen de création* (Antgeo6, 896-897) montre la façon dont l'enseignant caractérise les outils informatisés. Le béhaviorisme social et le paradigme indifférencié cumulent, pour leur part, respectivement 16,6 % et 16,7 % des unités restantes.

Enfin, pour Gilmau6, on remarque que ses conceptions du processus éducationnel sont indifférenciées avec un taux de 54,3 %, puis inscrites dans le constructivisme social (31,4 %) et quelque peu associées au béhaviorisme social (14,3 %). Ce sont, en effet, des unités indifférenciées de type « *[…] faut absolument qu'ils soient conscients des contraintes aussi. L'apprentissage c'est aussi des contraintes* » (Gilmau6, 706-708) ou de type *L'enseignement c'est une œuvre de relation je trouve* (Gilmau6, 543-574) qui caractérisent le discours de cet enseignant. Pour ce qui est des TIC, cet enseignant a une conception plutôt de l'ordre du béhaviorisme social, puisque 45,8 % des unités de sens sont codées sous ce paradigme. Gilmau6 considère en effet les outils informatiques comme un élément affectif qui a pour propriétés de stimuler, de diriger et d'orienter les élèves. L'exemple suivant illustre cette position [...] *puis étrangement c'est un peu perçu comme un jouet donc ça motive, ça motive* (Gilmau6, 820-821). Le paradigme indifférencié arrive en deuxième position en récoltant 41,7 % des unités, tandis que 12,5 % des unités sont associées au constructivisme social.

## 5.  CHANGEMENT CONCEPTUEL ET TIC : PISTES D'INTERVENTION

Si l'on veut favoriser un changement dans les conceptions des personnes enseignant au primaire relativement à l'implantation des TIC dans le processus d'enseignement et d'apprentissage, nous considérons qu'il importe d'accorder une importance particulière à la formation continue[5]. Nous constatons que la formation continue du personnel des écoles, particulièrement des enseignantes et des enseignants, a connu une évolution où cette formation relevait davantage de l'université et prenait la forme de cours théorique. L'expérimentation dans la classe faisait alors peu partie des préoccupations. Ensuite, la formation continue s'est orientée vers l'organisation de journées ponctuelles dont le contenu était axé sur la pratique et apportait des idées d'action à intégrer dans sa pratique pédagogique immédiate. Malgré la qualité de ces journées de formation, le manque de suivi fait en sorte que plusieurs personnes retombent facilement dans leurs habitudes. Cette situation est assez facile à comprendre, car la mise en œuvre de nouvelles pratiques pédagogiques, jumelées à l'implantation des TIC, exige du temps pour élaborer du matériel, mais aussi pour l'expérimenter et en discuter afin de faire les ajustements en fonction de ses compétences technologiques et en fonction des réactions des élèves (Lafortune et Martin, à paraître).

Ces constatations mènent à envisager la formation continue sous la forme d'un accompagnement qui suppose un suivi et un soutien. Les suggestions qui suivent tiennent compte des travaux sur le changement

---

5. Bien que la formation initiale joue un rôle également en ce qui a trait à l'implantation des TIC, l'objet de la présente recherche nous amène à mettre l'accent sur la formation continue des enseignants. Toutefois, faut-il noter que plusieurs des suggestions qui sont faites pourraient s'appliquer également à la formation initiale des enseignants.

conceptuel, de même que d'expériences de formation continue en ensei-gnement. Une fois le contexte d'intervention auprès d'enseignantes et d'enseignants relativement aux TIC isolé, nous proposons des moyens d'intervention spécifiques susceptibles de favoriser les changements conceptuels concernant les TIC.

La forme d'accompagnement que nous préconisons s'inscrit dans une perspective socioconstructiviste, ce qui suppose un processus de coconstruction mettant en interaction les personnes engagées dans une démarche de formation continue. De plus, nos expériences nous font cons-tater que, pour susciter des changement conceptuels, il importe de favoriser les conflits sociocognitifs (Vosniadou, Ioannides, Dimitrakopoulou et Papademetriou, 2001) afin de confronter les conceptions et d'ainsi favoriser le changement de pratiques et l'adoption de pratiques innovatrices (Lafortune et Deaudelin, 2001 ; Lafortune et Martin, à paraître). En lien avec l'importance accordée à la motivation par Pintrich (1999), notre conception de la formation continue exige que les personnes qui y participent le fassent de façon volontaire et démontrent un certain engagement. Cette prémisse est encore plus importante en ce qui concerne les TIC, car les enseignants en exercice n'ont pas tous eu la formation pour intervenir à l'aide de ces outils. Dans une perspective socioconstructiviste, nous ne pouvons conce-voir que des personnes s'engagent dans une démarche d'innovation de façon mécanique et technique sans trop y croire.

En ce qui a trait aux suggestions spécifiques, trois verbes semblent importants relativement à des interventions de personnes accompagnatrices qui veulent favoriser des changements conceptuels concernant les TIC ; il s'agit de « susciter », de « reconnaître » et de « profiter » (Lafortune et Deaudelin, 2001). Nous considérons que, dans une première étape, on peut susciter l'émergence des conceptions relatives aux TIC. Pour y arriver, il importe de préparer des activités de formation en fonction des conceptions des personnes auxquelles on s'adresse et de favoriser la discussion au sujet de celles-ci. Par exemple, on peut proposer une liste de conceptions qu'on sait être véhiculées par ces personnes. Les personnes peuvent avoir à cocher celles qu'elles perçoivent chez leurs collègues : elles sont ainsi amenées à s'exprimer sur ces conceptions en conservant une certaine distance, rendant ainsi cette activité moins menaçante que si elles avaient à dévoiler leurs conceptions. Pour reconnaître l'émergence d'autres conceptions en situa-tion de formation, il faut être grandement attentif à ce qui se passe, en cours d'action. Cette étape est plus difficile à réaliser que celle qui consiste à sus-citer l'émergence, car elle ne peut être préparée à l'avance. Elle exige un sens de l'observation qui ne peut s'exercer que si l'on contrôle bien le contenu de la formation qui est prévu. On peut y arriver en se donnant quelques moyens précis d'observation et en limitant les aspects qu'on veut observer.

De plus, on exerce son habileté à le faire par une réflexion après la démarche de formation. Par exemple, on peut visualiser ce qui vient de se passer – peu de temps après le moment de formation – et ainsi se rendre compte qu'on aurait pu reconnaître des déclics conceptuels dans l'action. Ces déclics consistent en des moments où les personnes enseignantes en formation semblent prendre conscience de ce qu'elles découvrent et, ainsi, semblent remettre en question certaines de leurs visions des TIC. La troisième étape consiste à profiter de ces déclics dans l'action. Par exemple, si l'on entend des personnes dire « Ah ! On peut faire cela avec les TIC » ou « Ah ! Je ne savais même pas que ça existait », on peut profiter de ces phrases lancées à voix haute pour favoriser des prises de conscience individuelles ou collectives. Si l'on reconnaît une telle situation et si l'on veut en profiter, on peut interroger les personnes qui semblent se rendre compte que les TIC ne sont pas ce qu'elles pensaient en leur demandant « Que venez-vous de découvrir ? ». De plus, si on a l'impression qu'on peut en faire profiter le groupe, on peut le faire en montrant les prises de conscience que les TIC sont autre chose que ce qu'on pensait.

Même si les conceptions sont particulièrement liées à la dimension cognitive, nous considérons que, dans une démarche d'accompagnement et de formation, il est essentiel de se préoccuper des émotions qui peuvent être des entraves au processus d'apprentissage des TIC (Goldberg, 1999). Lafortune et Solar (2003) ont interrogé des garçons et des filles étudiant au cégep relativement à l'utilisation des technologies dans les cours de mathématiques et de sciences. Les données recueillies le sont donc auprès de personnes ayant, on le suppose, un attrait pour les domaines scientifiques et technologiques. Nous remarquons que, particulièrement les filles, expriment de l'anxiété causée par l'obligation d'utiliser les technologies et un manque de confiance quant à leur capacité de comprendre et de réussir. On peut donc penser que des élèves ou des enseignantes du primaire ont un intérêt moins marqué pour les technologies que les élèves du cégep inscrits en sciences de la nature et qu'ils peuvent ressentir des émotions négatives à l'égard des technologies. Nous pensons que faire abstraction de la dimension affective dans une démarche d'accompagnement ou de formation relativement à l'intégration des TIC aux activités d'enseignement et d'apprentissage a moins de chance de susciter un changement conceptuel. Pour y arriver, il semble important de faire émerger ces émotions en proposant des énoncés qui pourraient susciter une réflexion à propos de ce que les TIC font ressentir (Lafortune et Massé, 2002). Des énoncés de ce type pourraient prendre la forme de phrases à compléter, comme celles-ci : lorsque je commence à préparer une intervention sur les TIC auprès des élèves, je… ; lorsque l'ordinateur ne me permet pas de faire ce que je veux, je… ; si je ne réussis pas à résoudre un problème que les élèves rencontrent avec les TIC, je…

On peut voir cette intervention sur les émotions de manière un peu différente. Par exemple, Pons, Doudin, Harris et de Rosnay (2002) considèrent qu'il est important de susciter une prise de conscience des métaémotions que les élèves expérimentent dans différentes situations. Nous pensons qu'il peut être utile d'explorer cette avenue avec des enseignantes et des enseignants. Par métaémotion, ces auteurs entendent « la *compréhension* que le sujet a de la nature, des causes et des possibilités de contrôle des émotions. Il s'agit donc d'une connaissance consciente et explicite qu'une personne a des émotions » (Pons, Doudin, Harris et de Rosnay, 2002, p. 9). On peut alors penser que les enseignantes et les enseignants auraient avantage à développer cette compréhension afin d'aider les élèves à comprendre leurs émotions dans l'apprentissage qu'ils ont à faire des TIC ou grâce aux TIC. Ils pourront mieux comprendre les causes et les manifestations de leurs propres émotions et mieux les exprimer aux élèves ou percevoir celles de ces derniers.

Enfin, nous pensons qu'il est important que les nouvelles conceptions des personnes enseignantes soient intégrées à leur pratique. À cette fin, il semble essentiel de mettre ces derniers en situation de faire des essais, d'analyser ce qui s'est passé dans une démarche d'autoévaluation et de régulation. Enfin, nous considérons que cette démarche de formation devrait tenir compte des deux volets de l'accompagnement socioconstructiviste proposés par Lafortune et Deaudelin (2001) que sont la pratique réflexive et la métacognition. Sur le plan de la pratique réflexive, les personnes devraient avoir à se pencher sur leur pratique d'enseignement afin de la reconnaître et d'envisager des changements. Sur le plan métacognitif, elles pourraient avoir à réfléchir sur leur processus d'apprentissage des TIC afin d'avoir plus de facilité à intervenir dans une optique métacognitive auprès de leurs élèves.

## CONCLUSION

Les résultats présentés précédemment montrent que les personnes interrogées qui se situent au premier niveau d'implantation (niveau 3) ont des conceptions s'appuyant principalement sur le paradigme du béhaviorisme social, autant lorsqu'il s'agit du processus d'enseignement et d'apprentissage que lorsque les TIC sont concernées. Les propos de l'enseignant de niveau 5 témoignent aussi de conceptions qui s'inscrivent davantage dans ce dernier paradigme. Chez les trois enseignants de niveau 6, il est plus difficile de noter une telle tendance. En fait, comme on a pu le constater à la lecture de ce qui précède, ces trois enseignants présentent des profils différents : l'un a des conceptions plus ancrées dans le constructivisme social, un autre dans le béhaviorisme social (TIC) et un paradigme indifférencié (enseignement et apprentissage), alors que le dernier a des conceptions partagées entre le constructivisme social (enseignement et apprentissage) et le béhaviorisme social (TIC) et laisse voir une moins grande congruence entre les conceptions de l'enseignement et de l'apprentissage et celle des TIC.

Ces résultats, qui ne peuvent, bien sûr, être généralisés, remettent en question l'évolution des conceptions de l'enseignement et des TIC telle que les quelques recherches sur le sujet la présentaient jusqu'à présent, c'est-à-dire allant d'une perspective néobéhavioriste à une perspective constructiviste ou socioconstructiviste. Les enseignants qui exploitent le plus les TIC montrent même une certaine incompatibilité entre leurs conceptions de l'enseignement et celles liées aux TIC. Ces résultats remettent donc aussi en question l'importance de cette congruence (*pedagogical fit*), comme le soutiennent Strudler et Wetzel (1999). Une hypothèse peut être formulée à la suite de ce résultat. Les enseignants à ce niveau ont pu atteindre une telle aisance technologique et pédagogique qu'ils connaissent un plus large éventail de TIC et qu'ils peuvent ainsi mieux utiliser les TIC les mieux adaptées aux apprentissages qu'ils souhaitent que les élèves réalisent. Cette maîtrise d'un large éventail de TIC, la connaissance des contextes d'enseignement et d'apprentissage où elles sont les plus appropriées et la mise à l'essai en situation réelle de classe constituent, selon nous, les visées que devrait avoir la formation continue liée aux TIC en suscitant l'expression des conceptions chez les enseignantes et les enseignants en formation, en reconnaissant celles qui émergent et en profitant de leurs déclics et de leurs expériences.

## *RÉFÉRENCES*

Becker, H.J., J.L. Ravitz et Y.T. Wong (1999). *Teacher and Teacher-Directed Student Use of Computers and Software*, Rapport n° 3, Irvine, CA, Center for Research on Information Technology and Organizations.

Boulton-Lewis, G.M., D.J.H Smith, A.R. McCrindle, P.C. Burnett et K.J. Campbell (2001). « Secondary teachers' conceptions of teaching and learning », *Learning and Instruction, 11*(1), p. 35-51.

Charlier, B. (1998). *Apprendre et changer sa pratique d'enseignement. Expériences d'enseignants*, Bruxelles, De Boeck.

Chinn, C.A. (1998). « A critique of social constructivist explanations of knowledge change », dans B. Guzetti et C. Hynd (dir.), *Perspectives on Conceptual Change. Multiple Ways to Understand Knowing and Learning in a Complex World*, Londres, Lawrence Erlbaum Associates, p. 77-115.

Conseil supérieur de l'éducation (2000). *Éducation et nouvelles technologies. Pour une intégration réussie dans l'enseignement et dans l'apprentissage*, Québec, Gouvernement du Québec, ministère de l'Éducation.

Deaudelin, C., S. Lefebvre, M. Dussault et M. Brodeur (2001). *Role and Practice of Teachers Integrating ICT : Observation and Interview Guides.* Communication présentée au Congrès de l'European Association for Research on Learning and Instruction (EARLI), Fribourg, août.

Duffy, T.M. et D.J. Cunningham (1996). « Constructivism : Implications for the design and delivery of instruction », dans D.H. Jonassen (dir.), *Handbook of Research for Educational Communications and Technology,* New York, Macmillan Library Reference USA, p. 170-198.

Forget, J., R. Otis et A. Leduc (1988). *Psychologie de l'apprentissage : théories et applications,* Brossard, Éditions Behaviora.

Goldberg, B. (1999). *Overcoming High-Tech Anxiety,* San Francisco, Jossey-Bass.

Hall, G.E., A.A. George et W.L. Rutherford (1986). *Measuring Stages of Concern about the Innovation : A Manual for Use of the SoC Questionnaire,* Austin, TX, The University of Texas at Austin.

Hall, G.E. et S.M. Hord (1987). *Change in Schools. Facilitating the Process,* Albany, NY, State University of New York Press.

Hall, G.E., R.C. Wallace et W.F Dossett (1973). *A Developmental Conceptualization of the Adoption Process within Educational Institutions,* Service de reproduction Eric No. ED 095 126.

Hewson, P.W. et D. Macbeth (2000). « Learning – On an actual apparatus for conceptual change », *Science Education,* 84(2), p. 228-264.

Jonnaert, Ph. et C. Vander Borght (1999). *Créer des conditions d'apprentissage. Un cadre de référence socioconstructiviste pour une formation didactique des enseignants,* Paris, De Boeck Université.

Karahanna, E., D.W. Straub et N.L. Chervany (1999). « Information technology adoption across time : A cross-sectional comparison of pre-adoption and post-adoption beliefs », *MIS Quarterly,* 23(2), p. 183-213.

Karsenti, T., M. Brodeur, C. Deaudelin, F. Larose et M. Tardif (2002). « Intégration des TIC dans la form@tion des enseignants : le défi du juste équilibre », *Actes du Colloque 2002 du Programme pancanadien de recherche en éducation (PPRE) : La technologie de l'information et l'apprentissage,* Toronto, Conseil des ministres de l'éducation du Canada, <http://www.scedu.umontreal.ca :2040/ karsentt/ppre/pprekarsentivf5.pdf>.

Kelly, G.J. et J. Green (1998). « The social nature of knowing : Toward a sociocultural perspective on conceptual change and knowledge construction », dans B. Guzzetti, et C. Hynd (dir.), *Perspectives on conceptual change. Multiple ways to understand knowing and learning in a complex world,* Londres, Lawrence Erlbaum Associates, p. 145-181.

Lafortune, L. et C. Deaudelin (2001). *Accompagnement socioconstructiviste. Pour s'approprier une réforme en éducation,* Sainte-Foy, Presses de l'Université du Québec.

Lafortune, L. et E. Fennema (2003). «Croyances et pratiques dans l'enseignement des mathématiques», dans L. Lafortune, C. Deaudelin, P.-A. Doudin et D. Martin (dir.), *Conceptions, croyances et représentations en maths, sciences et technos*, Sainte-Foy, Presses de l'Université du Québec, p. 29-57.

Lafortune, L. et D. Martin (à paraître). «Accompagnement : processus de coconstruction et culture pédagogique», dans M. D'Hostie et L.-P. Boucher (dir.), *L'accompagnement du personnel enseignant dans le contexte de la réforme*, Sainte-Foy, Presses de l'Université du Québec.

Lafortune, L. et B. Massé (2002). *Chères mathématiques. Des stratégies pour susciter les émotions à l'égard des mathématiques*, Sainte-Foy, Presses de l'Université du Québec.

Lafortune, L. et C. Solar (2003) «Attitudes de jeunes cégépiens relativement aux technologies : différences entre les sexes», dans L. Lafortune et C. Solar (dir.), *Femmes et maths, sciences et technos*, Sainte-Foy, Presses de l'Université du Québec, p. 43-76.

Mills, S.C. (1999). *Integrating Computer Technology in Classroom : Teacher Concerns when Implementing an Integrated Learning System* (Service de reproduction Eric No. ED 432 289).

Ministère de l'Éducation du Québec (1983). *Micro-informatique. Proposition de développement. Utilisation de la micro-informatique à des fins pédagogiques dans les réseaux d'enseignement*, Québec, Gouvernement du Québec.

Ministère de l'Éducation du Québec (1996). *Les technologies de l'information et des communications en éducation. Plan d'intervention. Éducation préscolaire, enseignement primaire et secondaire : formation des jeunes et des adultes*, Québec, Gouvernement du Québec.

Ministère de l'Éducation du Québec (2001). *Programme de formation de l'école québécoise*, Québec, Gouvernement du Québec.

Moersch, C. (1995). «Levels of technology implementation (LoTi) : A framework for measuring classroom technology use», *Learning and Leading with Technology*, 23(3), p. 40-42.

Palincsar, A.S. (1998). «Social constructivist perspectives on teaching and learning», *Annual Reviews in Psychology, 49*, p. 345-375.

Pintrich, P.R. (1999). «Motivational beliefs as resources for and constraints on conceptual change», dans W. Schnotz, S. Vosniadou, et M. Carretero (dir.), *New Perspectives on Conceptual Change*, Oxford, Elsevier Science, p. 33-50.

Pintrich, P.R., R.W. Marx et R.A. Boyle (1993). «Beyond cold conceptual change : The role of motivational beliefs and classroom contextual factors in the process of conceptual change», *Review of Educational Research, 63(2)*, p. 167-200.

Pons, F., P.-A. Doudin, P.L. Harris et M. de Rosnay (2002). «Métaémotions et intégration scolaire», dans L. Lafortune et P. Mongeau (dir.), *L'affectivité dans l'apprentissage*, Sainte-Foy, Presses de l'Université du Québec, p. 7-28.

Prawat, R.S. (1996). «Constructivisms, modern and postmodern», *Educational Psychologist, 31*(3/4), p. 215-225.

Robin, B.R. et J.B. Harris (1998). «Correlates among computer-using teacher educators' beliefs, teaching and learning preferences, and demographics», *Journal of Educational Computing Research, 18*(1), p. 15-35.

Sandholtz, J.H., C. Ringstaff et D. Dwyer (1997). *La classe branchée. Enseigner à l'ère des technologies*, Montréal, Chenelière/McGraw-Hill.

Sauvé, L. (1992). *Éléments d'une théorie du design pédagogique en éducation relative à l'environnement. Élaboration d'un supramodèle pédagogique*. Thèse de doctorat, Université du Québec à Montréal, Montréal.

Savery, J.R. et T.M. Duffy (1995). «Problem based learning : An instructional model and its constructivist framework», *Educational Technology, 35*(5), p. 31-38.

Sinatra, G.M. et J.A. Dole (1998). «Case studies in conceptual change : A social psychological perspective», dans B. Guzzetti et C. Hynd (dir.), *Perspectives on Conceptual Change. Multiple Ways to Understand Knowing and Learning in a Complex World*, Mahwah, NJ, Lawrence Erlbaum Associates, p. 39-53.

Staats, A.W. (1986). *Behaviorisme social* (traduit de l'anglais par A. Leduc et R. Beausoleil), Brossard, Éditions Behaviora (1re édition parue en 1975).

Strudler, N. et K. Wetzel (1999). «Lessons from exemplary colleges of education : Factors affecting technology integration in preservice programs», *Educational Technology Research and Development, 47*(4), p. 63-81.

Van der Maren, J.-M. (1995). *Méthodes de recherche pour l'éducation*, Montréal, Les Presses de l'Université de Montréal.

Vosniadou, S., C. Ioannides, A. Dimitrakopoulou et E. Papademetriou (2001). «Designing learning environments to promote conceptual change in science», *Learning and Instruction, 11*(4-5), p. 381-419.

# CHAPITRE 10

# Le rapport à Internet chez des élèves du troisième cycle du primaire

## Croyances et utilisations[1]

*Colette Deaudelin*
*Université de Sherbrooke*
*colette.deaudelin@usherbrooke.ca*

*Louise Lafortune*
*Université du Québec à Trois-Rivières*
*louise_lafortune@uqtr.ca*

*Claudia Gagnon*
*Université de Sherbrooke*
*claudia.gagnon@usherbrooke.ca*

1. Cette recherche a été rendue possible grâce à une subvention du programme d'aide à la relève en sciences et technologies (ARST) du ministère de la Recherche, de la Science et de la Technologie (MRST) du Québec accordée aux deux premières auteures.

*RÉSUMÉ*

*Ce chapitre présente une étude qui examine le rapport qu'ont des élèves du troisième cycle du primaire à Internet. Elle porte sur leur utilisation d'Internet, sur leurs croyances face à cet outil, sur leur perception du rapport qu'ont leurs parents et leur enseignant à Internet ainsi que sur leur rapport avec leurs pairs au sujet de cet outil. La collecte de données a été réalisée par l'intermédiaire d'entrevues de groupe (focus group) auprès de 28 élèves de 5ᵉ année (21 filles et 7 garçons). L'analyse qualitative des données révèle que ces élèves utilisent Internet surtout pour communiquer avec des gens qu'ils connaissent et pour chercher des renseignements pour leurs travaux scolaires. Ils croient qu'Internet offre de nombreuses possibilités : recherche, courrier électronique, achats en ligne, musique et vidéo à télécharger, etc. Ils ont du mal à distinguer les activités en ligne (Internet) et le travail à l'ordinateur. Pour les élèves interrogés, Internet est intéressant et facile à utiliser. Toutefois, ils considèrent que c'est parfois difficile, stressant ou même frustrant. Ils évaluent le rapport à Internet de leur enseignant et de leur père positivement, tandis que celui de leur mère est vu plus négativement. Les élèves interviewés parlent d'Internet avec leurs pairs. Enfin, ce chapitre discute ces résultats et propose des pistes de recherche et d'intervention en portant une attention particulière aux différences liées au sexe.*

L'étude présentée dans cet article s'inscrit dans une recherche plus large qui vise à proposer des pistes de solution aux abandons en mathématiques et en sciences qui mènent souvent au décrochage scolaire, au développement d'attitudes négatives à l'égard des mathématiques et des sciences et à l'égard des programmes qui exigent une formation solide en mathématiques, en sciences et en technologies. Cette recherche porte aussi une attention particulière à la situation des filles et des femmes dans ces domaines. Plus spécifiquement, elle vise à trouver des pistes d'intervention pour l'ensemble du cheminement scolaire (primaire, secondaire et collégial) afin que les jeunes s'intéressent aux mathématiques, aux sciences et aux technologies et qu'ils choisissent des carrières associées à ces domaines. À cet effet, il apparaît important de connaître le rapport qu'ont les élèves à ces différents objets d'apprentissage. L'étude présentée ici traite particulièrement du rapport qu'ont des élèves du primaire à un type de technologies, à savoir les TIC. Elle comporte des limites qu'il convient de mentionner d'entrée de jeu, puisque cette étude examine les propos de 28 élèves de 5e année, dont sept garçons, qui travaillent avec un enseignant à l'aise avec les TIC.

Dans la première partie de ce chapitre, nous tentons de cerner la problématique qui a mené à la conduite de la présente étude. Dans la deuxième partie, nous présentons le cadre de référence sur lequel celle-ci s'appuie et précisons ensuite les questions de recherche. Dans la troisième partie de ce chapitre, nous exposons la méthode adoptée pour la réalisation de l'étude, tandis que dans la quatrième nous faisons état des résultats. Une dernière partie rappelle les principaux résultats ainsi que les limites de l'étude ; nous en discutons les résultats et suggérons enfin des pistes de recherche et d'intervention.

## 1. PROBLÉMATIQUE : LE RÔLE DES CROYANCES

De nombreux travaux font ressortir l'attitude négative des élèves québécois à l'égard des mathématiques et des sciences. Tousignant (1999) soutient que les jeunes fuient les mathématiques dès qu'ils le peuvent et qu'ils perdent graduellement le goût des sciences à mesure qu'ils avancent dans le cursus scolaire. Du côté des technologies, la situation semble toutefois quelque peu différente. Les jeunes semblent s'y intéresser grandement, surtout pendant leur loisir. En effet, une enquête portant sur les jeunes et Internet (Piette, Pons, Giroux et Millerand, 2001), menée auprès de Québécois de 12 à 17 ans, montre qu'une majorité de ceux-ci ont une perception extrêmement positive d'Internet, qu'ils en font une utilisation croissante et que, pour eux, c'est avant tout un divertissement. Les adolescents interrogés disent l'utiliser avant tout à la maison ; l'intégration d'Internet dans les programmes secondaires se révèle encore très irrégulière. L'utilisation par les jeunes varie selon le sexe, mais surtout selon la connaissance qu'ils ont d'Internet. Certaines des différences d'utilisation notées entre garçons (jeux, visite de sites et recherche d'informations) et filles (*chat*) tendent à s'estomper avec une pratique régulière d'Internet. Il faudrait noter toutefois que cette pratique régulière est moins présente chez les filles. En effet, toujours selon la même enquête, ces dernières sont deux fois plus nombreuses à faire un usage occasionnel d'Internet (28 % comparativement à 12 %) et presque deux fois moins nombreuses à l'utiliser plusieurs fois par semaine (27 % et 46 %)[2]. Par ailleurs, les jeunes interrogés établissent une nette distinction entre Internet et l'informatique : Internet est pour eux plus convivial et plus facile à apprendre. Ces derniers résultats permettent d'apporter un éclairage sur ceux obtenus par une étude menée au niveau collégial[3] : des observations faites par rapport à l'utilisation de logiciels spécialisés montrent que les filles se sentent plus démunies devant ces logiciels dans les cours du programme des sciences de la nature et qu'elles demandent plus d'explications sur la marche à suivre. Une utilisation moins fréquente et le plus haut degré de difficulté perçu par rapport à l'informatique seraient à l'origine de ces différences. Ces résultats différenciés selon le sexe peuvent aussi être mis en lien avec le faible degré d'implantation des TIC[4] en milieu scolaire québécois (Conseil supérieur de l'éducation, 2000) où une forte proportion de personnes qui y enseignent sont des femmes.

Bien que l'attitude des jeunes du secondaire par rapport aux TIC semble moins négative qu'elle ne l'est en ce qui concerne les mathématiques et les sciences, cette problématique se révèle, en fait, moins documentée. Parr (1999) montre que la question des croyances et des valeurs des enseignantes et enseignants et de la relation entre celles-ci et l'utilisation des TIC est souvent abordée, alors que la perspective des élèves a été, elle, négligée. À notre connaissance, aucune étude n'aborde ce sujet chez les élèves du primaire. Pourtant, Luckin, Rimmer et Lloyd (2001) soutiennent qu'il importe de s'intéresser plus particulièrement aux conceptions qu'ont les élèves des TIC, car des conceptions empreintes de préjugés risquent de mener à une utilisation beaucoup moins efficace. Dans le même sens, Goldberg (1999) montre le rôle des croyances par rapport à la non-utilisation des TIC. La recherche de Windschitl et Andre (1998), qui porte sur un type de croyances,

---

2. On pourrait émettre l'hypothèse que cette différence d'utilisation contribue à maintenir des types d'utilisations différentes.

3. Le collégial est l'ordre d'enseignement qui regroupe des jeunes de 17 à 20 ans.

4. TIC : technologies de l'information et de la communication.

les croyances épistémiques, indique que celles-ci influent sur l'exploitation à des fins d'apprentissage que font des élèves de simulations informatisées. Selon l'étude de Dart, Burnett, Purdie, Boulon-Lewis, Campbell et Smith (2000), il existe une relation entre la conception de l'apprentissage qu'ont des élèves et leurs façons d'apprendre. En fait, de nombreux travaux sur les conceptions ou les croyances mettent en évidence le lien important entre ces dernières et les comportements d'une personne. Pajares (1992) soutient même que les croyances constituent le meilleur indicateur des décisions que prennent les individus par rapport aux conduites à adopter.

## 2. CROYANCES À L'ÉGARD DES TIC

Cette recherche s'intéresse au rapport aux TIC chez des élèves du primaire. Ce rapport peut être connu en examinant les utilisations que ces élèves font des TIC ainsi que leurs croyances à l'égard de celles-ci. Les paragraphes qui suivent cernent ce que sont les TIC et précisent le concept de croyance. Ils présentent également un modèle mettant en relation des croyances liées aux TIC et les comportements qui y sont associés.

Pour définir l'objet de croyance concerné par cette recherche, à savoir les TIC, nous retenons la définition de Grégoire, Bracewell et Laferrière (1996):

> [...] un ensemble de technologies parmi lesquelles figure habituel-
> lement l'ordinateur et qui, lorsqu'elles sont combinées ou intercon-
> nectées, se caractérisent par leur pouvoir de mémoriser, de traiter, de
> rendre accessible (sur un écran ou un autre support) et de transmettre,
> en principe en quelque lieu que ce soit, une quantité quasi illimitée et
> très diversifiée de données.

Par rapport aux technologies plus traditionnelles n'exploitant que l'ordinateur, comme l'indique la définition ci-dessus, les TIC se caractérisent par leur possibilité de connectivité qui rend possible la transmission d'infor-mations. Pour cette raison et pour des considérations méthodologiques qui seront exposées plus loin, nous associons plus particulièrement les TIC à Internet.

La définition du concept de croyance considérée dans cette étude s'ins-pire de celle de Rokeach (1986). Ce dernier définit une croyance comme toute proposition simple, consciente ou inconsciente, inférée à partir de ce qu'une personne dit ou fait. Cette proposition peut être introduite par des expressions telles: «je crois que...», «je pense que...». Rokeach (1986) dis-tingue trois types de croyances. Celles qu'ils qualifient de descriptives ren-voient à ce qu'est l'objet de croyance. Les croyances évaluatives consistent en des propositions informant du jugement que la personne porte sur l'objet de croyance. Enfin, les croyances prescriptives donnent des indications sur ce qui devrait être fait par rapport aux TIC. À titre d'exemple, un enfant qui décrit différentes TIC énonce une croyance descriptive. Lorsqu'il indique que les TIC sont néfastes, car elles peuvent mener à une certaine dépendance, il énonce une croyance évaluative. Enfin, un élève qui donne des exemples de l'utilisation qui devrait être faite des TIC à l'école exprime une croyance prescriptive. Ces trois types de croyances renvoient respectivement aux composantes cognitive, affective et conative des croyances, c'est-à-dire, dans ce dernier cas, au fait que la croyance peut, dans des conditions appropriées, déterminer des actions. Toujours selon Rokeach, les croyances s'élaborent par des expériences personnelles qui rendent possible le contact direct avec l'objet de croyance, mais aussi par l'observation ou les échanges avec des personnes d'influence, tels les parents, les enseignants et les amis.

Un modèle, le Technology Acceptance Model (TAM – Davis, 1989), montre le rôle joué par différents facteurs, dont les croyances et les attitudes, dans l'acceptation d'une innovation technologique. Il met en évidence deux croyances qui permettent de prédire si des personnes utiliseront ou non des outils technologiques : il s'agit de la facilité d'utilisation perçue et de l'utilité perçue. Plus un outil technologique sera vu comme facile d'utilisation et utile, plus une personne aura une attitude positive à son égard et plus elle sera encline à l'utiliser.

## 3. QUESTIONS DE RECHERCHE

La situation exposée précédemment ainsi que le cadre de référence nous amènent à nous intéresser plus globalement au rapport que des élèves du primaire ont avec les TIC et plus spécifiquement avec Internet en portant une attention particulière aux différences liées au sexe. Ainsi qu'il a été mentionné précédemment, ce rapport aux TIC (Internet) est examiné sous l'angle de l'utilisation que des élèves en font et de leurs croyances par rapport à cet objet. De plus, la théorie de Rokeach montre la pertinence de prendre en compte la perception qu'ont des élèves du rapport aux TIC de personnes influentes (parents, enseignants, amis). Nous formulons alors les quatre questions suivantes :

> ➢ Quelles sont les utilisations des TIC (Internet) chez des garçons et des filles du primaire ?
> ➢ Quelles sont les croyances de garçons et de filles du primaire à l'égard des TIC (Internet) ?

> Quelles perceptions des garçons et des filles du primaire ont-ils du rapport de leurs parents et enseignant à Internet ?
> Quels rapports les garçons et les filles du troisième cycle du primaire ont-ils avec leurs pairs au sujet des TIC (Internet) ?

# 4. MÉTHODE DE RECHERCHE

La méthode est présentée par l'intermédaire d'une description des participants et de la méthode de collecte et de traitement des données.

## 4.1. PARTICIPANTS

Cette étude descriptive a été réalisée auprès d'une classe de cinquième année de la région de Sherbrooke choisie au moyen de contacts en fonction de l'intérêt de l'enseignant à participer à une recherche (échantillon de convenance). Cette classe comprenait 28 élèves, soit 21 filles et 7 garçons.

## 4.2. COLLECTE DE DONNÉES

Nous avons réalisé cinq entrevues de groupe, chaque groupe comptant cinq ou six élèves. Ces entrevues, d'une durée approximative de quatre-vingt-dix minutes chacune, suivaient un protocole préétabli exploitant la méthode du dessin (Lafortune, 1993 ; Lafortune, Daniel, Pallascio et Schleifer, 1999 ; Lafortune, Mongeau et Pallascio, 2000 ; Lafortune et Mongeau, 2003). Cette méthode, qui vise à connaître les idées que les élèves entretiennent sur les mathématiques, a été étendue aux TIC (Internet). Une méthode similaire a d'ailleurs été utilisée par Luckin, Rimmer et Lloyd (2001) pour cerner les conceptions d'élèves du primaire par rapport à Internet. Ainsi, des dessins réalisés par les élèves ont servi de base pour la collecte de données.

Le protocole utilisé, déjà exposé dans le présent ouvrage (Lafortune et Mongeau, 2003), est rappelé succinctement à l'annexe 10.1. Enfin, les entrevues enregistrées sur bande audio ont été transcrites dans leur totalité.

## 4.3. MÉTHODE D'ANALYSE ET SYSTÈME CATÉGORIEL

Une analyse qualitative des données a été réalisée à l'aide du logiciel NVivo. À cet effet, nous avons utilisé un cadre mixte s'appuyant sur deux des trois composantes des croyances telles qu'elles sont décrites par Rokeach, la dernière composante, les croyances prescriptives, ne se retrouvant pas dans les données analysées. Le cadre d'analyse compte ainsi cinq catégories. Les trois premières concernant le rapport de l'élève avec Internet et sont désignées par les expressions suivantes : *Ce que je fais, Ce que je ressens* et *Ce que je pense*. La première porte sur l'utilisation d'Internet par l'élève, tandis que les deux autres ont trait aux croyances. Le caractère affectif est pris en compte par la catégorie *Ce que je ressens* et le caractère cognitif, par la catégorie *Ce que je pense*. Les deux dernières catégories sont les suivantes : *Ma perception du rapport des autres*, qui comprend les sous-catégories *Ma perception du rapport de mes parents à Internet* et *Ma perception du rapport de mon enseignant ou de mon enseignante à Internet*, et *Mes rapports avec les autres au sujet d'Internet*, qui comprend les sous-catégories *J'explique* et *Je discute*. Au fur et à mesure du codage, nous avons considéré la pertinence et abouti à la division de la catégorie *Ce que je fais* en trois sous-catégories, soit *Je recherche, Je communique* et *Je m'amuse*. Enfin, les deux premières sous-catégories ont été divisées en deux, comme le montre la figure 1.

Une fois la codification des unités de sens terminée, un étudiant à la maîtrise a procédé à une vérification critique de ce codage à partir du rapport de codage (liste des catégories et des unités de sens que chacune contient) et du système catégoriel comprenant les catégories et les définitions opérationnelles. Cette méthode de vérification par audit rappelle celle qui est utilisée en comptabilité et permet, par son regard critique, de contrôler le système catégoriel et la codification effectuée à partir de celui-ci (Lincoln et Guba, 1985). Les recommandations de cet audit ont amené à diviser deux catégories : la catégorie *Ce que je pense* comprend maintenant trois sous-catégories, alors que la catégorie *Ce que je ressens* comprend les sous-catégories *Positif* et *Négatif*. Enfin, nous avons considéré les unités de sens pour lesquelles le vérificateur externe était en désaccord sur le plan du codage. Au total, seulement 6 des 93 unités de sens codées dans la première transcription différaient, ce qui correspond à un taux d'accord de 93,6 %. Suivant ces recommandations, nous avons apporté les modifications suggérées, tout en tenant compte des nouvelles sous-catégories du système catégoriel (voir les définitions de toutes les catégories et sous-catégories à l'annexe 10.2). Nous avons repris le codage de l'ensemble des unités de sens afin d'intégrer les nouvelles sous-catégories ajoutées au système catégoriel. L'ensemble des catégories et sous-catégories est présenté à la figure 1.

Par ailleurs, étant donné les comportements différents des filles et des garçons par rapport aux mathématiques, aux sciences et aux technologies, l'analyse distingue les résultats en fonction du sexe des élèves.

FIGURE 1
**Système catégoriel utilisé**

*Le rapport de l'élève à Internet*

◆ Ce que je fais
  – Je recherche
    ➤ Pour l'école
    ➤ Pour mon intérêt personnel
  – Je communique
    ➤ Avec des personnes connues
    ➤ Avec des inconnus
  – Je m'amuse
◆ Ce que je ressens
  – Positif
  – Négatif
◆ Ce que je pense
  – Par rapport à la recherche
  – Par rapport à la communication
  – Par rapport aux jeux
◆ Ma perception du rapport des autres
  – Ma perception du rapport de mes parents
  – Ma perception du rapport de mon enseignant
◆ Mes rapports avec les autres au sujet des TIC
  – J'explique
  – Je discute

# 5. RÉSULTATS

La présente section répond aux quatre questions spécifiques de recherche énoncées plus tôt. Tout d'abord, nous traitons des utilisations d'Internet par les garçons et les filles du troisième cycle du primaire. Nous faisons ensuite état des croyances de ces élèves en présentant le contenu de leurs dessins et en nous référant aux catégories *Ce que je ressens* et *Ce que je pense*. Nous traitons finalement de la perception qu'ont ces élèves, garçons et filles, du rapport de leurs parents et de leur enseignant à Internet (catégorie *Ma perception du rapport des autres*). Nous présentons enfin ce qu'ils disent de leurs propres rapports avec leurs camarades dans la perspective de l'utilisation des TIC (catégorie *Mes rapports avec les autres au sujet des TIC*).

## 5.1. *Utilisations*

Les résultats des entrevues indiquent que les élèves du troisième cycle du primaire utilisent peu Internet pour s'amuser (7 occurrences ; voir le tableau 1). En proportion, les garçons utilisent cependant plus Internet pour les jeux que les filles ; quelques-uns font même des compétitions à distance avec leurs amis.

La principale utilisation des élèves interviewés est plutôt la communication (31 occurrences) avec des gens qu'ils connaissent (17 occurrences), mais également avec des inconnus (7 occurrences). En ce sens, il semble que les filles utilisent davantage Internet pour communiquer que les garçons[5], par courrier électronique ou sur un site de clavardage. Ainsi, plutôt que de s'échanger des petits mots dans la classe ou de bavarder au téléphone, il semble que les enfants de cette génération utilisent maintenant Internet pour communiquer entre eux :

> Bien moi, je trouve que c'est intéressant parce qu'on peut communiquer entre nous puis à la place de faire des coups de téléphone. [...]. (Fille).
>
> Nous, on a un site [pour chatter]. Tu choisis avec qui tu parles, [...] à l'école on dit, c'était « l'fun » hier de quoi on a parlé [...]. (Fille).

Ils utilisent également ce nouveau moyen de communication pour rester en contact avec des connaissances, parents ou amis, qui habitent au loin :

> J'utilise surtout Internet pour écrire à ma grand-mère, je lui écris à chaque jour, puis des fois elle me fait des surprises comme à ma fête, à un moment donné, elle m'a fait une carte, [...] une carte informatique, tu l'ouvres puis il y a une image dedans... (Fille).

Par ailleurs, Internet pourrait être un moyen de s'ouvrir au monde. En effet, d'autres élèves ont parlé de leur utilisation d'Internet pour communiquer avec des inconnus, des Québécois, mais également des gens de partout sur la planète, soit dans le cadre d'activités de correspondance dirigées par l'école, soit de façon autonome :

> Je vais sur Internet pour *chatter* puis j'ai déjà *chatté* [...] avec du monde de Montréal, d'Égypte, d'Australie, de France, de partout dans le monde. (Garçon).

---

5. L'analyse des entrevues montre que 15 des 21 filles ont parlé de leur utilisation d'Internet pour communiquer, alors que 2 garçons sur 7 l'on fait.

TABLEAU 1
## Nombre d'énoncés pour chaque catégorie, pour chaque groupe

| Codes (catégories) | Gr 1 | Gr 2 | Gr 3 | Gr 4 | Gr 5 | Total |
|---|---|---|---|---|---|---|
| Ce que je fais (1) | 1 | 2 | 1 | 0 | 1 | 5 |
| – Je recherche (11) | 2 | 1 | 0 | 2 | 3 | 8 |
| Pour l'école (111) | 1 | 3 | 0 | 2 | 1 | 7 |
| Pour mon intérêt personnel (112) | 1 | 1 | 1 | 0 | 0 | 3 |
| – Je communique (12) | 1 | 1 | 1 | 3 | 1 | 7 |
| Avec des inconnus (121) | 3 | 1 | 0 | 3 | 0 | 7 |
| Avec des connaissances (122) | 8 | 4 | 2 | 0 | 3 | 17 |
| – Je m'amuse (13) | 0 | 1 | 1 | 2 | 3 | 7 |
| | | | | | | 61 |
| Ce que je ressens (2) | 0 | 2 | 1 | 3 | 5 | 11 |
| – Je ressens « positif » (21) | 16 | 11 | 15 | 25 | 29 | 96 |
| – Je ressens « négatif » (22) | 12 | 14 | 31 | 32 | 26 | 115 |
| | | | | | | 222 |
| Ce que je pense (3) | 9 | 19 | 19 | 4 | 6 | 57 |
| – Je pense recherche (31) | 9 | 6 | 3 | 14 | 6 | 38 |
| – Je pense communication (32) | 23 | 15 | 9 | 13 | 21 | 81 |
| – Je pense jeux (33) | 6 | 4 | 1 | 3 | 3 | 17 |
| | | | | | | 193 |
| Ma perception du rapport des autres (4) | 2 | 2 | 0 | 0 | 0 | 4 |
| – Ma perception du rapport de mon prof (41) | 9 | 8 | 8 | 7 | 7 | 39 |
| – Ma perception du rapport de mes parents (42) | 6 | 2 | 3 | 1 | 3 | 15 |
| Perception du rapport du père (423) | 7 | 13 | 7 | 4 | 5 | 36 |
| Perception du rapport de la mère (424) | 5 | 9 | 7 | 4 | 5 | 30 |
| | | | | | | 124 |
| Mes rapports avec les autres au sujet des TIC (5) | 5 | 10 | 4 | 1 | 2 | 22 |
| – J'explique (51) | 0 | 8 | 10 | 9 | 10 | 37 |
| – Je discute (52) | 0 | 7 | 4 | 6 | 5 | 22 |
| | | | | | | 81 |
| Total : | 126 | 144 | 128 | 137 | 146 | 681 |

En ce qui a trait à la recherche sur Internet (18 occurrences), cette utilisation semble être faite principalement pour la réalisation de travaux scolaires (7 occurrences). Peu d'élèves s'adonnent à de la recherche pour leur intérêt personnel (3 occurrences), à moins qu'ils n'aient rien d'autre à faire, et dans ce cas, ils font de la recherche sur un sujet à la mode comme *Harry Potter* ou sur leur animal de compagnie :

> Moi, je l'utilise souvent presque tous les soirs, après mes devoirs j'aime ça, des fois je ne sais pas quoi faire, à la place d'écouter la télé je fais de l'ordi. Des fois j'essaie de me trouver une recherche que je peux faire, [par exemple] sur les chiens puis là je fais une recherche. (Fille)

Il appert par ailleurs que les garçons vont plus loin dans leur utilisation d'Internet. En effet, les garçons qui ont participé à notre étude font parfois des choses plus techniques que les filles, comme faire un script de « chat », faire un site Web, « downloader » des vidéos, etc. :

> Je [...] vais sur *Casamedia*, c'est un site [...] un peu [comme] *Napster*, mais c'est juste qu'on peut *downloader* (télécharger) des vidéos puis des images avec de la musique. (Garçon)

## 5.2. CROYANCES

Les croyances ont trait aux aspects cognitif et affectif. L'aspect cognitif est pris en compte dans les dessins mêmes des élèves et dans les énoncés se retrouvant dans la catégorie *Ce que je pense*. La catégorie *Ce que je ressens* regroupe, rappelons-le, les énoncés à caractère affectif.

De façon générale, les enfants qui ont participé à l'étude ont représenté Internet par le dessin d'un ordinateur. Ainsi, dans le cadre des entrevues de groupe, non seulement ont-ils introduit dans leur dessin les composantes de l'ordinateur, c'est-à-dire l'écran, le clavier, la souris, l'ordinateur en soi et parfois même le modem et le fil de connexion Internet, mais ils ont également pris le soin de détailler l'écran en dessinant par exemple le « @ » bien connu, symbole d'Internet, en dessinant les barres de défilement et la case avec une adresse « http » inscrite dedans, et en écrivant des mots tels « Démarrer », « Fichier », « Édition » (voir figure 2). Les principales différences entre les dessins avaient trait au contenu de la page présentée sur l'écran. Plusieurs ont dessiné des sites de recherche fréquemment utilisés, comme « La Toile du Québec », tandis que d'autres présentaient une page de recherche quelconque, un site de courrier électronique, etc.

FIGURE 2
**Exemples de dessins des élèves participants**

Toujours sur le plan cognitif, l'analyse des entrevues (catégorie *Ce que je pense*) indique que les filles comme les garçons connaissent assez bien les différentes possibilités offertes sur Internet. En effet, les jeunes parlent de recherche, de courrier électronique (et cartes virtuelles), de « chat », de « downloader » de la musique et des vidéos, de jeux, de possibilités d'achat en ligne, etc. Cependant, les filles comme les garçons ont parfois de la difficulté à distinguer les activités en ligne (Internet) de ce que constitue le travail sur un ordinateur.

Les résultats de cette catégorie sont analogues à ceux obtenus en ce qui concerne l'utilisation d'Internet par les élèves du troisième cycle du primaire : lorsqu'on leur demande de nous parler d'Internet, les élèves interrogés font donc référence à l'utilisation qu'ils en font, bien qu'ils mentionnent parfois des choses que font leurs amis ou leurs parents[6]. En se référant au tableau des occurrences des codes (tableau 1), on constate qu'ils pensent principalement à la communication (81 occurrences), puis aux possibilités de recherche (38 occurrences) et finalement aux jeux (17 occurrences). Aussi, bien qu'ils ne semblent pas en faire l'utilisation, quelques élèves ont mentionné la possibilité de magasiner sur Internet :

> [...] puis tu vois on peut magasiner [...]. Bien moi Internet, ça me fait penser à une place où on peut faire beaucoup de recherche, rencontrer des gens, commander des choses [...] (Fille)

---

6. La catégorie « Ce que je pense » se distingue de la catégorie « Ce que je fais » en ce que la dernière regroupe des énoncés où les élèves font explicitement état de leur propre utilisation, alors que, dans la première, les élèves mentionnent des utilisations possibles.

Lorsqu'on leur demande quel dessin représente le mieux Internet, la majorité choisit soit le dessin représentant une planète (voir figure 2, dessin de gauche), soit celui illustrant deux ordinateurs liés ensemble par un fil, un drapeau du Japon et un des États-Unis (voir figure 2, dessin de droite) indiquant la possibilité de communiquer à distance :

> Bien, il y a les deux pays qui communiquent, le Japon et les États-Unis. Je trouve que ça représente bien Internet parce qu'ils sont sur Internet pour communiquer ensemble. (Fille)

> [...] Tu sais le numéro un [voir figure 2, dessin de gauche], la Terre, et bien je dirais qu'Internet c'est international, enfin je crois que c'est ça, c'est international puis on peut faire ce qu'on veut avec [...] (Fille de 5e année)

Sur le plan affectif (catégorie *Ce que je ressens*), bien que le nombre d'occurrences (voir tableau 1) soit plus élevé du côté des émotions négatives (*Je ressens négatif*), la majorité des élèves interviewés semblent apprécier Internet, y associant les qualificatifs suivants : « l'fun », « génial », « accueillant », « intéressant ».

En effet, l'analyse indique qu'en général les filles comme les garçons trouvent Internet intéressant et facile d'utilisation. Les élèves rencontrés ont par ailleurs vécu beaucoup de frustration dans leur utilisation d'Internet. Ils en mentionnent aisément plusieurs exemples, et c'est sans doute ce qui explique le plus haut taux d'occurrence des émotions négatives. Ce qu'ils trouvent « difficile », « stressant » ou même « frustrant », c'est lorsque l'ordinateur bloque, lorsqu'ils n'arrivent pas à trouver ce qu'ils veulent au cours d'une recherche, lorsque l'écran de l'ordinateur indique « impossible d'afficher cette page », ou lorsque le délai est long :

> Internet, je trouve ça super intéressant, ce que je n'aime pas, [ce sont] les « bogues » [les blocages], parce qu'on ne sait jamais quand ça arrive. (Fille de 5e année)

> Moi, des fois je suis stressée parce que je ne sais pas où il faut peser parce que des fois, tout d'un coup que c'est quelque chose qui coûte de l'argent ou quelque chose [sur lequel] il ne faudrait pas que je pèse, puis je suis stressée parce que je ne veux pas faire d'erreurs. (Fille)

> Ce qui me choque, c'est quand [...] il n'y a presque pas de mémoire, ça prend tout le temps une heure [...] (Garçon)

En proportion, il semble que les filles ressentent plus d'émotions négatives que les garçons à l'égard d'Internet. Le tableau 2 indique en effet 96 occurrences pour « filles négatives » contre 19 pour « garçons négatifs », ce qui, si l'on ramène ces occurrences par individu, correspond à 4,5 pour les filles et à 2,7 pour les garçons (96 occurrences pour 21 filles contre 19 occurrences pour 7 garçons).

TABLEAU 2
**Nombre d'énoncés dans certaines catégories pour les garçons
et pour les filles, par groupe**

| Catégories | 01-11-19 | 01-11-20 | 01-11-22 | 01-11-27 | 01-11-29 | Total |
|---|---|---|---|---|---|---|
| Garçons positifs (61) | 0 | 7 | 0 | 13 | 4 | 24 |
| Garçons négatifs (62) | 0 | 5 | 0 | 12 | 2 | 19 |
| Filles positives (63) | 16 | 4 | 15 | 12 | 25 | 72 |
| Filles négatives (64) | 12 | 9 | 31 | 20 | 24 | 96 |
| Filles qui communiquent (65) | 12 | 2 | 3 | 0 | 9 | 26 |
| Filles qui recherchent (66) | 4 | 2 | 1 | 3 | 3 | 13 |
| Filles qui s'amusent (67) | 0 | 0 | 1 | 3 | 1 | 5 |
| Père par garçons (68) | 0 | 7 | 0 | 2 | 1 | 10 |
| Mère par garçons (69) | 0 | 5 | 0 | 2 | 1 | 8 |
| Mère par filles (610) | 5 | 4 | 7 | 2 | 4 | 22 |
| Père par filles (611) | 7 | 6 | 7 | 2 | 4 | 26 |
| Filles qui discutent (612) | 0 | 4 | 4 | 4 | 4 | 16 |
| Garçons qui discutent (613) | 0 | 0 | 4 | 4 | 1 | 9 |
| Filles qui expliquent (617) | 0 | 5 | 10 | 6 | 8 | 29 |
| Garçons qui expliquent (618) | 0 | 3 | 0 | 5 | 1 | 9 |

## 5.3. RAPPORTS À INTERNET

Au cours des entrevues, les jeunes ont expliqué ce qu'ils perçoivent de ce que leur enseignant ou enseignante, leurs parents ou d'autres élèves pensent d'Internet. Nous résumons ici leur perception des rapports qu'ils croient que les autres entretiennent avec Internet.

### 5.3.1. L'enseignant

En ce qui concerne le rapport que les élèves croient que leur enseignant entretient avec les TIC, les garçons et les filles interrogés ont généralement la même opinion : selon eux, leur enseignant aime Internet et aime travailler avec cet outil ; en plus, c'est un expert en la matière :

> C'est un maniaque d'Internet. Et ce qu'il dirait c'est que Internet, c'est génial et que tu peux faire plein de choses. (Fille)

> Moi, je suis sûr qu'il dessinerait Internet avec, [...] tous les favoris à côté, tous les petits mots. [...] Il mettrait un autre ordi puis il mettrait *Publisher* ; [...] il est capoté sur *Publisher* [...]. (Fille)

Toutefois, dans les propos des élèves interrogés sur le rapport de leur enseignant à Internet, on sent un certain côté négatif. Pour eux, cette personne aime Internet pour le travail scolaire et non pour les jeux, ce qui signifie aussi une liste de tâches à accomplir pour les élèves. Ces éléments sont en général cités par les filles :

> Puisqu'il aime beaucoup ça travailler sur Internet, puis il aime pas faire des jeux [...]. À la place de faire des jeux, [pour lui, c'est] une bonne place pour faire plein de travail. (Fille)

### 5.3.2. Les parents

Pour ce qui est de la perception des élèves du troisième cycle du primaire relativement au rapport de leurs parents à Internet, nous constatons quelques variations entre les garçons et les filles rencontrés. De façon générale, les garçons comme les filles n'ont pas toujours une idée claire de ce que leurs parents pensent des TIC ou font avec Internet. En effet, lorsque nous leur avons demandé « qu'est-ce que ton père ou ta mère aurait dessiné s'il avait été à ta place ? qu'est-ce que ton père ou ta mère aurait dit à propos d'Internet ? », les élèves sont souvent demeurés perplexes, et beaucoup ont répondu « je ne sais pas » pour les deux ou pour l'un ou l'autre des parents. Selon ces élèves, la plupart des parents semblent apprécier Internet et l'utiliser dans le cadre de leur travail ou pour le plaisir, à l'exception de quelques-uns :

> Moi, je pense que mes parents ils n'aiment pas vraiment ça Internet parce qu'ils ne veulent pas qu'on ait Internet chez moi. [...] Ils préfèrent qu'on aille à la bibliothèque ou à l'école quand on veut aller sur Internet. (Fille)

Les garçons décrivent de façon majoritaire le rapport de leur père aux TIC par le travail, tandis que l'utilisation de la mère semble davantage liée à un passe-temps, bien que certains aient également mentionné le travail de la mère avec des ordinateurs :

> Mon père, il travaille super gros sur l'ordinateur, puis il fait ses travaux là-dessus. Lui aussi à son travail il faut qu'il fasse de la comptabilité. Mais il le fait sur Internet. (Garçon)

> [...] tout ce qu'elle fait c'est d'aller jouer à *FreeCell* (un jeu de patience avec cartes). (Garçon)

Les filles interrogées parlent également du rapport de leur père aux TIC principalement dans une optique de travail, et le voient comme un loisir pour la mère. Les filles rapportent cependant beaucoup plus de commentaires négatifs de la mère sur l'utilisation d'Internet par leurs enfants :

> Moi, ma mère elle ne veut même pas que je donne mon nom, mon adresse, ni mon courriel ni mon numéro de téléphone parce que c'est trop dangereux [quand je « chatte »]. Elle n'aime pas ça quand je « chatte ». (Fille)

Dans l'ensemble, un seul élève a mentionné le comportement d'un père qui nous semblait stimuler l'utilisation d'Internet par son enfant :

> Moi, mon père depuis qu'on a Internet, ça ne fait pas longtemps, il trouve que c'est super même s'il n'y va presque jamais. Puis là, à chaque fois qu'on fait quelque chose il veut tout le temps [...]. (Fille)

Les autres comportements des parents rapportés par les élèves nous ont semblé neutres, c'est-à-dire que le parent aide l'enfant, mais sans stimuler l'utilisation d'Internet par celui-ci, ou alors carrément négatifs, c'est-à-dire adoptés dans un but de limiter l'utilisation d'Internet par son enfant. En effet, selon les élèves interviewés, certains parents auraient une image négative de l'utilisation d'Internet par les enfants : ça occupe la ligne de téléphone-télécopieur, ils ont peur des virus, ils ne veulent pas que leur fille « chatte » avec des garçons inconnus, ils trouvent que l'utilisation suscite des conflits, ils considèrent qu'ils passent trop de temps sur Internet, etc. Comme nous l'avons dit plus tôt, il semble que ce soit surtout la mère qui ait de telles préoccupations :

> Ma mère elle, elle n'aime pas tellement ça parce que quand on est sur Internet, ça coupe la ligne de téléphone. (Fille)

Aussi, quand ils éprouvent des problèmes avec Internet ou tout simplement avec l'ordinateur, certains élèves nous ont dit avoir peur d'être réprimandés par leurs parents ou leur enseignant. Par ailleurs, lorsqu'ils ont un problème avec Internet ou avec l'ordinateur, c'est souvent au père que les enfants du troisième cycle du primaire font appel plutôt qu'à la mère :

> Moi, quand je sais que mon père est là, je vais lui demander quoi faire, sinon je ferme l'ordinateur puis je l'ouvre pour voir si tout marche bien. (Fille)
>
> J'appelle soit mon père ou ma mère, mais mon père c'est le pro. Puis il a toutes sortes d'ordinateurs à son travail. S'il n'est pas là, j'essaie de le rejoindre sur son cellulaire. (Fille)

En résumé, il semble que les enfants perçoivent le rapport de leur mère à l'égard d'Internet comme étant plus négatif que celui entretenu par leur père : selon eux, non seulement la mère utilise Internet principalement pour se divertir (ce qui semble sous-entendre une moindre compétence), mais c'est elle qui fait le plus de commentaires négatifs à l'égard de l'utilisation d'Internet par les enfants. De plus, ce n'est pas à elle que l'on demande de l'aide en cas de besoin. En général, les garçons ont une perception plus positive du rapport des parents avec Internet.

### 5.3.3. Les pairs

En ce qui a trait aux rapports des élèves du troisième cycle du primaire avec leurs pairs à propos d'Internet, les résultats de l'analyse des entrevues sont compatibles avec les parties précédentes. En effet, comme nous l'avons souligné auparavant, lorsqu'ils ont un problème sur Internet, les élèves ont principalement recours à leur père, et ils n'hésiteraient pas à le recommander aux autres en cas de besoin :

> Moi, s'il y a quelqu'un qui a besoin d'aide, je lui dis : « va voir mon père », parce que mon père il est super bon dans l'ordinateur, mon oncle aussi. (Garçon)

Les jeunes semblent également avoir retenu différentes ressources pour les aider si le père n'est pas présent, par exemple un voisin, un oncle, un ami ou une amie de la famille, un frère ou une sœur, etc. À l'école, leur enseignant est leur principale ressource, et le responsable de l'informatique vient en second lieu.

À la question « S'il y avait des élèves qui te demandaient d'expliquer ta façon de faire ou de leur expliquer comment faire avec Internet en général, comment réagirais-tu ? », la plupart des élèves se sont dits heureux d'aider un ami, mais les garçons ont semblé plus à l'aise de le faire que les filles. Celles-ci se sentent nettement moins compétentes que les garçons, et préfèrent souvent retourner la question à la personne enseignante ou à un ami plus compétent. Les filles interrogées n'hésiteront cependant pas à montrer ce qu'elles savent, tout en indiquant leurs limites :

> Bien si c'est quelque chose que je connais, je vais les aider pis je vais leur expliquer c'est quoi [...]. Autrement, je vais demander au professeur ou à quelqu'un qui s'y connaît mieux pour l'aider à faire ça. Je pourrais aussi écouter, comme ça si je veux aller à cet endroit-là, bien je vais savoir comment faire. (Fille)

Les garçons que nous avons rencontrés avaient quant à eux beaucoup plus confiance en leurs compétences et ne paraissaient pas embarrassés à l'idée d'expliquer à une personne ou même de le faire à sa place :

> Bien des fois mon frère il est sur Internet puis il essaie de trouver, [par exemple] des codes sur un jeu, puis il dit « voyons ça ne marche pas cette affaire-là ! », puis là je dis « est-ce que je peux essayer moi ? », puis ça va marcher [...]. (Garçon)

Les garçons semblent hésiter un peu si on leur propose d'expliquer une stratégie devant toute la classe. À cet égard, les filles se montrent plus à l'aise, pour autant qu'elles connaissent bien le contenu.

Sur le plan des discussions, il appert qu'Internet n'est pas un sujet très souvent abordé par les élèves interviewés. Cependant, comme c'était le cas pour les catégories antérieures, il semble que les filles parlent de choses simples, comme vérifier si une amie a bien reçu son message ou donner l'adresse d'un site intéressant qu'elles ont découvert, tandis que les garçons abordent des sujets plus techniques, en plus de parler des courriels.

## DISCUSSION ET CONCLUSION

En résumé, les élèves de 5e année interrogés utilisent Internet surtout pour communiquer avec des gens qu'ils connaissent et pour chercher de l'information pour leurs travaux scolaires, mais peu pour s'amuser. Ils croient qu'Internet offre de nombreuses possibilités (recherche, courrier électronique, achats en ligne, musique et vidéos à télécharger, etc.). Ils le représentent au moyen d'un ordinateur en y incluant plusieurs détails, comme Levin et Barry (1997) l'avaient d'ailleurs relevé dans leur étude. Ils distinguent difficilement les activités en ligne (Internet) et le travail à l'ordinateur. Un tel constat avait également été fait par Luckin, Rimmer et Lloyd (2001) dans leur étude auprès d'élèves britanniques. Pour les élèves interrogés, Internet est intéressant et facile à utiliser. Ces résultats vont dans le même sens que ceux obtenus auprès d'élèves du secondaire (Piette *et al.*, 2001). De plus, selon le TAM (Davis, 1989), ces résultats relatifs à la facilité d'utilisation et à l'utilité d'Internet perçues expliquent que les jeunes interrogés soient intéressés à utiliser Internet. Sur le plan affectif, ils considèrent que c'est parfois difficile, stressant ou même frustrant lorsque l'ordinateur bloque, lorsqu'ils n'arrivent pas à trouver ce qu'ils veulent ou lorsque le temps d'attente est long. Ils évaluent le rapport à Internet de leur enseignant positivement : c'est un expert qui aime Internet. Le rapport de leur père est également vu de façon positive : le père utilise Internet pour le travail, il connaît bien Internet et est une ressource en cas de problèmes. Du côté de leur mère, cette évaluation est plus négative : celle-ci utilise Internet pour le loisir, elle connaît peu Internet et désapprouve souvent l'utilisation d'Internet par les enfants. Les élèves interviewés ont des rapports avec les autres au sujet des TIC pour expliquer (les garçons sont plus à l'aise que les filles) et pour discuter : les garçons discutent d'aspects plus techniques[7].

---

7. Ces résultats ne peuvent être mis en lien avec d'autres recherches, car celles qui sont recensées ne traitent pas de ces aspects.

Par ailleurs, l'analyse des entrevues rend compte de certaines distinctions entre les garçons et les filles. En effet, notre étude montre que les garçons font une utilisation plus poussée ou technique d'Internet, comme le confirme d'ailleurs l'enquête menée auprès d'élèves du secondaire (Piette *et al.*, 2001). Ils ont également une perception plus positive de l'utilisation d'Internet par leurs parents et ils se sentent plus à l'aise quand il s'agit d'expliquer le fonctionnement d'Internet aux autres. Aussi, il semble que les filles se sentent moins compétentes à l'égard d'Internet et qu'elles éprouvent plus de difficultés à l'expliquer ; elles rapportent également plus d'événements négatifs dans leur utilisation d'Internet. De plus, il appert que les élèves perçoivent le rapport de leur mère à Internet plus négativement que celui de leur père, et que c'est le père, plus que la mère, qui aide l'enfant en ce qui regarde Internet. En ce sens, la mère ne constitue pas un modèle féminin positif pour l'utilisation des TIC. Or, Zeldin et Pajares (2000) ont souligné l'importance des modèles, particulièrement féminins, pour les femmes ayant choisi des carrières dans les domaines des technologies, des sciences et des mathématiques. Suivant ces considérations, il importe pour les enseignantes et les enseignants d'aider les filles à développer leur sentiment de compétence comme Zeldin et Pajares (2000) le proposent, de procurer un accès égal à l'ordinateur et à Internet, de choisir des sites et logiciels qui présentent des filles, qui peuvent alors servir de modèles (Levin et Barry, 1997). L'étude de Yuen et Ma (2002), qui a analysé les différences liées au sexe en ce qui a trait à l'acceptation des technologies, démontre que les futures enseignantes interrogées, par comparaison avec leurs collègues masculins, sont plus influencées par la facilité d'utilisation perçue. Chez les futurs enseignantes et enseignants, l'utilité perçue explique davantage leur acception d'outils technologiques. Ces résultats suggèrent des pistes d'intervention tant auprès des élèves qu'auprès des enseignantes en formation initiale et continue afin que ces dernières agissent comme des modèles pour leurs élèves.

Enfin, il faut rappeler les limites de l'étude : celle-ci a été effectuée auprès de 28 élèves seulement, dont 7 garçons ; tous venaient d'une même classe, dont l'enseignant est un homme à l'aise avec les TIC. Nous ne pouvons donc généraliser les résultats à l'ensemble des élèves québécois du même âge. En ce sens, il serait certes opportun de réaliser une étude à plus grande échelle. Nous avons également choisi de représenter les TIC par Internet : d'autres choix auraient pu influer sur ces résultats, considérant le rapport différent que semblent entretenir les élèves du secondaire selon qu'il s'agit de l'informatique ou d'Internet (Piette *et al.*, 2001). De plus, la présente étude ne fournit que quelques éléments de réponse à la question plus générale du rapport à la technologie chez les élèves du primaire. Par ailleurs, elle ne prend pas en compte d'autres croyances susceptibles d'influer sur l'utilisation des TIC plus précisément en contexte d'apprentissage. Nous pensons ici aux croyances épistémiques, c'est-à-dire au rapport des élèves au savoir (ce qu'il est et la façon dont il se construit). Windschitl et Andre (1998) montrent en effet l'influence des croyances épistémiques sur le changement conceptuel dans un contexte où des élèves de niveau collégial avaient recours à des simulations informatisées. Des élèves ayant des croyances de type constructiviste obtiennent de meilleurs résultats dans un contexte où ils peuvent explorer, contrairement à leurs pairs qui expriment des croyances de type objectiviste (le savoir est un donné). Des liens peuvent être établis avec d'autres outils informatisés qui mettent l'accent sur la recherche de l'information, tel Internet. L'enquête de Piette *et al.* (2001, p. 13) indique à ce sujet que les jeunes internautes « naviguent "sans carte" et sans craindre de se perdre. [...] Une flânerie paradoxale : on emprunte le parcours le plus court sans objectif précis à atteindre. ». Or, on peut penser qu'une telle pratique de navigation sur Internet risque de se révéler peu productive en situation d'apprentissage. Aussi, selon les résultats obtenus par Windschitl et Andre (1998), on peut émettre l'hypothèse que les élèves ayant des croyances épistémiques constructivistes vont mieux exploiter un outil de recherche à des fins d'apprentissage que leurs pairs qui considèrent que le savoir est un donné. Cette piste de recherche et d'intervention mérite donc d'être explorée.

## *RÉFÉRENCES*

Conseil supérieur de l'éducation (2000). *Éducation et nouvelles technologies. Pour une intégration réussie dans l'enseignement et l'apprentissage. Rapport annuel 1999-2000 sur l'état et les besoins de l'éducation*, Québec, Gouvernement du Québec, ministère de l'Éducation.

Dart, B.C., P.C. Burnett, N. Purdie, G. Boulton-Lewis, J. Campbell et D. Smith (2000). « Students' conceptions of learning, the classroom environment, and approaches to learning », *The Journal of Educational Research*, Washington, DC, *93*(4), p. 262-270.

Davis, F. (1989). « Perceived usefulness, perceived ease of use, and user acceptance of information technology », *MIS Quarterly, 13*, p. 319-340.

De Vries, M.J. et A. Tamir (1997). « Shaping concepts of technology : What concepts and how to shape them », *International Journal of Technology and Design Education, 7*(1/2), p. 3-10.

Grégoire, R., R. Bracewell et T. Laferrière (1996). « L'apport des nouvelles technologies de l'information et de la communication (NTIC) à l'apprentissage des élèves du primaire et du secondaire : revue documentaire », URL : <http://www.fse.ulaval.ca/fac/tact/fr/html/apport/apport96.html>.

Goldberg, B. (1999). *Overcoming High-Tech Anxiety*, San Francisco, Jossey-Bass.

Lafortune, L. (1993). *Affectivité et démythification des mathématiques pour les enfants du primaire*. Document inédit, Montréal, Radio-Québec.

Lafortune, L., M.-F. Daniel, R. Pallascio et M. Schleifer (1999). « Evolution of pupils' attitudes to mathematics when using a philosophical approach », *Analytic Teaching, 20*(1), p. 33-44.

Lafortune, L., P. Mongeau et R. Pallascio (2000). « Une mesure des croyances et préjugés à l'égard des mathématiques », dans R. Pallascio et L. Lafortune (dir.), *Pensée réflexive et éducation*, Sainte-Foy, Presses de l'Université du Québec, p. 209-232.

Lafortune, L. et P. Mongeau (2003). « Approche des mathématiques par le dessin : une analyse qualitative et quantitative de dessins », dans L. Lafortune, C. Deaudelin, P.-A. Doudin et D. Martin (dir.), *Conceptions, croyances et représentations en maths, sciences et technos*, Sainte-Foy, Presses de l'Université du Québec, p. 93-124.

Levin, B.B. et S.M. Barry (1997). « Children's views of technology : The role of age, gender, and school setting », *Journal of Computing in Childhood Education, 8*(4), p. 267-290.

Lincoln, Y.S. et E.G. Guba (1985). *Naturalistic Inquiry*, Beverly Hills, CA, Sage.

Luckin, R., J. Rimmer et A. Lloyd (2001). « "Turning on the Internet" : Exploring children's conceptions of what the Internet is and does ». Communication présentée à l'*European Perspectives on Computer-Supported Collaborative Learning*, First European Conference on Computer-Supported Collaborative Learning, 22-24 mars, Maastricht.

Pajares, F. (1992). « Teachers' beliefs and educational research : Cleaning up a messy construct », *Review of Educational Research, 62*(3), p. 307-332.

Parr, J.M. (1999). « Going to school the technological way : Co-constructed classrooms and student perceptions of learning with technology », *Journal of Educational Computing Research, 20*(4), p. 365-377.

Piette, J., C.-M. Pons, L. Giroux et F. Millerand (2001). « Les jeunes et Internet : représentation, utilisation et appropriation. » URL : <http://www.mcc.gouv.qc.ca/publications/info/jeunes_internet_2001.pdf>.

Rokeach, M. (1986). *Beliefs, Attitudes and Values. A Theory of Organization and Change*, San Francisco, Jossey-Bass.

Tousignant, J. (1999). *Séminaire de réflexion portant sur la situation de la mathématique, de la science et de la technologie au Québec*. Document préparatoire pour une rencontre, Québec, Gouvernement du Québec.

Windschitl, M. et T. Andre (1998). « Using computer simulations to enhance conceptual change : The roles of constructivist instruction and student epistemological beliefs », *Journal of Research in Science Teaching, 35*(2), p. 145-160.

Yuen, A.H.K. et W.W.K. Ma (2002). «Gender differences in teacher computer acceptance, *Journal of Technology and Teacher Education, 10*(3), p. 365-382.

Zeldin, A.L. et F. Pajares (2000). «Against the odds : Self-efficacy beliefs of women in mathematical, scientific, and technological careers», *American Educational Research Journal, 37*(1), p. 215-246.

## ANNEXE 10.1

### Protocole d'entrevue[8]

### ÉTAPES

#### Première étape

Les élèves ont eu à réaliser un dessin représentant Internet à l'aide des feuilles et des crayons fournis à cet effet. Ils avaient quinze minutes pour terminer leur dessin et la consigne était « Dessinez-moi Internet ». Au verso du dessin, l'élève devait inscrire son âge et son sexe, en plus d'écrire une à trois phrases expliquant son dessin.

#### Deuxième étape

À tour de rôle, les élèves ont eu à présenter leur dessin aux autres et à répondre aux questions et aux commentaires venant des autres élèves et de notre part sur celui-ci.

#### Troisième étape

Des affiches représentant des dessins réalisés par d'autres élèves (qu'ils ne connaissaient pas) ont été montrées aux élèves et des questions ont permis à ceux-ci de s'exprimer sur les dessins : Quel dessin représente le mieux (le moins) Internet ? Pourquoi ?

#### Quatrième étape

Les trois premières étapes étant plutôt axées sur ce que les élèves pensent d'Internet, les élèves ont été amenés à s'exprimer sur ce qu'ils ressentent à propos d'Internet et sur la façon dont ils agissent pour contrer les difficultés qu'ils rencontrent lors de son utilisation.

#### Cinquième étape

D'autres questions ont permis de recueillir des données à propos de ce que les élèves perçoivent relativement aux croyances de leurs parents et à celles de leur enseignant relativement à Internet.

---

8. Le protocole complet est décrit dans Lafortune et Mongeau (2003, chapitre 3).

# ANNEXE 10.2

## Définitions des catégories et sous-catégories

1. Ce que je fais : Regroupe tous les énoncés témoignant des activités de l'élève avec les TIC. Cette catégorie exclut ce que l'élève se croit en mesure de faire avec les TIC pour ne retenir que ce qu'il fait vraiment.

   1.1 Ce que je fais / Je recherche : Regroupe tous les énoncés témoignant des actions ou activités de l'élève dans le but de trouver de l'information sur un sujet.

   1.1.1 Ce que je fais / Je recherche / Pour l'école : Regroupe tous les énoncés témoignant des actions ou activités de l'élève dans le but de trouver de l'information sur un sujet dans le cadre d'un travail scolaire.

   1.1.2 Ce que je fais / Je recherche / Pour mon intérêt personnel : Regroupe tous les énoncés témoignant des actions ou activités de l'élève dans le but personnel de trouver de l'information sur un sujet. Cette catégorie exclut les actions ou activités faites dans le cadre d'un travail scolaire.

   1.2 Ce que je fais / Je communique : Regroupe tous les énoncés témoignant des actions ou activités de l'élève dans le but d'entrer en contact avec une ou plusieurs personnes : ce sont les énoncés témoignant des courriers électroniques et du clavardage.

   1.2.1 Ce que je fais / Je communique / Avec des inconnus : Regroupe tous les énoncés témoignant des actions ou activités de l'élève dans le but d'entrer en contact avec une ou plusieurs personnes étrangères : ce sont les énoncés témoignant du clavardage avec des étrangers.

   1.2.2 Ce que je fais / Je communique / Avec des connaissances : Regroupe tous les énoncés témoignant des actions ou activités de l'élève dans le but d'entrer en contact avec une ou plusieurs personnes connues de l'élève : ce sont les énoncés témoignant des courriers électroniques et du clavardage avec des amis ou de la parenté.

   1.3 Ce que je fais / Je m'amuse : Regroupe tous les énoncés témoignant des actions ou activités de l'élève effectuées dans le but de s'amuser : ce sont les énoncés qui ont trait aux jeux électroniques.

2.  Ce que je ressens : Regroupe tous les énoncés témoignant de la dimension affective du rapport de l'élève aux TIC. Cette catégorie inclut la perception de compétence de l'élève (je suis bon ou pas bon).

    2.1  Ce que je ressens / Je ressens « positif » : Regroupe tous les énoncés qui témoignent de la dimension affective du rapport favorable de l'élève aux TIC. Ces énoncés ont trait aux sentiments heureux ou positifs de l'élève par rapport aux TIC.

    2.2  Ce que je ressens / Je ressens « négatif » : Regroupe tous les énoncés témoignant de la dimension affective du rapport défavorable de l'élève aux TIC. Ils ont trait aux sentiments malheureux ou non positifs de l'élève aux TIC.

3.  Ce que je pense : Regroupe tous les énoncés témoignant de la perception qu'a l'élève de ce que sont les TIC : c'est la dimension cognitive de sa perception qui est retenue ici.

    3.1  Ce que je pense / Je pense recherche : Regroupe tous les énoncés témoignant de la perception qu'a l'élève de pouvoir trouver de l'information sur Internet. C'est la perception de ce que sont les TIC qui est retenue ici et non ce que l'élève en fait.

    3.2  Ce que je pense / Je pense communication : Regroupe tous les énoncés témoignant de la perception qu'a l'élève de pouvoir entrer en contact avec une ou plusieurs personnes grâce à Internet. C'est la perception de ce que sont les TIC qui est retenue ici et non ce que l'élève en fait.

    3.3  Ce que je pense / Je pense jeux : Regroupe tous les énoncés témoignant de la perception qu'a l'élève de pouvoir s'amuser sur Internet. C'est la perception de ce que sont les TIC qui est retenue ici et non ce que l'élève en fait.

4.  Ma perception du rapport des autres : Regroupe tous les énoncés indiquant ce que l'élève perçoit du rapport que ses parents ou son enseignant entretient avec les TIC.

    4.1  Ma perception du rapport des autres / Ma perception du rapport de mon prof : Regroupe tous les énoncés indiquant ce que l'élève perçoit du rapport que son enseignant entretient avec les TIC.

    4.2  Ma perception du rapport des autres / Ma perception du rapport de mes parents : Regroupe tous les énoncés indiquant ce que l'élève perçoit du rapport que son père ou sa mère entretient avec les TIC. Inclut également les croyances de l'élève sur ce que ses parents pensent de lui par rapport à l'ordinateur.

4.2.3 Ma perception du rapport des autres / Ma perception du rapport de mes parents / Perception du père : Regroupe tous les énoncés indiquant ce que l'élève perçoit du rapport que son père entretient avec les TIC.

4.2.4 Ma perception du rapport des autres / Ma perception du rapport de mes parents / Perception de la mère : Regroupe tous les énoncés indiquant ce que l'élève perçoit du rapport que sa mère entretient avec les TIC.

5. Mes rapports avec les autres au sujet des TIC : Regroupe tous les énoncés témoignant des relations que l'élève a avec les autres au sujet des TIC : ce sont les relations **sur** les TIC (explications, discussions, etc.). Cette catégorie exclut les relations qu'il entretient à l'aide des TIC (communication).

5.1 Mes rapports avec les autres au sujet des TIC / J'explique : Regroupe tous les énoncés témoignant des relations que l'élève entretient avec les autres au sujet des TIC dans un but d'explication : il peut s'agir d'informations données à une personne ou à toute la classe.

5.2 Mes rapports avec les autres au sujet des TIC / Je discute des TIC : Regroupe tous les énoncés témoignant de moments où l'élève parle avec les autres à propos des TIC.

# Notices biographiques

**Barbara Bader** est professeure de didactique des sciences à la Faculté des sciences de l'éducation de l'Université Laval, au Département d'études sur l'enseignement et l'apprentissage. Elle s'intéresse plus particulièrement au modèle socioconstructiviste de la cognition, à la formation des enseignants et enseignantes à l'épistémologie des sciences, à leur formation à l'interdisciplinarité, de même qu'à l'éducation relative à l'environnement. Elle est chercheure associée au Centre interdisciplinaire de recherche sur l'apprentissage et le développement en éducation (CIRADE) de l'Université du Québec à Montréal.

barbara.bader@fse.ulaval.ca

**Colette Deaudelin** est professeure à la Faculté d'éducation de l'Université de Sherbrooke. Elle est membre du CRIE (Centre de recherche sur l'intervention éducative) et du CRIFPE (Centre de recherche interuniversitaire sur la formation et la profession enseignante). Ses recherches concernent l'intervention éducative en lien avec l'utilisation des technologies de l'information et de la communication (TIC) à des fins éducatives, l'apprentissage collaboratif soutenu par l'ordinateur et le développement professionnel des enseignants et enseignantes.

colette.deaudelin@usherbrooke.ca

**Jacques Désautels** est professeur titulaire à la Faculté des sciences de l'éducation de l'Université Laval et chercheur au Centre interdisciplinaire de recherche sur l'apprentissage et le développement en éducation (CIRADE) à l'Université du Québec à Montréal. Depuis plus de vingt ans, il se préoccupe des dimensions didactiques et idéologiques de l'enseignement des sciences. Il est auteur et coauteur de plusieurs ouvrages et articles dans le domaine de l'éducation aux sciences, suivant une perspective socioconstructiviste. Ses intérêts de recherche actuels portent sur le type de rapport au savoir/pouvoir que favorise l'enseignement des technosciences.

jacques.desautels@fse.ulaval.ca

**Pierre-André Doudin**, docteur en psychologie, est actuellement professeur à l'Université de Lausanne, chargé de cours à l'Université de Genève et professeur-formateur à la Haute École pédagogique de Lausanne (Suisse) où il est répondant du domaine des sciences de l'éducation. Ses travaux portent sur l'intégration scolaire de l'enfant présentant des troubles du comportement, de l'apprentissage et de la personnalité et sur la formation des enseignants et enseignantes.

pierre-andre.doudin@pse.unige.ch

**Elizabeth Fennema** est professeure émérite et chercheure scientifique du Wisconsin Center for Education Research de l'Université du Wisconsin. Ses intérêts de recherche sont l'enseignement et l'apprentissage des mathématiques et les différences entre les garçons et les filles dans leur appropriation de stratégies mathématiques.

efennema@facstaff.wisc.edu

**Claudia Gagnon** est titulaire d'une maîtrise en technologie éducative de l'Université Laval. Elle est actuellement étudiante au doctorat en éducation de l'Université de Sherbrooke et membre étudiante du CRIE (Centre de recherche sur l'intervention éducative) où elle collabore à différents projets de recherche sur les technologies de l'information et de la communication (TIC) et sur l'apprentissage collaboratif soutenu par l'ordinateur. Ses études doctorales portent sur l'alternance en formation professionnelle au secondaire et la réussite scolaire.

claudia.gagnon@usherbrooke.ca

**Louise Guilbert** est professeure titulaire en didactique des sciences à la Faculté des sciences de l'éducation de l'Université Laval. Biochimiste de formation, elle a enseigné au collégial dans le secteur des sciences de la santé et contribue depuis une vingtaine d'années à la formation des enseignants de sciences. Elle a mis en œuvre des études de cas réelles et une approche par problèmes (APP) dans ses cours. Son champ de recherche traite du développement d'une pensée critique vis-à-vis des technosciences. Elle est actuellement responsable du projet PISTES (Projets d'intégration des sciences et des technologies en enseignement au secondaire), qui est à la fois un site Internet et un concept d'accompagnement d'enseignants dans la planification virtuelle en partenariat d'activités scientifiques interdisciplinaires.

louise.guilbert@fse.ulaval.ca

**Louise Lafortune**, Ph. D., est professeure (didactique des mathématiques) au Département des sciences de l'éducation de l'Université du Québec à Trois-Rivières. Elle est également chercheure au LIVRE (Laboratoire interdisciplinaire pour la valorisation de la recherche en éducation) de l'UQTR et au CIRADE (Centre interdisciplinaire de recherche sur l'apprentissage et le développement en éducation). Elle est auteure de plusieurs articles et livres portant sur l'affectivité et la métacognition dans l'apprentissage des mathématiques, sur la problématique *Femmes et mathématiques*, sur la pédagogie interculturelle et de l'équité, sur la philosophie pour enfants adaptée aux mathématiques, sur la formation continue et l'accompagnement de l'implantation d'innovations. Elle est actuellement engagée dans des projets portant sur le travail d'équipe-cycle et l'accompagnement de l'actualisation de la réforme en éducation pour l'ensemble du Québec.

louise_lafortune@uqtr.ca

**Marie Larochelle** est professeure titulaire à la Faculté des sciences de l'éducation de l'Université Laval et chercheure régulière au Centre interdisciplinaire de recherche sur l'apprentissage et le développement en éducation (CIRADE, UQAM). Elle s'intéresse, depuis plusieurs années, aux problèmes socioépistémologiques liés à l'apprentissage des savoirs scientifiques. Elle a publié principalement dans les domaines de l'éducation aux sciences et du constructivisme. Ses intérêts de recherche actuels portent sur les manières dont des étudiants et étudiantes ainsi que de futurs enseignants et enseignantes de sciences envisagent les tensions, désaccords et enjeux socioéthiques qui jalonnent l'exercice des technosciences.

marie.larochelle@fse.ulaval.ca

**Sonia Lefebvre** termine actuellement un doctorat en éducation dans le domaine de la technologie éducative à l'Université du Québec à Trois-Rivières. Ses expériences d'enseignement et d'assistance de recherche l'ont conduite à s'intéresser à l'intégration des technologies de l'information et de la communication (TIC) au primaire sous les angles de la pratique des enseignants et enseignantes et des fondements épistémologiques en éducation.

sonia.lefebvre@sympatico.ca


**Jean Loiselle** est professeur au Département des sciences de l'éducation de l'Université du Québec à Trois-Rivières. Il est membre du CIRTA (Centre interuniversitaire de recherche sur le téléapprentissage). Ses intérêts de recherche portent sur l'utilisation des technologies de l'information et de la communication auprès des élèves en difficulté et en milieu universitaire.

jean_loiselle@uqtr.ca


**Daniel Martin** est professeur formateur et répondant du domaine de la recherche à la Haute École pédagogique de Lausanne (Suisse). Ses travaux portent sur la métacognition, l'enseignement et l'apprentissage de la lecture, les difficultés d'apprentissage, la prévention de l'échec scolaire et les dispositifs de formation des enseignants et enseignantes.

daniel.martin@edu-vd.ch


**Pierre Mongeau** a été professeur à l'Université du Québec à Rimouski pendant huit ans, dont quatre à titre de directeur des programmes en psychosociologie. Professeur au Département des communications à l'Université du Québec à Montréal depuis 1998 et chercheur au CIRADE, il a été directeur des programmes de communication en relations humaines et en relations publiques ainsi que du certificat en intervention psychosociale. Il est actuellement directeur du Département de communication. Ses travaux de recherche concernent principalement l'étude des phénomènes liés au travail en groupe et à l'autorégulation.

mongeau.pierre@uqam.ca

**Donatille Mujawamariya** est professeure agrégée en didactique des sciences à la Faculté d'éducation de l'Université d'Ottawa. À titre de chercheur et formateur, sa préoccupation a toujours été et est de permettre à toutes les couches de la société de contribuer au patrimoine scientifique de l'humanité. D'où l'importance qu'elle accorde à la question des femmes en sciences (équité entre les sexes), à la diversité culturelle dans la profession enseignante en général et dans l'enseignement des sciences en particulier. Ses activités de recherche et d'enseignement s'étendent donc sur trois champs à savoir : enseignement et apprentissage des sciences, éducation multiculturelle et équité, et formation à l'enseignement.

dmujawar@uottawa.ca

**Francisco Pons**, docteur en psychologie, est actuellement professeur invité à la Graduate School of Education de l'Université de Harvard. Auparavant, il a travaillé au Department of Experimental Psychology de l'Université d'Oxford et à la Faculté de psychologie et des sciences de l'éducation de l'Université de Genève. Ces travaux portent sur le développement, de la petite enfance à l'âge adulte, de la compréhension de la pensée et des relations sociales ; de la compréhension du réel ; des fonctions cognitives sous-jacentes à ces compréhensions. Il travaille également sur l'intégration scolaire des élèves en difficulté et la formation en psychologie des enseignants et enseignantes.

ponsfr@gse.harvard.edu

# PARTICULARITÉS DES OUVRAGES DE LA COLLECTION ÉDUCATION-RECHERCHE

La collection Éducation-Recherche présente les nouvelles orientations en éducation par le biais de résultats de recherche, et de réflexions théoriques et pratiques. Des outils de formation et d'intervention ainsi que des stratégies d'enseignement et d'apprentissage sont également présentés lorsqu'ils ont été validés, implantés et évalués dans le cadre de recherches. Les ouvrages à caractère scientifique doivent décrire une démarche rigoureuse de recherche et d'analyse ainsi que les résultats obtenus.

Afin d'assurer la rigueur scientifique des textes publiés, chacun d'eux est soumis à un processus d'arbitrage avec comité de lecture et évaluations externes. De plus, les délais de publication sont réduits au minimum afin de conserver l'actualité et l'à-propos des recherches et des études réalisées par les chercheurs et chercheures. Chaque texte est évalué par deux arbitres : un membre du comité de lecture de la collection et un spécialiste du domaine. Ces évaluations portent sur la pertinence du document et sur sa qualité scientifique (cohérence entre la problématique, les objectifs et la démarche méthodologique ; profondeur des analyses ; pertinence des conclusions...).

## Membres du comité de lecture :

Jacques Chevrier (UQO), Christine Couture (UQAT), Colette Deaudelin (Université de Sherbrooke), Moussadak Ettayebi (Université Laval), Diane Gauthier (UQAC), Claude Genest (UQTR), Jacinthe Giroux (UQAM), Abdelkrim Hasni (Université de Sherbrooke), France Henri (Téluq), Philippe Jonnaert (UQAM), Carol Landry (UQAR), Frédéric Legault (UQAM), Daniel Martin (UQAT), Pierre Mongeau (UQAM), Florian Péloquin (Cégep de Lanaudière), Denis Rhéaume (UQTR), Jeanne Richer (Cégep de Trois-Rivières), Lorraine Savoie-Zajc (UQO), Noëlle Sorin (UQTR), Hassane Squalli (Université de Sherbrooke), Carole St-Jarre (chercheure en éducation), Lise St-Pierre (Université de Sherbrooke), Marjolaine St-Pierre (UQO), Gilles Thibert (UQAM), Suzanne Vincent (Université Laval).

## Personnes qui ont arbitré des textes de l'ouvrage collectif :

Monique Brodeur (UQAM), Pauline Côté (UQAR), Lucie Deblois (Université Laval), Louise Dupuy-Walker (UQAM), Madeleine Gauthier (INRS, UQ), Jean-Claude Kalubi (Université de Sherbrooke), Claire Lapointe (Université de Moncton), Yves Lenoir (Université de Sherbrooke), Jean Plante (Université Laval), Pierre Potvin (UQTR), Michel Umbriaco (Téluq).

MEMBRE DE SCABRINI MEDIA

Québec, Canada
2003